Springer-Lehrbuch

Springer

*Berlin*
*Heidelberg*
*New York*
*Barcelona*
*Hongkong*
*London*
*Mailand*
*Paris*
*Singapur*
*Tokio*

H.E. Siekmann

# Strömungslehre

## Grundlagen

Mit 120 Abbildungen

Springer

Professor Dr.-Ing. H.E. Siekmann
Technische Universität Berlin
Institut für Maschinenkonstruktion
Straße des 17. Juni 135
10623 Berlin

Die Deutsche Bibliothek - CIP-Einheitsaufnahme
**Siekmann, H.E.**
Strömungslehre, Grundlagen / H.E. Siekmann
Berlin; Heidelberg; NewYork; Barcelona; Hongkong;
London; Mailand; Paris; Singapur; Tokio: Springer 2000
(Springer-Lehrbuch)
ISBN 3-540-66851-9

ISBN 3-540-66851-9 Springer-Verlag Berlin Heidelberg New York



Springer-Verlag Berlin Heidelberg New York
ein Unternehmen der BertelsmannSpringer Science + Business Media GmbH



Einband-Entwurf: Design & Production, Heidelberg
Satz: Digitale Druckvorlage des Autors
Gedruckt auf säurefreiem Papier SPIN: 10735665 68/3020 - 5 4 3 2 1 0

Allan J. ACOSTA,
California Institute of Technology,
gewidmet

# Vorwort

Der vorliegende erste Band „Strömungslehre - Grundlagen“ entspricht meiner Vorlesung Strömungslehre I, die ich in stetig redigierter Form seit vielen Jahren an der Technischen Universität Berlin halte. Ich lege dieses Lehrbuch einer größeren Zielgruppe vor, die aus Studierenden der Ingenieurwissenschaften und Physik, sowie den Praktikern aus vorwiegend strömungstechnischer Industrie besteht. Es ist mir ein Anliegen, einen Abriß der Strömungstechnik zu geben, die zur Strömungsmaschine und zur strömungstechnischen Anlage führt.

In einem zweiten, in Kürze erscheinenden Buch wird der Stoff des ersten Bandes vertieft, ergänzt und mit vielen praktischen Beispielen ausgestattet.

Für die Realisierung dieses Werkes habe ich vielfältigen Dank auszusprechen: Frau Komoll für die Erstellung der Zeichnungen, den Herren Huhn und Mathies für die computerunterstützte Anfertigung der druckfertigen Vorlage, dem Springer-Verlag, insbesondere Frau Cuneus und Herrn Lehnert, für das mir entgegengebrachte Vertrauen und - last not least - meiner Frau für das Verständnis und die Geduld.

Berlin, September 2000 Helmut Siekmann

# Inhaltsverzeichnis

**1 Hydrostatik** 1

1.1 Vorbemerkungen 1
1.2 Fluidspannung 2
1.3 Hydrostatische Druckverteilung 3
1.4 Kräfte auf Behälterwände 9
1.4.1 Einleitung 9
1.4.2 Vertikalkraft 10
1.4.3 Horizontalkraft 13
1.5 Hydrostatischer Auftrieb 15

**2 Kinematik der Fluide** 24

2.1 Vorbemerkungen 24
2.2 Bahnlinien, Stromlinien und Streichlinien 26
2.3 Kontinuitätsgleichung 31
2.3.1 Herleitung in differentieller Form 31
2.3.2 Herleitung in integraler Form 34
2.3.3 Kinematik der instationären Strömung 37
2.3.4 Kontinuitätsgleichung in verschiedenen Koordinatensystemen 39

**3 Stromfadentheorie reibungsfreier Fluide** 40

3.1 Stromfaden 40
3.2 EULER-Bewegungsgleichung für das Kräftegleichgewicht in Stromfadenrichtung 41
3.3 BERNOULLI-Gleichung für inkompressible Fluide ohne Reibung 46
3.4 Radiale Druckgleichung 47
3.5 Allgemeine EULER-Bewegungsgleichung 54
3.6 Kontinuitätsgleichung für einen Stromfaden 55
3.7 Kavitation in einem Fallrohr 59

**4 Impuls- und Drallsatz** 76

4.1 Allgemeiner Impulssatz der Mechanik 76
4.2 Spezieller Impulssatz der Strömungstechnik 77
4.2.1 Herleitung für den Stromfaden 77
4.2.2 Reaktionswandkraft bei Außendruck 86

4.3 Anwendung des speziellen Impulssatzes der Strömungstechnik auf eine Rohrabstützung ... 90
4.4 Drallsatz ... 93
4.5 Anwendungen des Drallsatzes ... 96
4.5.1 EULER-Strömungsmaschinenhauptgleichung ... 96
4.5.2 Optimale Umfangsgeschwindigkeit einer PELTON-Wasserturbine ... 101

**5 Bewegung kompressibler Fluide (Gasdynamik) ... 105**

5.1 Einführung ... 105
5.2 Thermodynamische Grundgleichungen für thermisch und kalorisch ideale Gase ... 106
5.2.1 Thermische Zustandsgleichung ... 106
5.2.2 Kalorische Zustandsgleichung ... 106
5.2.3 GIBBS-Fundamentalgleichung ... 107
5.3 Schallausbreitung ... 109
5.3.1 Schallausbreitung in ruhenden Fluiden ... 109
5.3.2 Schallausbreitung in bewegten Fluiden ... 111
5.4 Erster Hauptsatz der Thermodynamik für einen Stromfaden ... 114
5.5 Definition der Ruhegrößen und kinetischen Größen ... 118
5.5.1 Ruhegröße und Energieellipse ... 118
5.5.2 Kritische Größen ... 122
5.6 Isentropes Ausströmen aus einem Druckkessel ... 123
5.7 Flächen-Geschwindigkeits-Beziehung ... 126
5.8 Verdichtungsstöße ... 132
5.8.1 Senkrechter Verdichtungsstoß ... 132
5.8.2 Schiefer Verdichtungsstoß ... 136
5.9 LAVAL-Düse ... 139

**6 NAVIER-STOKES-Bewegungsgleichung ... 147**

6.1 Molekulartheoretische Erklärung der Viskosität ... 147
6.2 NEWTON-Schubspannungsansatz ... 149
6.3 NEWTON-Fluide ... 153
6.4 Nicht-NEWTON-Fluide ... 154
6.5 NAVIER-STOKES-Bewegungsgleichung für inkompressible NEWTON-Fluide ... 158

**7 Potentialströmung inkompressibler Fluide ... 165**

7.1 Definition der Potentialströmung ... 165
7.2 Grundgleichungen für räumliche instationäre Potentialströmung 170
7.3 Ebene stationäre Potentialströmung ... 172
7.3.1 CAUCHY-RIEMANN-Differentialgleichungen ... 172
7.3.2 Beispiele ... 174

**8 Wirbelströmungen** .... 177

8.1 RANKINE-Wirbel .... 177
8.2 Analogien .... 180
8.3 Wirbelsatz von THOMSON .... 182
8.4 Wirbelsatz von HELMHOLTZ .... 184
8.5 Wirbelsatz von BIOT-SAVART .... 186

**9 Grenzschichtströmungen** .... 190

9.1 Einführung .... 190
9.2 PRANDTL-Grenzschichtgleichungen .... 191
9.3 Laminare Grenzschicht an der ebenen, unendlich langen Platte in freier Strömung .... 193
9.4 Grenzschichtdicken .... 194
9.4.1 Phänomenologie .... 194
9.4.2 99%-Grenzschichtdicke der ebenen Platte .... 195
9.4.3 Verdrängungsdicke .... 197
9.4.4 Impulsverlustdicke .... 199

**10 Turbulente Strömungen inkompressibler Fluide** .... 201

10.1 REYNOLDS-Farbfadenversuch .... 201
10.2 Turbulenzgrad .... 205

**11 Strömung inkompressibler Fluide in Rohrleitungen** .... 207

11.1 BERNOULLI-Gleichung .... 207
11.2 Einbauteil-Druckverlust .... 208
11.3 Rohrreibungs-Druckverlust .... 214
11.3.1 Einlaufströmung .... 214
11.3.2 Rohrreibungskoeffizient bei laminarer Strömung .... 215
11.3.3 Rohrreibungskoeffizient bei turbulenter Strömung .... 217
11.4 MOODY-Diagramm .... 218

**12 Umströmung von Körpern** .... 221

12.1 Widerstand umströmter Körper .... 221
12.1.1 Kugelwiderstandsversuche von EIFFEL und PRANDTL .... 221
12.1.2 NEWTON-Stoßtheorie .... 223
12.1.3 Strömungswiderstand als Summe von Druck- und Reibungswiderstand .... 224
12.2 Widerstand von Zylinder, Kugel und Kreisscheibe .... 227

**Namens- und Sachverzeichnis** .... 229

# 1 Hydrostatik

## 1.1 Vorbemerkungen

Unter dem Begriff **Strömungslehre** (Fluiddynamik) versteht man Lehre und Studium ruhender Fluide (Hydrostatik, Aerostatik) und bewegter Fluide (Hydrodynamik, Aerodynamik).

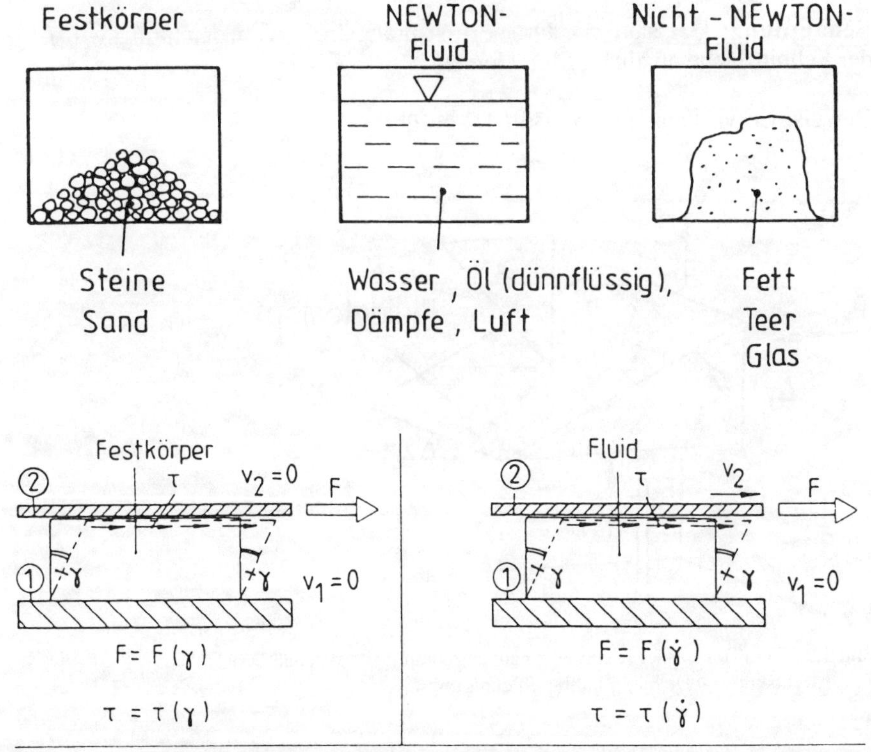


**Bild 1.1.** Zum Unterschied zwischen Festkörper, NEWTON-Fluid und Nicht-NEWTON-Fluid bezüglich der Aufnahme von Schubspannungen $\tau$.
① Fester Untergrund; ② Verschiebbare Platte; $F$ Plattenschubkraft; $\tau$ Plattenschubspannung; $v_2$ Plattengeschwindigkeit; $\gamma$ Scherwinkel; $\dot{\gamma}$ Scherwinkelgeschwindigkeit

Als **Fluid** bezeichnet man eine Flüssigkeit oder ein Gas (bzw. Dampf) mit folgenden besonderen Eigenschaften:

- Ein Fluid ist ein Kontinuum (im Gegensatz dazu sind hochverdünnte Gase keine Kontinua) und
- ein Fluid (NEWTON-Fluid) nimmt in Ruhe keine Schubspannungen $\tau$ auf (im Gegensatz dazu nehmen Steine, Sand, Fett, Teer, Glas auch in Ruhe Schubspannungen $\tau$ auf, s. **Bild 1.1**).

## 1.2 Fluidspannung

Im **Ruhezustand** eines Fluids (NEWTON-Fluid) gilt:

- es existieren keine Schubspannungen $\tau$, aber
- es treten Normalspannungen $p$ auf ($p$ ist identisch mit dem statischen Druck $p$).

**Behauptung:** Der statische Druck $p$ ist unabhängig vom Richtungswinkel $\alpha$ der Schnittfläche an einem Fluidelement.

**Beweis:** Er wird anhand von **Bild 1.2** geführt.

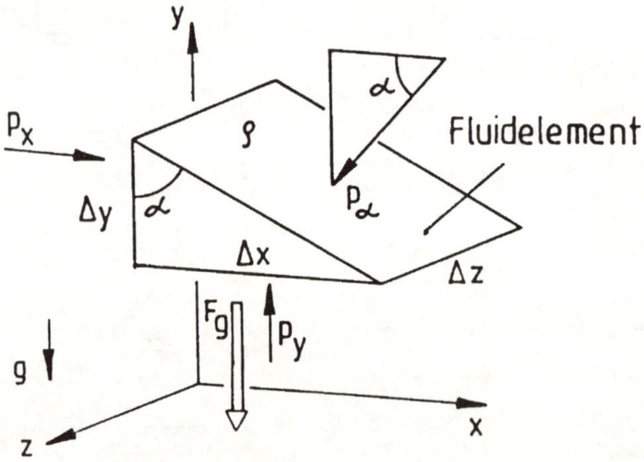


**Bild 1.2.** Zum Beweis der Richtungsunabhängigkeit des statischen Drucks. $F_g$ Gewichtskraft; $\rho$ Dichte; $g$ Fallbeschleunigung

Kräftegleichgewicht am Fluidelement in $x$-Richtung:

$$p_x \; \Delta y \; \Delta z - p_\alpha \; \Delta z \; \frac{\Delta y}{\cos\alpha} \cos\alpha = 0 \rightarrow \; p_x = p_\alpha \; .$$

Kräftegleichgewicht am Fluidelement in $y$-Richtung:

$$p_y \Delta x\, \Delta z - p_\alpha \Delta z \frac{\Delta y}{\cos\alpha} \sin\alpha - F_g = 0$$

$$\text{mit } F_g = \rho\, g \frac{\Delta x\, \Delta y\, \Delta z}{2} \text{ und } \tan\alpha = \frac{\Delta x}{\Delta y}:$$

$$p_y\, \Delta x\, \Delta z - p_\alpha\, \Delta z\, \Delta x - \rho\, g \frac{\Delta x\, \Delta y\, \Delta z}{2} = p_y - p_\alpha - \rho\, g \frac{\Delta y}{2} = 0$$

$$\lim_{\Delta y \to 0} \left( p_y - p_\alpha - \rho g \frac{\Delta y}{2} \right) = p_y - p_\square = 0 \rightarrow p_y - p_\alpha .$$

Der statische Druck $p$ ist richtungsunabhängig und daher eine skalare Größe.

## 1.3 Hydrostatische Druckverteilung

**Behauptung:** Der Druck in einer ruhenden Flüssigkeit (konstante Dichte $\rho$) im Erdschwerefeld (konstante Fallbeschleunigung $g$) nimmt mit der Tiefe $z$ linear zu:

$$\boxed{p(z) = p_a + \rho g z} . \qquad (1.1)$$

**Beweis:** Er wird anhand von **Bild 1.3** geführt.

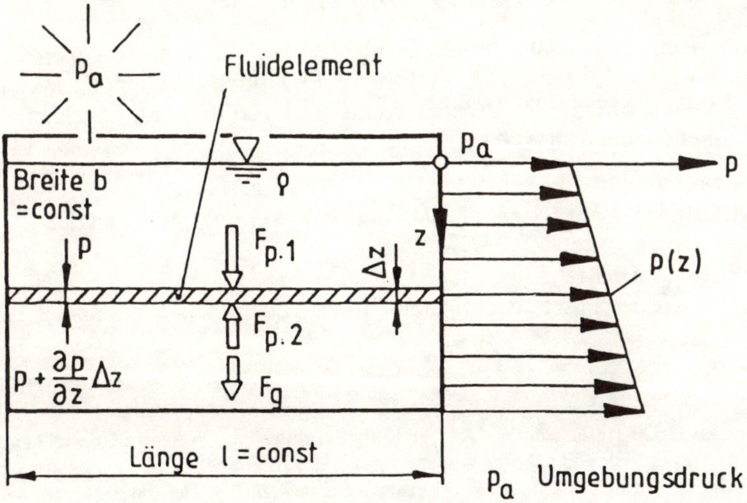


**Bild 1.3.** Zum Beweis der linearen Druckzunahme mit der Tiefe

Kräftegleichgewicht am Fluidelement in $z$-Richtung:

$$F_{\mathrm{g}} + F_{\mathrm{p.1}} - F_{\mathrm{p.2}} = 0\,,$$

$$\rho\, l\, b\, \Delta z\; g + p\, l\, b - \left( p + \frac{\partial p}{\partial z}\Delta z \right) l\, b = 0\,,$$

$$\rho\, \Delta z\; g = \frac{\partial p}{\partial z}\Delta z \;\rightarrow\; \frac{\partial p}{\partial z} = \rho\, g\,, \text{ da } p = p(z) \text{ gilt}$$

$$\frac{\mathrm{d}p}{\mathrm{d}z} = \rho\, g \;\rightarrow\; p(z) = \rho\, g\, z + C$$

mit den Randbedingungen:

$$z = 0\,,\; p = p_{\mathrm{a}} \;\rightarrow\; C = p_{\mathrm{a}}\,,$$

$$p(z) = p_{\mathrm{a}} + \rho g z \quad \text{q.e.d.}$$

**Bemerkungen zum Druck $p$:**
Es sind nur folgende Druckeinheiten im deutschsprachigen Raum gültig:

$$\boxed{1\ \mathrm{bar} = 10^5\ \mathrm{Pa} = 10^5\ \mathrm{N/m^2}}\,,$$

$$\boxed{1\ \mathrm{mbar} = 1\ \mathrm{hPa} = 10^2\ \mathrm{N/m^2}}\,.$$

So ist der Norm-Atmosphärendruck nach DIN 5450 mit

$$1\,013{,}25\ \mathrm{mbar} = 1\,013{,}25\ \mathrm{hPa} = 101\,325\ \mathrm{N/m^2} \text{ definiert.}$$

Liegt der atmosphärische statische Druck über diesem Wert, so sprechen wir von Hochdruck (H), vice versa von Tiefdruck (T). Übliche Wetterkarten weisen atmosphärische Drücke im Bereich von 870...1 100 hPa auf. Die Namen der Druckeinheiten leiten sich ab von

- bar, (gr.) der Druck,
- PASCAL[1], Blaise, französischer Philosoph, Physiker und Mathematiker.

**Bemerkungen zur Dichte $\rho$:**
Die Werte für die technisch wichtigsten Fluide gehen z.B. aus Tabelle 1.1 hervor.

---

[1] PASCAL, Blaise (1623-1662). Der französische Religionsphilosoph, Physiker und Mathematiker wurde in Clermont-Ferrand geboren und starb in Paris. Auf ihn gehen die ersten Aussagen über Kegelschnitte und Konstruktionen von Rechenmaschinen zurück. Bekannter wurden seine naturwissenschaftlichen Arbeiten über kommunizierende Röhren und insbesondere über den Luftdruck.

**Tabelle 1.1.** Werte für die Dichte der technisch wichtigsten Fluide, s.a. Tab. 6.1

| .Fluid | Druck in bar | Temperatur in °C | Dichte in kg / m³ |
|---|---|---|---|
| Wasser | 1 | 0 | 999,8 |
| | | 4 | 1 000,0 |
| | | 20 | 998,3 |
| | | 60 | 983,2 |
| | | 99,63 | 958,4 |
| Meerwasser | 1 | 20 | 1 030...1070 |
| Transformatorenöl | 1 | 20 | 866,0 |
| Quecksilber | 1 | 20 | 13 600,0 |
| Luft (trocken) | 1 | -10 | 1,324 |
| | 1 | 0 | 1,275 |
| | 1 | 20 | 1,188 |
| | 10 | 25 | 11,710 |
| | 100 | 25 | 117,800 |

**Bemerkungen zur Fallbeschleunigung** $g$**:**
Der Normwert beträgt nach DIN 1305: $g = 9{,}80664\ \mathrm{m/s^2}$ .
Die wahren Werte der Fallbeschleunigung weichen auf der Erdoberfläche nur um wenige Promille vom Normwert ab (die Abweichung ist nicht größer als 7‰, +3,5‰ auf den Polkappen, –3,5‰ am Äquator).

**EULER[2]-Grundgesetz der Hydrostatik (1755):**

$$\boxed{\underline{f} = \frac{1}{\rho}\,\underline{\nabla}\,p} \qquad (1.2)$$

mit

- $\underline{f}$ Feldkraft/Masse in $\mathrm{m/s^2}$ ,
- $\rho$ Dichte in $\mathrm{kg/m^3}$ ,
- $\underline{\nabla}$ Nabla-Operator der Vektoranalysis (s. Fußnote 31) und
- $p$ Druck in $\mathrm{N/m^2}$ .

---

[2] EULER, Leonhard (1707-1783). Der große Schweizer Mathematiker wurde in Riehen geboren und im nahen Basel bei der Mathematikerfamilie BERNOULLI ausgebildet. In St. Petersburg ernannte ihn Katharina I. zum Physik- und später Mathematik-Professor, er wechselte aber 1741 nach Berlin, wo Friedrich der Große die Akademie der Wissenschaften wiedergegründet hatte. Präsident wurde jedoch der Franzose MAUPERTIUS, ein Halbadliger. Katharina II. berief EULER zurück nach St. Petersburg; sein Nachfolger in Berlin wurde der Italiener LAGRANGE, s. Abschn. 2.1. EULER starb erblindet in Sankt Petersburg.

Der Nabla-Operator lautet:

$$\underline{\nabla} = \underline{e}_x \frac{\partial}{\partial x} + \underline{e}_y \frac{\partial}{\partial y} + \underline{e}_z \frac{\partial}{\partial z} = \text{grad}$$

mit

| | |
|---|---|
| $\underline{e}_x, \underline{e}_y, \underline{e}_z$ | Einheitsvektoren auf der *x*-, *y*- und *z*-Achse und |
| grad | Gradient. |

**Beweis:** Er wird anhand von **Bild 1.4** geführt, in dem das Gleichgewicht von Volumenkraft (Feldkraft) und Oberflächenkraft (Druckkraft) dargestellt ist.

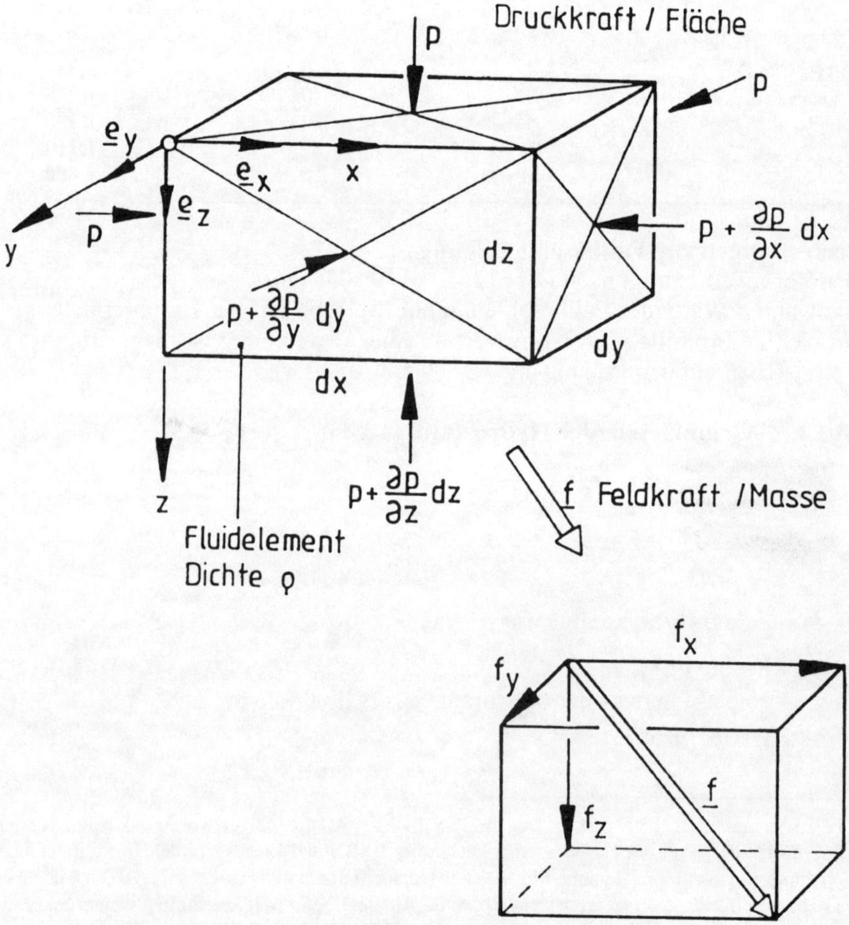


**Bild 1.4.** Zur Herleitung des EULER-Grundgesetzes der Hydrostatik

Kräftegleichgewicht in $x$-Richtung:

Druckkraft + Feldkraft = 0,

$$p \, \mathrm{d}y \, \mathrm{d}z - \left( p + \frac{\partial p}{\partial x} \mathrm{d}x \right) \mathrm{d}y \, \mathrm{d}z + f_\mathrm{x} \, \rho \, \mathrm{d}x \, \mathrm{d}y \, \mathrm{d}z = 0 \, .$$

Daraus folgt:

$$f_\mathrm{x} = \frac{1}{\rho} \frac{\partial p}{\partial x}$$

und entsprechend in $y$-Richtung und $z$-Richtung:

$$f_\mathrm{y} = \frac{1}{\rho} \frac{\partial p}{\partial y} \quad \text{und} \quad f_\mathrm{z} = \frac{1}{\rho} \frac{\partial p}{\partial z} \, .$$

In Vektorschreibweise folgt:

$$\underline{f} = \frac{1}{\rho} \underline{\nabla} \, p \quad \text{oder} \quad \underline{f} = \frac{1}{\rho} \, \mathrm{grad} \, p \quad \text{bzw.} \quad \rho \, \underline{f} = \mathrm{grad} \, p \quad \text{q.e.d.}$$

Das Produkt $\rho \, \underline{f}$ muß gleich dem Druckgradienten sein. Sonst ist kein Ruhegleichgewicht möglich.

**Zwei Spezialfälle:**

**1. Inkompressibles Fluid $\rho = \mathrm{const}$**

Mit $\underline{f} = (f_\mathrm{x} = 0, f_\mathrm{y} = 0, f_\mathrm{z} = g)$ folgt aus Gl. (1.2):

$$0 = \frac{1}{\rho} \frac{\partial p}{\partial x} \quad \text{und} \quad 0 = \frac{1}{\rho} \frac{\partial p}{\partial y} \; \rightarrow \; p = p(z) \, ,$$

also

$$g = \frac{1}{\rho} \frac{\partial p}{\partial z} \; \rightarrow \; g = \frac{1}{\rho} \frac{\mathrm{d}p}{\mathrm{d}z} \, .$$

Nach Integration ergibt sich die hydrostatische Druckverteilung

$$p = \rho \, g \, z + \mathrm{const}$$

mit den Randbedingungen:

$z = 0$, $p = p_\mathrm{a}$ (Umgebungsdruck).

Daraus folgt

$$\boxed{p = p_\mathrm{a} + \rho \, g \, z} \, .$$

**2. Barotropes Fluid $\rho = \rho(p)$**

Die Betrachtung eines idealen Gases im Erdschwerefeld unter der Voraussetzung $T = \text{const}$ (Isotherme) führt zur barometrischen Höhenformel für isotherme Atmosphäre:

$$\boxed{p = p_a \, e^{-\frac{g\,h}{R\,T}}}$$

mit

- $p_a$ Druck am Erdboden,
- $h$ Höhe über dem Erdboden,
- $R$ spezifische Gaskonstante $R_{Luft} = 287{,}04 \dfrac{\text{N m}}{\text{kg K}}$ und
- $T$ konstante Temperatur.

*Herleitung:*

Mit

$$g = \frac{1}{\rho}\frac{\text{d}p}{\text{d}z} \quad \text{und} \quad \frac{p}{\rho} = R\,T \quad \text{bzw.}$$

$$\rho = \frac{p}{R\,T} \quad \text{(thermische Zustandsgleichung idealer Gase)}$$

folgt:

$$g\,\text{d}z = \frac{\text{d}p}{\rho} = \frac{R\,T}{p}\text{d}p\,.$$

Nach Integration ($T = \text{const}$) ergibt sich:

$$g\,z = R\,T \ln p + C$$

und mit der Randbedingung:

$$z = 0,\ p = p_a \rightarrow C = -R\,T \ln p_a :$$

$$p = p_a \, e^{\frac{g\,z}{R\,T}}$$

und mit $z = -h$

$$p = p_a \, e^{-\frac{g\,h}{R\,T}} \quad \text{q.e.d.}$$

# 1.4 Kräfte auf Behälterwände

## 1.4.1 Einleitung

Zur Herleitung der Kräfte auf Behälterwände wird das vektorielle Flächenelement $\mathrm{d}\underline{A}$ eingeführt, das positiv ist, wenn der Vektor $\mathrm{d}\underline{A}$ von der Wand in das Fluid gerichtet ist:

$$\mathrm{d}\underline{A} = \left(\mathrm{d}A_x, \mathrm{d}A_y, \mathrm{d}A_z\right).$$

Die vom Fluid auf das Flächenelement $\mathrm{d}\underline{A}$ ausgeübte Kraft beträgt:

$$\mathrm{d}\underline{F} = \left(\mathrm{d}F_x, \mathrm{d}F_y, \mathrm{d}F_z\right) = -p\,\mathrm{d}\underline{A}\,.$$

Die Kraft $\mathrm{d}\underline{F}$ wirkt entgegen der Richtung von $\mathrm{d}\underline{A}$, s. **Bild 1.5**.

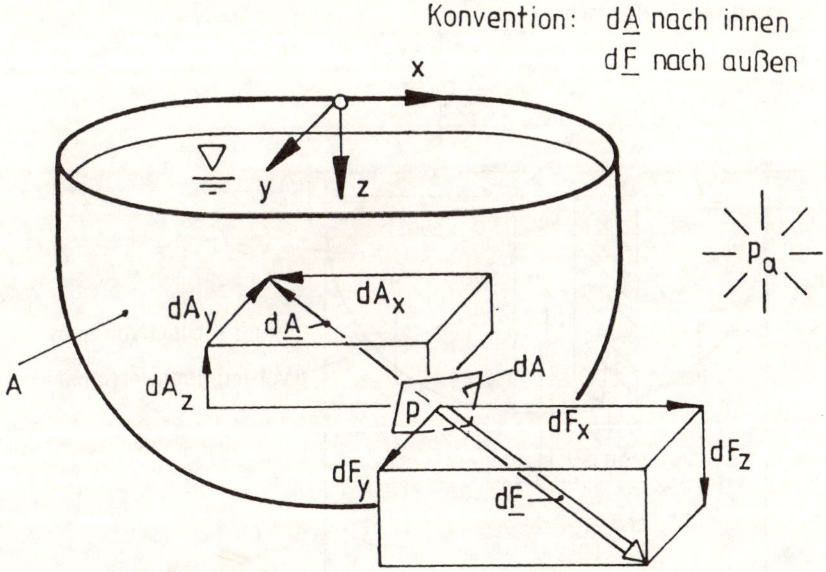


**Bild 1.5.** Vektorielles Flächenelement $\mathrm{d}\underline{A}$ und Kraftelement $\mathrm{d}\underline{F}$ zur Herleitung der Kräfte auf Behälterwände

Die Gesamtkraft auf die Fläche $A$ beträgt:

$$\underline{F} = -\int_{(A)} p\,\mathrm{d}\underline{A}\,.$$

Wirkt auf die Behälterwand von außen der Umgebungsdruck $p_a$, so beträgt die Gesamtkraft infolge des hydrostatischen Überdruckes $(p - p_a)$:

$$\underline{F}_{Ü} = -\int_{(A)} (p - p_a)\,\mathrm{d}\underline{A}\,. \tag{1.3}$$

Die Gesamtkraft $\underline{F}_{Ü}$ setzt sich aus einer Vertikalkraft $F_{Ü.z}$ und aus zwei Horizontalkräften $F_{Ü.x}$ und $F_{Ü.y}$ zusammen, deren Wirkungslinien sich i.d.R. nicht in einem Punkt schneiden.

## 1.4.2 Vertikalkraft

Die Vertikalkraft $F_{Ü.z}$ wirkt auf die projizierte Fläche $A_z$ des Behälterbodens infolge des hydrostatischen Überdruckes $p - p_a = \rho\, g\, z$ und lautet nach Gl. (1.3) in Vektorform:

$$\underline{F}_{Ü.z} = -\int_{(A_z)} (p - p_a)\,\mathrm{d}\underline{A}_z\,.$$

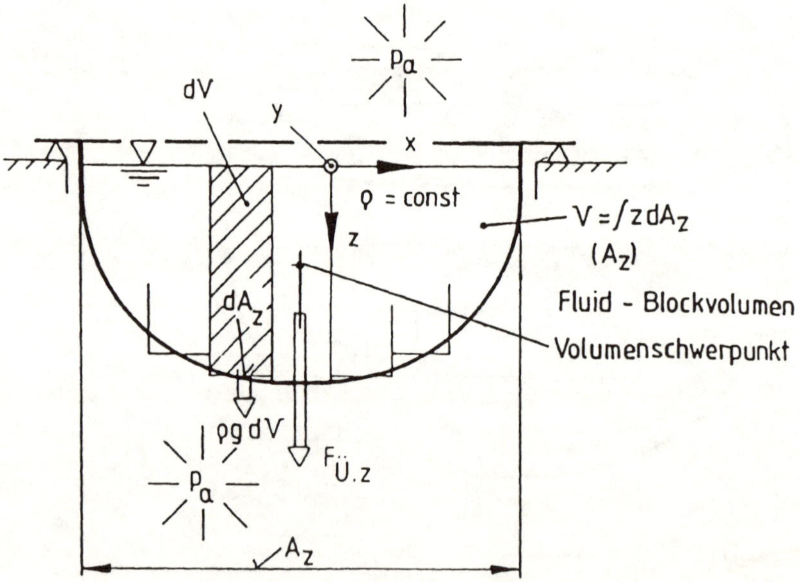


**Bild 1.6.** Flächenelement $\mathrm{d}A_z$ und Kraftelement $\rho\, g\, \mathrm{d}V$ zur Herleitung der Vertikalkraft $F_{Ü.z}$

Die Betragsform lautet (wegen der gleichen Richtung von $F_{Ü.z}$ und $z$):

$$F_{Ü.z} = +\int_{(A_z)} (p - p_a)\,\mathrm{d}A_z$$

und nach Einsetzen des Überdruckes nach Gl. (1.1):

$$\boxed{F_{\ddot{U}.z} = \rho\, g \int_{(A_z)} z\, \mathrm{d}A_z = \rho\, g\, V} \,. \tag{1.4}$$

Der Betrag der vertikalen Bodendruckkraft $F_{\ddot{U}.z}$ ist gleich der Gewichtskraft $\rho\, g\, V$ des gedachten Fluid-Blockvolumens über der Bodenfläche. Die Wirkungslinie geht durch den Volumenschwerpunkt des Fluid-Blockvolumens $V$. Dieser Zusammenhang ist in **Bild 1.6** dargestellt.

**Hydrostatisches Paradoxon:**

Die vertikale Bodendruckkraft $F_{\ddot{U}.z}$ (Bodenlast) auf die Bodenfläche $A_z$ ist nach **Bild 1.7** wegen der Konstanz des Fluid-Blockvolumens $V$ in allen vier Fällen gleich groß:

$$\boxed{F_{\ddot{U}.z} = \rho\, g\, V} \,.$$

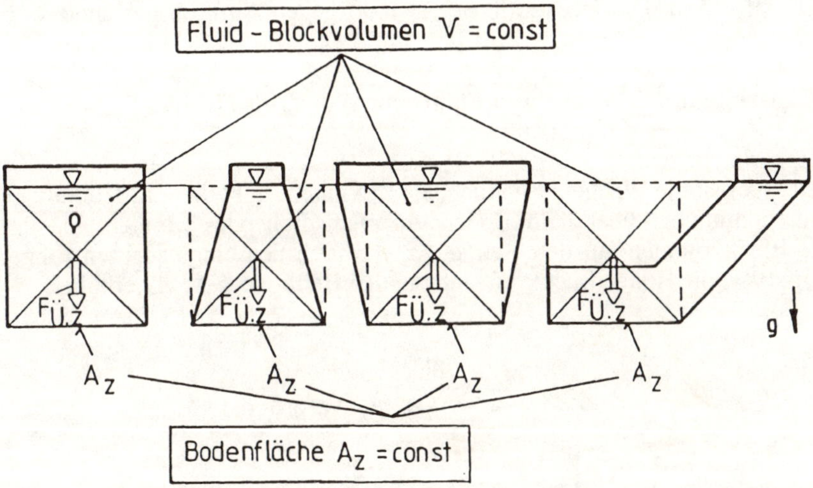


**Bild 1.7.** Hydrostatisches Paradoxon: Bodenlast $F_{\ddot{U}.z}$ ist in allen vier Fällen gleich groß

**Zwei Spezialfälle:**

## 1. Kraft auf Einlaufkammerdecke einer axialen Kühlwasserpumpe (Bild 1.8)

Die Vertikalkraft $F_{\ddot{U}.z}$ auf die Deckenfläche $A_0$ beträgt:

$$F_{\ddot{U}.z} = -\int_{(A_0)} (p - p_a)\, \mathrm{d}A_0 = -(p - p_a)\, A_0 = -(\rho\, g\, z_0)\, A_0 = -\rho\, g\, V \,.$$

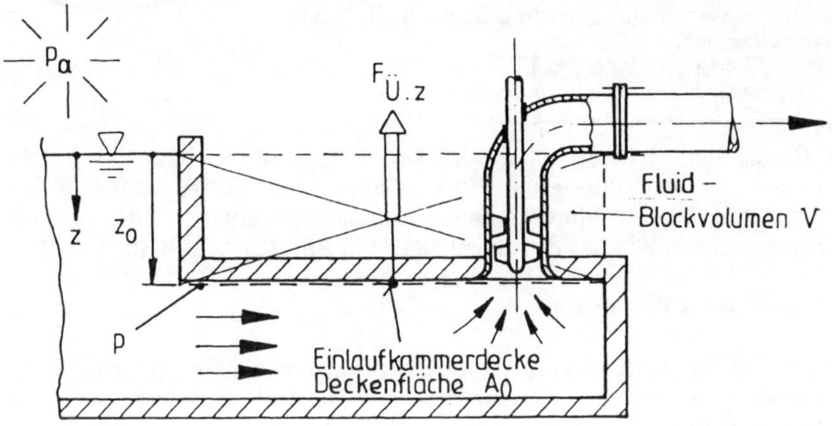


**Bild 1.8.** Einlaufkammer einer axialen Kühlwasserpumpe, Kraft $F_{Ü.z}$ auf Deckenfläche $A_0$

Das negative Vorzeichen erklärt sich daraus, daß $F_{Ü.z}$ und $z$ ungleiche Richtungen aufweisen. Die Deckenfläche $A_0$ muß gegen Auftrieb gesichert werden.

## 2. Experiment mit Waage und Finger im Wasserglas (Bild 1.9)

Das Experiment zeigt:
Ohne Finger ist die Waage ausgeglichen, mit Finger ergibt die Kräftebilanz im Schnitt unmittelbar über dem Boden ein rechtsdrehendes Moment, da das rechte Blockvolumen um den Betrag $\Delta z\, A_z$ durch den eingetauchten Finger ansteigt bzw. die Bodendruckkraft sich um den Betrag $\rho\, g\, \Delta z\, A_z$ erhöht.

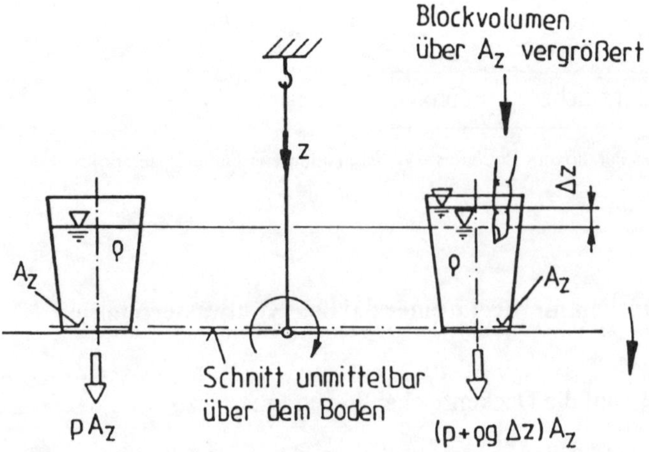


**Bild 1.9.** Experiment mit Waage und Finger im Wasserglas

### 1.4.3 Horizontalkraft

Die Horizontalkraft $F_{\text{Ü.y}}$ auf die Behälterplatte der Fläche $A$ ist infolge des hydrostatischen Überdruckes $p - p_a$ mit dem Kraftelement $\mathrm{d}F_{\text{Ü.y}}$ anhand von **Bild 1.10** wie folgt herzuleiten:

$$\mathrm{d}F_{\text{Ü.y}} = +(p - p_{\mathrm{a}})\,\mathrm{d}A_{\mathrm{y}}\,,$$

$$F_{\text{Ü.y}} = + \int\limits_{(A)} (p - p_{\mathrm{a}})\,\mathrm{d}A_{\mathrm{y}} = \rho\, g \int\limits_{(A)} z\,\mathrm{d}A_{\mathrm{y}} = \rho\, g\, z_s\, A\,.$$

Daraus folgt mit dem Druck $p_{\mathrm{s}}$ im Flächenschwerpunkt S für den Druckpunkt D:

$$\boxed{F_{\text{Ü.y}} = (p_{\mathrm{s}} - p_{\mathrm{a}})\,A}\,. \tag{1.5}$$

Bei gewölbten oder geneigten Flächen ist der Betrag der Horizontalkraft gleich dem hydrostatischen Überdruck im Flächenschwerpunkt S der vertikalen Fläche $A$, multipliziert mit $A$.

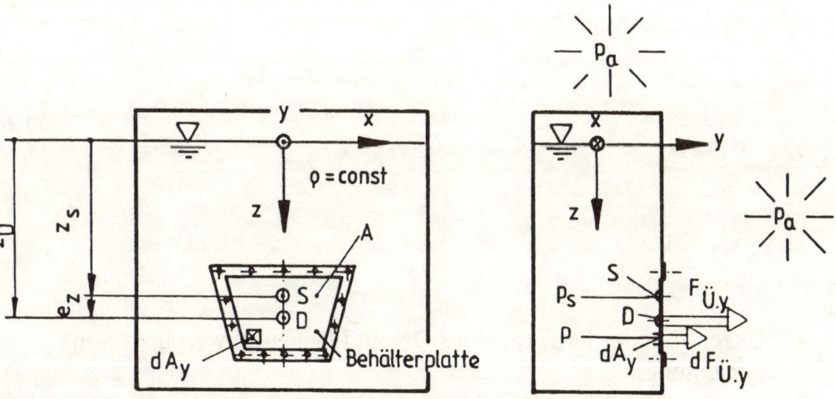


**Bild 1.10.** Flächenelement $\mathrm{d}A_{\mathrm{y}}$ und Kraftelement $\mathrm{d}F_{\text{Ü.y}}$ zur Herleitung der Horizontalkraft $F_{\text{Ü.y}}$. S Flächenschwerpunkt; D Druckpunkt

*Beachte*:
Der Kraftangriffspunkt (Druckpunkt D) liegt unterhalb des Flächenschwerpunkts S.

**Bestimmung der Koordinate $z_{\mathrm{D}}$ des Druckpunktes D**

Die $z_{\mathrm{D}}$-Koordinate erhält man aus dem Momentgleichgewicht um die $x$-Achse:

$$M_x = \int_{(A)} (p - p_a)\, z\, \mathrm{d}A_y = \rho\, g \int_{(A)} z^2\, \mathrm{d}A_y = \rho\, g\, I_x .$$

Mit dem axialen Flächenmoment zweiten Grades bezüglich der $x$-Achse:

$$\boxed{I_x = \int_{(A)} z^2\, \mathrm{d}A_y}$$

folgt aus dem Momentgleichgewicht:

$$M_x = \rho\, g\, I_x = z_D\, F_{Ü.y} ,$$

$$z_D = \frac{\rho\, g\, I_x}{F_{Ü.y}} = \frac{\rho\, g\, I_x}{\rho\, g\, z_s\, A} = \frac{I_x}{z_s\, A} .$$

Unter Verwendung des STEINER[3]-Satzes folgt:

$$\boxed{I_x = I_{x.S} + z_s^2\, A}$$

mit

$I_{x.S}$ Axiales Flächenmoment zweiten Grades bezüglich der $x$-$x$-Achse durch S.

Für $z_D = \dfrac{I_{x.S} + z_s^2\, A}{z_s\, A}$ folgt:

$$\boxed{z_D = z_s + \frac{I_{x.S}}{z_s\, A}} \qquad (1.6)$$

und

$$e_z = z_D - z_s = \frac{I_{x.S}}{z_s\, A}$$

mit

$e_z$ Exzentrität des Druckpunktes D vom Flächenschwerpunkt S in $z$-Richtung.

Das Wrack des 1912 an einem Eisberg aufgerissenen Passagierschiffes „Titanic" liegt in 3600 m Tiefe. Mit $z_S = 3600$ m ist $e_z$ vernachlässigbar, d.h. an einer Tresorschranktür wären Flächenschwerpunkt S und Druckpunkt D deckungsgleich.

Für die in der Technik häufig vertretenen Rechteck- und Kreisflächen sind die axialen Flächenmomente zweiten Grades in **Bild 1.11** dargestellt.

---

[3] STEINER, Jakob (1796-1863). Der recht eigenwillige schweizerische Mathematiker und Mechaniker wurde in Utzendorf als Sohn eines Bergbauern geboren und starb in Bern. Nach autodidaktischen Studien der Mathematik, insbesondere Geometrie, und der Mechanik wurde er 1834 Professor für Mechanik in Berlin.

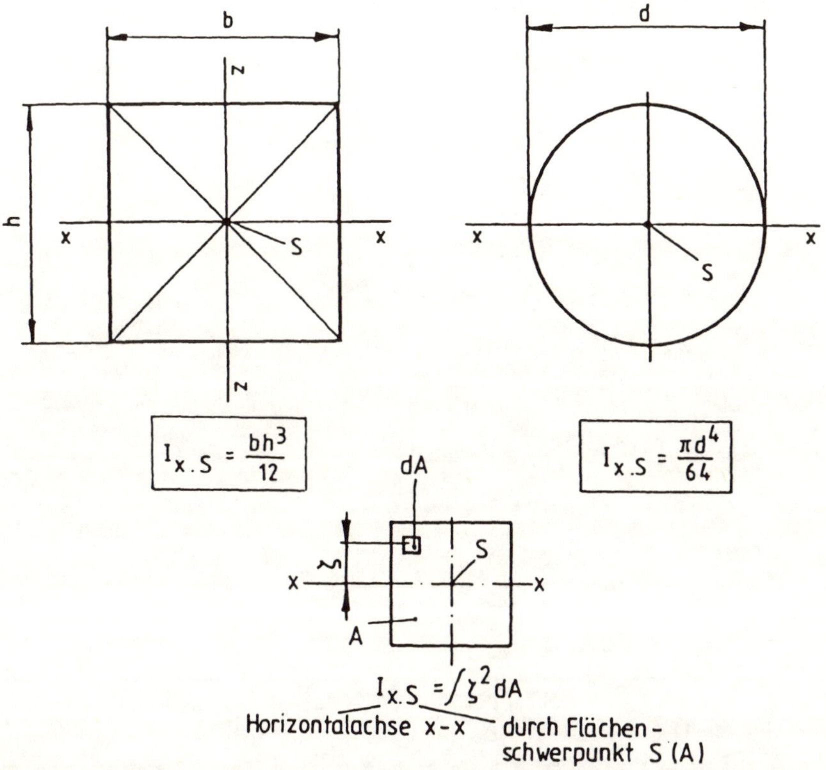


**Bild 1.11.** Axiales Flächenmoment $I_{x.S}$ bezüglich $x$-$x$-Achse durch S für Rechteck- und Kreisfläche

## 1.5 Hydrostatischer Auftrieb

Der Hydrostatische Auftrieb, die hydraulische Kraft auf einen völlig getauchten (völlig benetzten) Körper, errechnet sich zu:

$$F_A = -\rho_{Fl}\, g\, V \; . \tag{1.7}$$

Diese Gleichung geht auf ARCHIMEDES[4] zurück.

[4] ARCHIMEDES (285-212 v.Chr.). Der Mechaniker und Mathematiker wurde in Syrakus geboren und arbeitete über Schwerpunkt, Hebelgesetz, schiefe Ebene, statischen Auftrieb und spezifisches Gewicht. Er baute hydraulische Maschinen und Kriegsmaschinen, durch die seine Vaterstadt Syrakus zwei Jahre lang der römischen Belagerung widerstehen konnte. Er starb bei der Eroberung von Syrakus durch die Römer.

**Erste Herleitung des hydrostatischen Auftriebs:**

Das Kräftegleichgewicht in $z$-Richtung an dem in **Bild 1.12** dargestellten Volumenelement $\mathrm{d}V$ lautet:

$$(p_\mathrm{a} + \rho_\mathrm{Fl}\; g\; z_\mathrm{oben})\,\mathrm{d}A - (p_\mathrm{a} + \rho_\mathrm{Fl}\; g\; z_\mathrm{unten})\,\mathrm{d}A = \mathrm{d}F_\mathrm{A}\,.$$

Die Resultierende ist:

$$\mathrm{d}F_\mathrm{A} = -\rho_\mathrm{Fl}\; g\; \Delta z\;\; \mathrm{d}A = -\rho_\mathrm{Fl}\; g\; \mathrm{d}V$$

mit

$$\Delta z = z_\mathrm{unten} - z_\mathrm{oben} \;\; \text{und}\; \Delta z\; \mathrm{d}A = \mathrm{d}V\,.$$

Daraus folgt:

$$F_\mathrm{A} = -\rho_\mathrm{Fl}\; g \int\limits_{(V)} \mathrm{d}V = -\rho_\mathrm{Fl}\; g\, V \quad \text{q.e.d.}$$

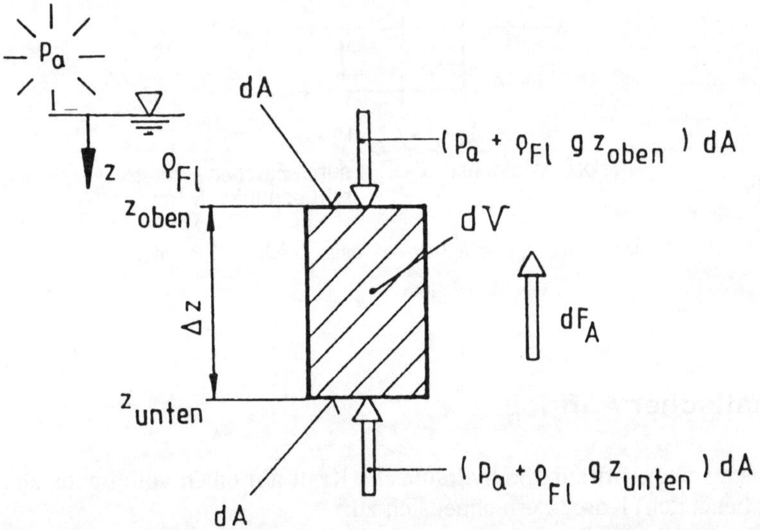


**Bild 1.12.** Zur Herleitung des hydrostatischen Auftriebs $\mathrm{d}F_\mathrm{A}$ an einem Volumenelement $\mathrm{d}V$

**Zweite Herleitung des hydrostatischen Auftriebs:**

Die resultierende Kraft $\underline{F}_\mathrm{A}$ auf die Oberfläche $A$ eines völlig getauchten Körpers ist nach **Bild 1.13** :

$$\underline{F}_\mathrm{A} = -\oint\limits_{(A)} p\; \mathrm{d}\underline{A}\,.$$

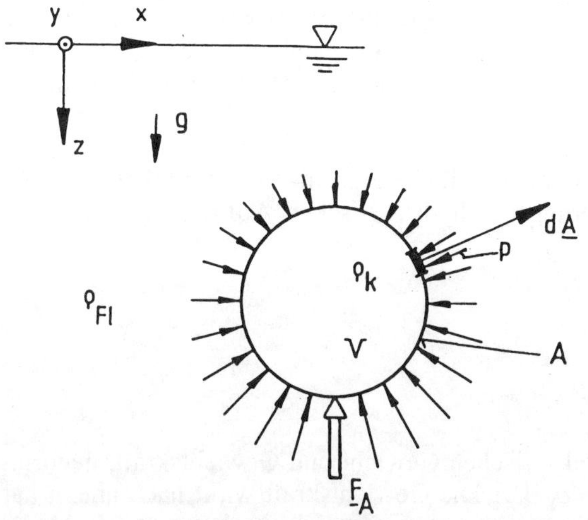


**Bild 1.13.** Flächenelement $d\underline{A}$ und örtlicher Druck $p$ zur Herleitung des hydrostatischen Auftriebs $\underline{F}_A$ mit Hilfe des GAUSS-Integralsatzes

Hierbei kann das Integral über die gesamte Oberfläche des Körpers nach dem GAUSS[5]-Integralsatz berechnet werden. Danach lautet die Umwandlung eines Oberflächenintegrals in ein Volumenintegral:

$$\oint_{(A)} p \, d\underline{A} = \int_{(V)} \underline{\nabla} \, p \, dV .$$

Ersetzt man nach Gl. (1.2) $\underline{\nabla}p$ durch $\rho_{Fl} \, \underline{f}$, so folgt:

$$\underline{F}_A = -\int_{(V)} \rho_{Fl} \, \underline{f} \, dV .$$

Beim hydrostatischen Auftrieb soll als Massenkraft nur die Schwerkraft gelten, so daß sich der Feldvektor wie folgt darstellt:

$$\underline{f} = \underline{e}_x \, 0 + \underline{e}_y \, 0 + \underline{e}_z \, g .$$

$\underline{F}_A$ besitzt also nur eine $z$-Komponente, die, da sie nach oben gerichtet ist, negativ ist. So ergibt sich betragsgemäß:

$$F_A = -\rho_{Fl} \, g \int_{(V)} dV = -\rho_{Fl} \, g \, V \quad \text{q.e.d.}$$

[5] GAUSS, Carl Friedrich (1777-1855). Der große Mathematiker, Astronom und Physiker wurde in Braunschweig geboren und verstarb in Göttingen. Er bekleidete seit 1807 das Amt eines Professors für Mathematik und Astronomie in Göttingen und wirkte auch als Direktor der örtlichen Sternwarte. Er wurde schon zu Lebzeiten als Princeps Mathematicorum bezeichnet. Hervorragende Veröffentlichungen waren: Disquisitiones arithmeticae (1801) und Theoria motus corporum (1809).

Der hydrostatische Auftrieb $F_A$ eines Körpers in einem Fluid konstanter Dichte $\rho_{Fl}$ ist – anders gedeutet - gleich der Gewichtskraft des von ihm verdrängten Fluidvolumens $V$; er wirkt senkrecht nach oben und verläuft durch den Volumenschwerpunkt.

Die resultierende Kraft $\underline{F}_{res}$ auf den voll eingetauchten Körper erhält man aus der vektoriellen Aufsummierung des hydrostatischen Auftriebs $\underline{F}_A$ und der Gewichtskraft $\underline{F}_g$ :

$$\underline{F}_{res} = \underline{F}_A + \underline{F}_g \,.$$

So ergibt sich betragsmäßig:

$$F_{Res} = -\rho_{Fl}\; g\, V + \rho_K\; g\, V_K \,.$$

Man beachte den Unterschied zwischen Gewicht und Gewichtskraft; genormt ist Gewicht als Masse $m_K = \rho_K\; V_K$. Die Gewichtskraft wirkt nach unten; hat der Körper eine konstante Dichte $\rho_K$, so ergibt sich die resultierende Vertikalkraft mit $V = V_K$ zu:

$$\boxed{F_{res} = g\, V_K \left(\rho_K - \rho_{Fl}\right)} \,. \tag{1.8}$$

In **Bild 1.14** ist ein voll eingetauchter Körper mit verdrängtem Volumen $V$ gleich dem Körpervolumen $V_K$, Gewichtskraft $F_g$, hydrostatischem Auftriebs $F_A$ und Resultierender $F_{res}$ dargestellt.

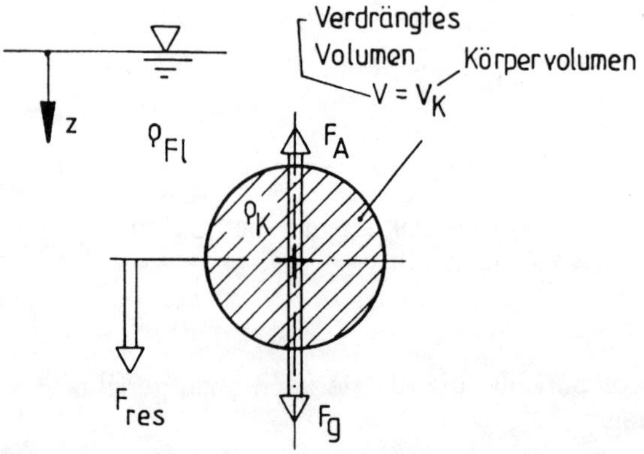


**Bild 1.14.** Voll eingetauchter Körper mit angreifenden Kräften

Hier sind nun drei Fälle zu unterscheiden.

Sinken: $F_{res} > 0 \rightarrow \rho_K > \rho_{Fl}$ (wie in **Bild 1.14** gezeichnet),

Schweben: $F_{res} = 0 \rightarrow \rho_K = \rho_{Fl}$ und

Aufsteigen: $F_{res} < 0 \rightarrow \rho_K < \rho_{Fl}$.

Die Situation bei einem teilweise eingetauchten (schwimmenden) Körper ist in **Bild 1.15** dargestellt. Es ist festzustellen:

$$F_{\mathrm{res}} = 0\,,$$

$$F_{\mathrm{g}} - F_{\mathrm{A}} = 0 \text{ oder}$$

$$\rho_{\mathrm{K}}\, g\, V_{\mathrm{K}} - \rho_{\mathrm{Fl}}\, g\, V_{\mathrm{Fl}} = 0\,.$$

Hieraus folgt:

$$\boxed{\frac{V_{\mathrm{Fl}}}{V_{\mathrm{K}}} = \frac{\rho_{\mathrm{K}}}{\rho_{\mathrm{Fl}}}}\,. \tag{1.9}$$

Die Volumina verhalten sich umgekehrt proportional (reziprok) zu den Dichten. Die Gln. (1.7...1.9) hat schon ARCHIMEDES verbal ausgedrückt[6].

**Zwei Beispiele**:

$\dfrac{V_{\mathrm{Wasser}}}{V_{\mathrm{Eis}}} = \dfrac{\rho_{\mathrm{Eis}}}{\rho_{\mathrm{Wasser}}} = 0{,}92\,,$ d.h. 8% des Eisvolumens schwimmen über Wasser, „Spitze des Eisbergs“[7],

$\dfrac{V_{\mathrm{Wasser}}}{V_{\mathrm{Preßkork}}} = \dfrac{\rho_{\mathrm{Preßkork}}}{\rho_{\mathrm{Wasser}}} = 0{,}30\,,$ d.h. 70% des Preßkorkvolumens schwimmen über Wasser.

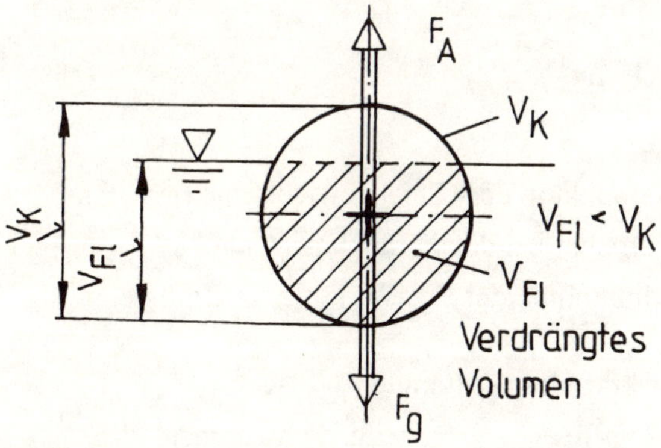


**Bild 1.15.** Teilweise eingetauchter (schwimmender) Körper mit angreifenden Kräften

[6] Das Wissen um diese Formel bezeugt ARCHIMEDES nach einer überlieferten Anekdote zum Betrug eines Goldschmiedes. Dieser hatte im Auftrag des Königs HIERON in Syrakus eine goldene Krone zu fertigen, mischte aber billigeres Silber unter das Material. Diesen Betrug deckte ARCHIMEDES aufgrund der kleineren Dichte von Silber auf.

[7] So wurde bei dem Titanic-Unglück vor der Großen Neufundlandbank in der Nacht vom 14. zum 15.04.1912 der Eisberg nur zum geringsten Teil erkannt.

## Zur statischen Stabilität eines Schiffes

Ein Schiff schwimmt stabil, wenn sich sein Metazentrum M über seinem Körperschwerpunkt $S_K$ befindet, s. **Bild 1.16**. Das stabilisierende aufrichtende Moment ist:

$$M_{st} = F_g \; H_m \; \sin\varphi \, .$$

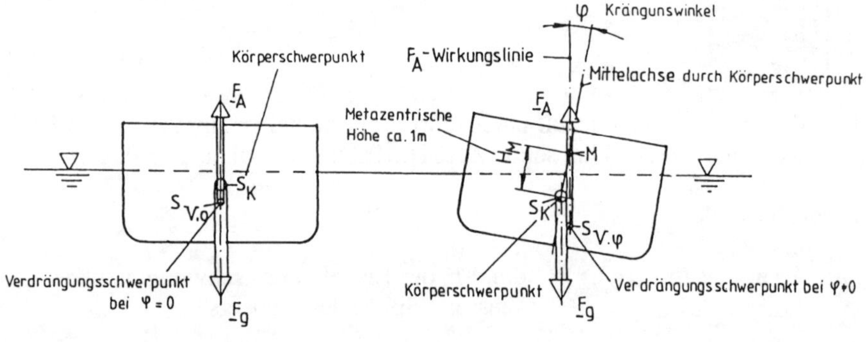


**Bild 1.16.** Zur statischen Stabilität eines Schiffes

Bei sich verschiebender Ladung wendet sich der Körperschwerpunkt $S_K$ nach rechts und vermindert das stabilisierende (aufrichtende) Moment $M_{st}$ (Kentergefahr).

In **Bild 16** bedeuten:

| | |
|---|---|
| $S_K$ | Körperschwerpunkt, |
| $S_{v.0}$ | Verdrängungsschwerpunkt in der Gleichgewichtslage ($\varphi = 0°$), |
| $S_{v.\varphi}$ | Verdrängungsschwerpunkt bei dem Krängungswinkel $\varphi$, |
| M | Metazenztrum = Schnittpunkt der $F_A$ -Wirkungslinie mit der Mittelachse, |
| $F_A$ | Auftrieb = Gewichtskraft des verdrängten Wassers, |
| $F_g$ | Gewichtskraft des Schiffes, $F_A = F_g$ heißt „Schwimmen“, |
| $H_m$ | Metazentrische Höhe = Konstante für $0° \le \varphi \le 10°$ beträgt ca. 0,5...1,5 m je nach Schiff = Maß für die statische Stabilität und |
| $M_{st}$ | Stabilisierendes (aufrichtendes) Moment. |

## Der Kartesische Taucher

Bei dem Kartesischen[8] Taucher, s. **Bild 1.17**, handelt es sich um ein Tauchfahrzeug mit einem eingeschlossenen Luftvolumen, das eine offene oder elastische Verbindung zum Umgebungswasser hat. Das Luftvolumen ist maßgebend für den Auftrieb des Kartesischen Tauchers.

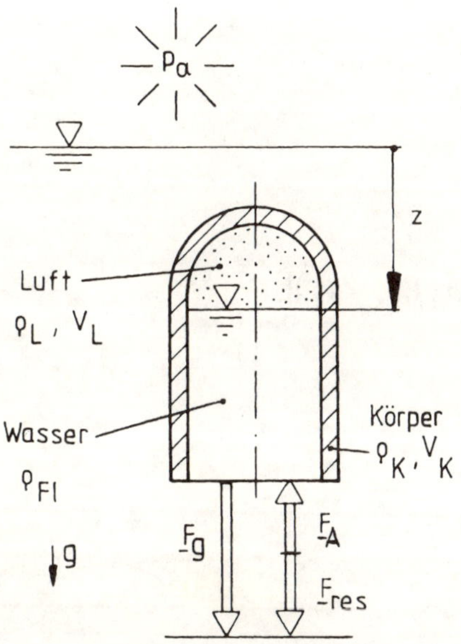


**Bild 1.17.** Kartesischer Taucher

*Gegeben* seien:
$g$, $\rho_{\mathrm{Fl}}$, $\rho_{\mathrm{K}}$, $V_{\mathrm{K}}$, $p_{\mathrm{a}}$, $V_{\mathrm{L.0}}$ (Luftvolumen bei $z = 0$ m) und
$\rho_{\mathrm{L.0}}$ (Dichte des Luftvolumen bei $z = 0$ m).

*Vorausgesetzt* werden:
Isotherme:

$$p_{\mathrm{L}}\, V_{\mathrm{L}} = p_{\mathrm{a}}\, V_{\mathrm{L.0}} \quad \text{oder} \quad V_{\mathrm{L}} = \frac{p_{\mathrm{a}}\, V_{\mathrm{L.0}}}{p_{\mathrm{L}}} \quad \text{und}$$

[8] DESCARTES, René, latinisiert CARTESIUS (1596-1650). Der französische Philosoph, Naturwissenschaftler und Mathematiker wurde in La Haye (Touraine) geboren, er verstarb in Stockholm. Die Stationen seines Wirkens waren Frankreich, Deutschland, Holland, Schweden. Zahlreiche Veröffentlichungen über Philosophie (cogito, ergo sum), Mathematik (Kartesisches Koordinatensystem) und Physik (Erhaltungssätze) stammen von ihm. Es bleibt umstritten, ob der Kartesische Taucher wirklich auf ihn zurückgeht.

Massenerhaltung der Luft:

$$\rho_L V_L = \rho_{L.0} V_{L.0} .$$

*Gesucht* ist die resultierende Kraft $F_{Res}$ in Abhängigkeit von der Tauchtiefe $z$.

Die *Lösung* ergibt sich wie folgt:
Gewichtskraft:

$$F_g = g\left(\rho_K V_K + \rho_L V_L\right),$$

Auftriebskraft:

$$F_A = -\rho_{Fl}\, g\left(V_K + V_L\right), \text{ s Gl. (1.7)},$$

Resultierende Kraft:

$$F_{res} = F_g + F_A = g\left[\rho_K V_K + \rho_L V_L - \rho_{Fl}\left(V_K + V_L\right)\right],$$

Isothermen-Beziehung:

$$V_L = \frac{\rho_{L.0}}{\rho_L} V_{L.0} = \frac{p_a}{p_L} V_{L.0} ,$$

Luftdruck:

$$p_L(z) = p_a + \rho_{Fl}\, g\, z ,$$

Resultierende Kraft:

$$F_{res} = g\left[\rho_K V_K + \rho_{L.0} V_{L.0} - \rho_{Fl}\left(V_K + \frac{p_a V_{L.0}}{p_a + \rho_{Fl}\, g\, z}\right)\right],$$

$$F_{res} = \rho_{Fl} V_{L.0}\, g\left(\frac{\rho_K V_K}{\rho_{Fl} V_{L.0}} + \frac{\rho_{L.0}}{\rho_{Fl}} - \frac{V_K}{V_{L.0}} - \frac{p_a}{p_a + \rho_{Fl}\, g\, z}\right),$$

$$F_{res} = A\left[B - \frac{1}{1 + a\, z}\right]$$

mit

$$A = \rho_{Fl} V_{L.0}\, g ,$$

$$B = \left(\frac{\rho_K}{\rho_{Fl}} - 1\right)\frac{V_K}{V_{L.0}} + \frac{\rho_{L.0}}{\rho_{Fl}} ,$$

$$a = 1 + \frac{\rho_{Fl}\, g}{p_a} .$$

**Fall 1: Sinken**, ausgehend von $z = 0$ m:

$$F_{\text{res}} > 0\ \text{N} \quad \rightarrow \quad B > 1,$$

$$z \text{ wächst} \quad \rightarrow \quad F_{\text{res}} \text{ wächst.}$$

**Fall 2: Schweben** in Tiefe $z_0$:

$$F_{\text{res}} = 0\ \text{N} \quad \rightarrow \quad B = \frac{1}{1 + a\, z_0}.$$

Bei Tauchfahrzeugen verwirklicht durch Herauspumpen von Ballastwasser.

**Fall 3: Höhenabweichung** $(z - z_0)$ von Schwebelage $z_0$:

$$F_{\text{res}} = A\left[\frac{1}{1 + a\, z_0} - \frac{1}{1 + a\, z}\right].$$

$$z > z_0,\ F_{\text{res}} > 0\ \text{N} \quad \rightarrow \quad \text{Sinkgeschwindigkeit wächst,}$$

$$z < z_0,\ F_{\text{res}} < 0\ \text{N} \quad \rightarrow \quad \text{Aufstiegsgeschwindigkeit wächst,}$$

d.h. es handelt sich um eine instabile Gleichgewichtslage.

**Fall 4: Umgebungsdruck $p_a$ steigt,** Tauchfahrzeug sei bei $z$ = const:

$$F_{\text{res}} = g\left[\rho_{\text{K}}\, V_{\text{K}} + \rho_{\text{L.0}}\, V_{\text{L.0}} - \rho_{\text{Fl}}\left(V_{\text{K}} + \frac{p_{\text{a}}\, V_{\text{L.0}}}{p_{\text{a}} + \rho_{\text{Fl}}\, g\, z}\right)\right],$$

$$F_{\text{res}} = K_1 - \frac{K_2}{p_{\text{a}} + K_3} \quad \rightarrow \quad \left(\frac{\partial F_{\text{res}}}{\partial p_{\text{a}}}\right)_{z=\text{const}} = \frac{K_2}{(p_{\text{a}} + K_3)^2} > 0.$$

Mit steigendem $p_{\text{a}}$ steigt $F_{\text{res}}$, sinkt das Tauchfahrzeug.

# 2 Kinematik der Fluide

## 2.1 Vorbemerkungen

Zur Beschreibung der Bewegung eines Fluids bedient man sich zweier klassischer Darstellungen:

- **LAGRANGE[9]-Darstellung** = teilchenfeste Betrachtung (vgl. Particle Tracking Velocimetry PTV) und
- **EULER[10]-Darstellung** = raumfeste Betrachtung (vgl. Particle Image Velocimetry PIV).

Der Ortsvektor eines Fluidteilchens zur Zeit $t = t_0$ ist nach der LAGRANGE-Darstellung in **Bild 2.1**, Teil a gezeigt.
Zur Zeit $t$ ist der Ortsvektor:

$$\underline{r} = \left[x(x_0, y_0, z_0, t), y(x_0, y_0, z_0, t), z(x_0, y_0, z_0, t)\right].$$

Somit ergibt sich die Geschwindigkeit eines Teilchens mit dem Ortsvektor $\underline{r}$ zu:

$$\underline{v} = \frac{\mathrm{d}\underline{r}}{\mathrm{d}t} = \left[\frac{\mathrm{d}x}{\mathrm{d}t}, \frac{\mathrm{d}y}{\mathrm{d}t}, \frac{\mathrm{d}z}{\mathrm{d}t}\right] = \left[v_x, v_y, v_z\right].$$

Die **LAGRANGE-Darstellung** soll an folgendem Beispiel erläutert werden.

*Gegeben*:

$$\underline{r}_0 = \left[x_0 = 0, y_0 = 0, z_0 = 0\right], \ \underline{r} = \left[x = 2\,t, y = y_0, z = z_0\right].$$

*Vorausgesetzt*:
LAGRANGE-Darstellung der Teilchenbewegung („Tracking“).

---

[9] LAGRANGE, Joseph Louis (1736-1813), geb. in Turin, gest. in Paris. Der große Mathematiker und Physiker wurde 1766 von Friedrich dem Großen an die Berliner Akademie, 1786 von Ludwig XVI an die Pariser Akademie berufen. Auf LAGRANGE gehenvielbändige Veröffentlichungen zurück über Zahlentheorie,Funktionentheorie, Interpolationsverfahren, Variationsprobleme und Bewegungsgleichungen.

[10] EULER, Leonhard, s. Fußnote 2.

*Gesucht*:
Teilchengeschwindigkeit $\underline{v}$.

*Lösung*:

$$\underline{v} = \frac{d\underline{r}}{dt} = [2, 0, 0], \text{ d.h.: } v_x = 2 \text{ m/s}, \ v_y = 0 \text{ m/s und } v_z = 0 \text{ m/s}.$$

Es handelt sich also um eine Parallelströmung längs der $x$-Achse.

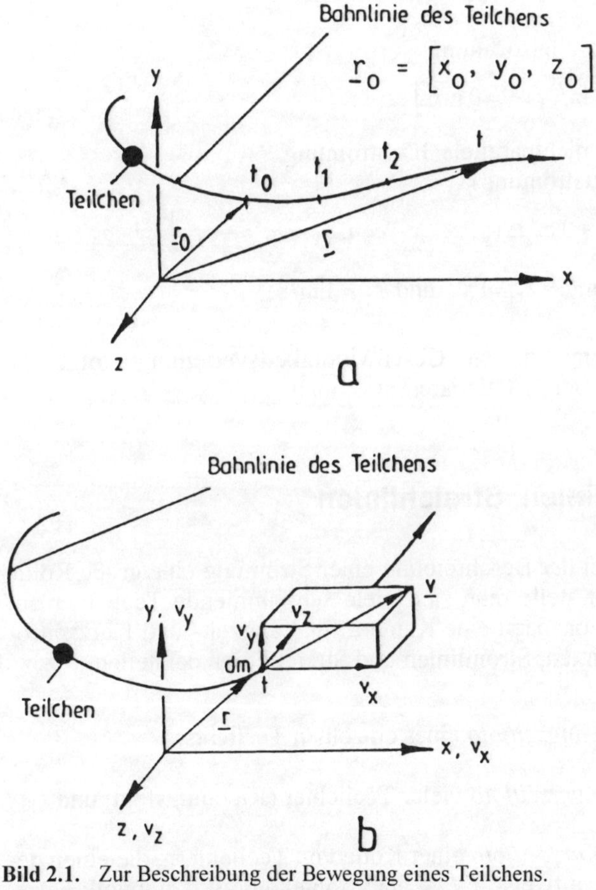


**Bild 2.1.** Zur Beschreibung der Bewegung eines Teilchens.
a LAGRANGE-Darstellung; b EULER-Darstellung

Von der LAGRANGE-Darstellung wird in der allgemeinen Strömungstechnik selten Gebrauch gemacht, da diese Darstellung meistens sehr schwierig anzuwenden und unübersichtlich ist. Diese Nachteile umgeht man bei der **EULER-Darstellung** mit raumfester Betrachtung, vgl. Laser DOPPLER Velocimetry (LDV) und Particle Image Velocimetry (PIV).

Die Geschwindigkeitsverteilung im Raum (s. **Bild 2.1**, Teil b) an der beliebigen Stelle ($x, y, z$) zur Zeit $t$ beträgt:

$$\underline{v} = \left[v_x(x, y, z, t), v_y(x, y, z, t), v_z(x, y, z, t)\right].$$

Die Komponenten $v_x$, $v_y$ und $v_z$ sind wie folgt zu bestimmen:

$$v_x = \frac{dx}{dt}, \; v_y = \frac{dy}{dt} \text{ und } v_z = \frac{dz}{dt}.$$

Zwei Beispiele sollen die EULER-Darstellung erläutern:

**1. Beispiel**: Stationäre Parallelströmung

$$\underline{v} = \left[v_x = 2 \text{ m/s}, v_y = 0 \text{ m/s}, v_z = 0 \text{ m/s}\right].$$

**2. Beispiel**: Instationäre, nichtparallele 3D-Strömung (instationäre Staupunktströmung)

$$\underline{v} = \left[v_x = -2\, c_1\, x + c_1\, y + 3\, c_2\, t, v_y = c_1\, y - c_2\, t, v_z = c_1\, z + c_2\, t\right]$$

mit den Anpassungsvarianten $c_1 = 1 \text{ s}^{-1}$ und $c_2 = 1 \text{ m/s}^2$.

Die weitere Behandlung dieser Geschwindigkeitsverteilung folgt im Abschn. 2.3.3 Kinematik der instationären Strömung.

## 2.2 Bahnlinien, Stromlinien, Streichlinien

Diese Begriffe spielen bei der Beschreibung einer Strömung eine große Rolle. Als Gedankenexperiment stelle man sich viele schwimmende Teelichter auf einer Wasseroberfläche vor, dazu eine Kamera für Langzeit- und Kurzzeitfotos. So lassen sich Bahnlinien, Stromlinien und Streichlinien darstellen:

- **Bahnlinien:**
  Demonstration durch *Langzeitfoto* eines einzelnen Teelichts,
- **Stromlinie:**
  Demonstration durch *Kurzzeitfoto* vieler Teelichter (Richtungsfeld) und
- **Streichlinie:**
  Demonstration durch *Kurzzeitfoto* einer Kette von Teelichtern, die einen definierten Ursprungsort aufweist. Es ist auch folgendes Bild sinnvoll: Kurzzeitfoto eines Farbfadens, der aus einer Düse austritt, auch Schornstein-Abgasfahne oder Abwasserspuren in Gewässern und Meeren.

Die Stromlinien sind in der Technik bedeutender als Bahn- und Streichlinien. Die Stromlinie stellt eine Raumkurve mit der Längenkoordinate $s$ dar, eine Raumkurve, welche die Geschwindigkeitsvektoren $v$ (Richtungsfeld) berührt, wie in **Bild 2.2** dargestellt.

**Bei stationärer (zeitunabhängiger) Strömung besteht kein Unterschied zwischen Bahnlinien, Stromlinien und Streichlinien.**

Die Berührung der Stromlinien durch die Geschwindigkeitsvektoren führt zu folgender Gleichung der Stromlinie in Vektordarstellung:

$$\boxed{\underline{v} \times \mathrm{d}\underline{s} = \underline{0}}\text{, d.h. } \mathrm{d}\underline{s} \,//\, \underline{v}, \tag{2.1}$$

oder in ausführlicher Schreibweise:

$$\underline{v} \times \mathrm{d}\underline{s} = \begin{vmatrix} \underline{e}_x & \underline{e}_y & \underline{e}_z \\ v_x & v_y & v_z \\ \mathrm{d}x & \mathrm{d}y & \mathrm{d}z \end{vmatrix} = \underline{0}\text{, d.h.,}$$

$$\underline{v} \times \mathrm{d}\underline{s} = \underline{e}_x \left(v_y\,\mathrm{d}z - v_z\,\mathrm{d}y\right) - \underline{e}_y \left(v_x\,\mathrm{d}z - v_z\,\mathrm{d}x\right) + \underline{e}_z \left(v_x\,\mathrm{d}y - v_y\,\mathrm{d}x\right) = \underline{0} \text{ und}$$

$$v_y\,\mathrm{d}z - v_z\,\mathrm{d}y = 0,\quad v_x\,\mathrm{d}z - v_z\,\mathrm{d}x = 0,\quad v_x\,\mathrm{d}y - v_y\,\mathrm{d}x = 0$$

mit der Folgerung:

$$v_y\,\mathrm{d}z = v_z\,\mathrm{d}y,\quad v_x\,\mathrm{d}z = v_z\,\mathrm{d}x,\quad v_x\,\mathrm{d}y = v_y\,\mathrm{d}x\,.$$

Hiermit ergibt sich folgende anschauliche Darstellung der Stromliniengleichung in Komponentendarstellung:

$$\mathrm{d}x : \mathrm{d}y : \mathrm{d}z = v_x : v_y : v_z\,. \tag{2.2}$$

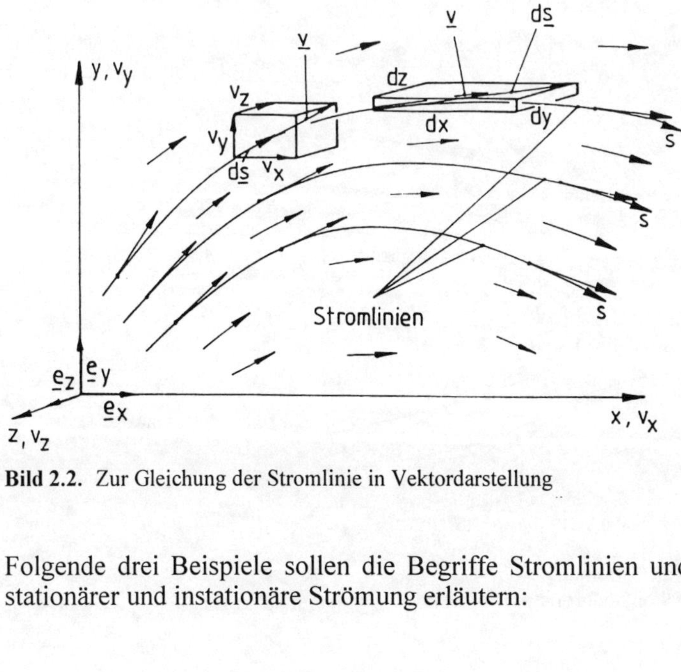


**Bild 2.2.** Zur Gleichung der Stromlinie in Vektordarstellung

Folgende drei Beispiele sollen die Begriffe Stromlinien und Bahnlinien bei stationärer und instationäre Strömung erläutern:

**1. Beispiel: Ebene Schiffsumströmung (Bild 2.3)**
a stellt das Absolutsystem $x$, $y$, d.h. das System des feststehenden Beobachters, dar, der die instationäre Strömung

$\underline{v} = \underline{v}(x, y, t)$ mit $v_x = v_x(x, y, t)$ und $v_y = v_y(x, y, t)$

wahrnimmt. Es gilt: **Stromlinie ≠ Bahnlinie.**

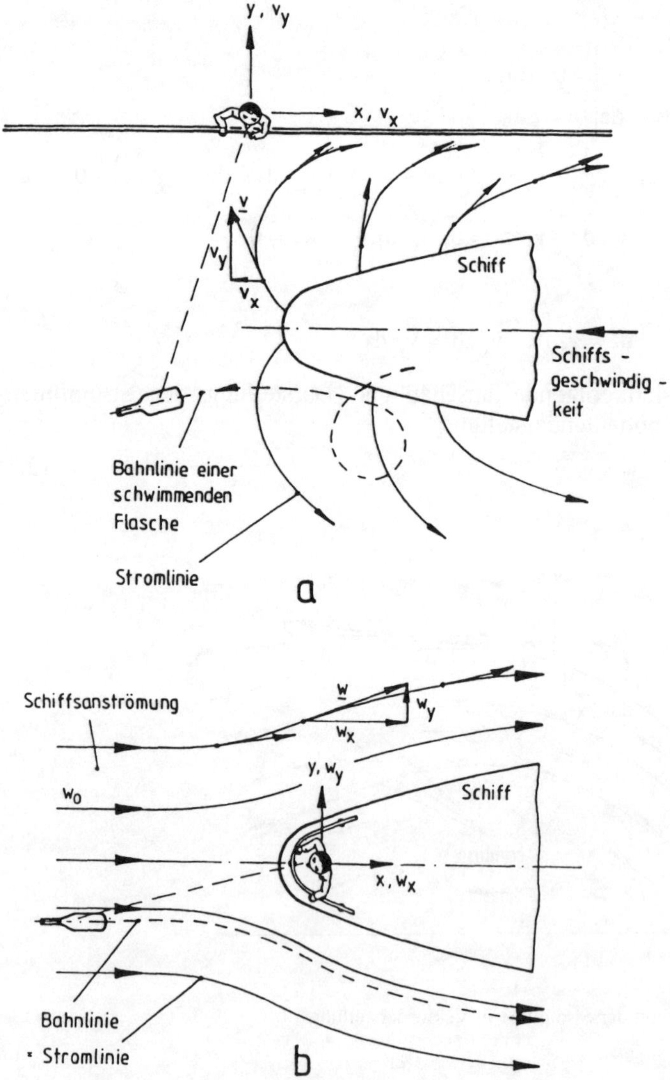


**Bild 2.3.** Ebene Schiffsumströmung.
a Absolutsystem (instationäre Strömung); b Relativsystem (stationäre Strömung)

b stellt das Relativsystem $x$, $y$, d.h. das System des mitfahrenden Beobachters, dar, der die stationäre Strömung

$\underline{w} = \underline{w}(x, y)$ mit $\underline{w}_x = \underline{w}_x(x, y)$ und $\underline{w}_y = \underline{w}_y(x, y)$

wahrnimmt. Es gilt: **Stromlinie = Bahnlinie.**

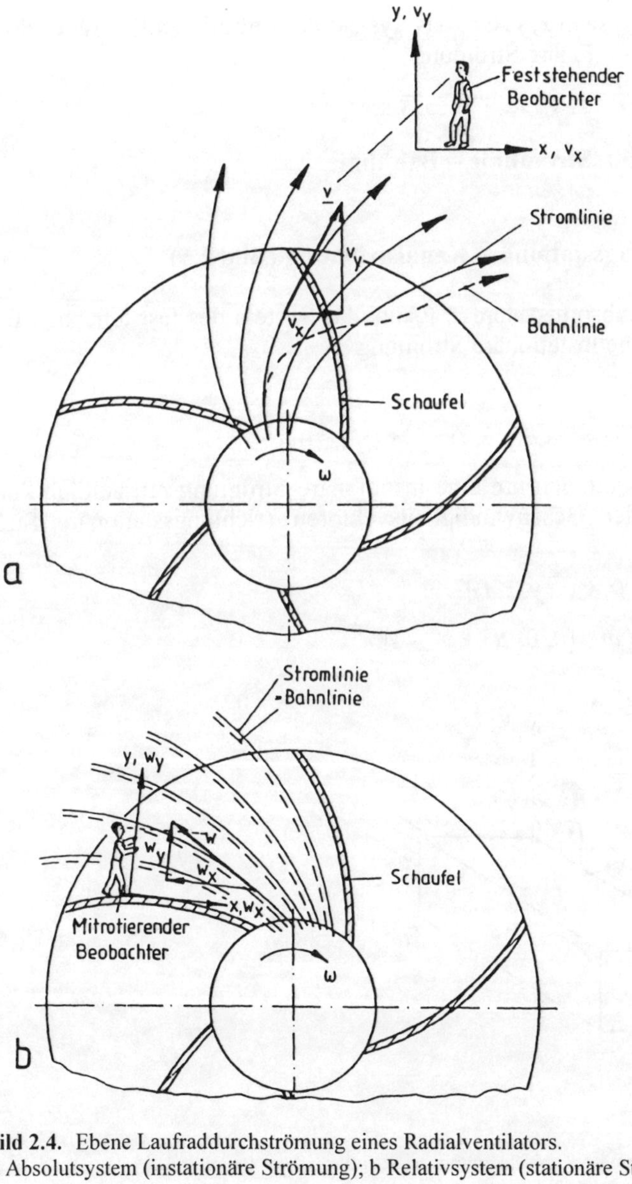


**Bild 2.4.** Ebene Laufraddurchströmung eines Radialventilators.
a Absolutsystem (instationäre Strömung); b Relativsystem (stationäre Strömung)

**2. Beispiel: Ebene Laufraddurchströmung (Bild 2.4)**

a stellt das Absolutsystem $x$, $y$, d.h. das System des feststehenden Beobachters, dar, der die instationäre Strömung

$$\underline{v} = \underline{v}(x, y, t) \text{ mit } v_x = v_x(x, y, t) \text{ und } v_y = v_y(x, y, t)$$

wahrnimmt. Es gilt: **Stromlinie ≠ Bahnlinie.**

b stellt das Relativsystem $x$, $y$, d.h. das System des mitrotierenden Beobachters, dar, der die stationäre Strömung

$$\underline{w} = \underline{w}(x, y) \text{ mit } \underline{w}_x = \underline{w}_x(x, y) \text{ und } \underline{w}_y = \underline{w}_y(x, y)$$

wahrnimmt. Es gilt: **Stromlinie = Bahnlinie.**

**3. Beispiel: Richtungsstationäre Kanalströmung (Bild 2.5)**

Das Bild stellt das Absolutsystem $x$, $y$, d.h. das System des feststehenden Beobachters, dar, der die instationäre Strömung

$$\underline{v} = \underline{v}(x, y, z, t) \text{ mit}$$

$$v_x = 0,\ v_y = 0 \text{ und } v_z = v_z(x, y, z, t) = \sin \omega t\ (x^2 + y^2 - 4)$$

wahrnimmt. Es handelt sich um eine instationäre Strömung mit zeitlich konstanter Richtung der Geschwindigkeitsvektoren (richtungsstationäre Strömung):

$$\begin{aligned} \underline{v}(x, y, z, t) &= [0, 0, v_z(x, y, z, t)], \\ &= \sin \omega t\ [0, 0, x^2 + y^2 - 4]. \end{aligned}$$

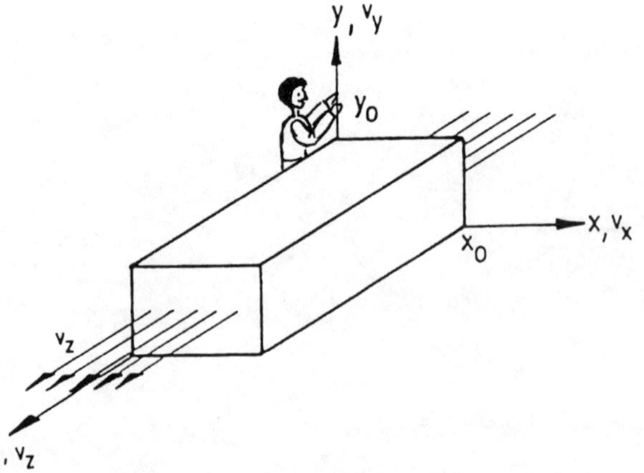


**Bild 2.5.** Richtungsstationäre Kanalströmung mit $v_x = 0$ m/s, $v_y = 0$ m/s und $v_z = \sin \omega t\ (x^2+y^2-4)$

Ist das Zeitglied, hier sin $\omega t$, ausklammerbar, so handelt es sich um eine richtungsstationäre Strömung.

Die Gleichungen für Stromlinien, Bahnlinien und Streichlinien sind wie folgt identisch gleich:

$x = \text{const für } 0 < x < x_0$ und

$y = \text{const für } 0 < y < y_0$ .

*Fazit*:
**Bei stationärer und richtungsstationärer Strömung besteht kein Unterschied zwischen Bahnlinien, Stromlinien und Streichlinien.**

## 2.3 Kontinuitätsgleichung

### 2.3.1 Herleitung in differentieller Form

Die Kontinuitätsgleichung stellt den Satz von der Erhaltung der Masse dar. Zur Herleitung wird ein raumfestes Volumenelement $\mathrm{d}V = \mathrm{d}x\,\mathrm{d}y\,\mathrm{d}z$ zur Zeit $t$ betrachtet, s. **Bild 2.6**. Dieses Volumenelement befinde sich in einer instationären Strömung eines kompressiblen Fluids. Somit gilt:

$\underline{v} = \underline{v}(x, y, z, t)$ mit

$v_x = v_x(x, y, z, t)$, $v_y = v_y(x, y, z, t)$, $v_z = v_z(x, y, z, t)$ und $\rho = \rho(x, y, z, t)$.

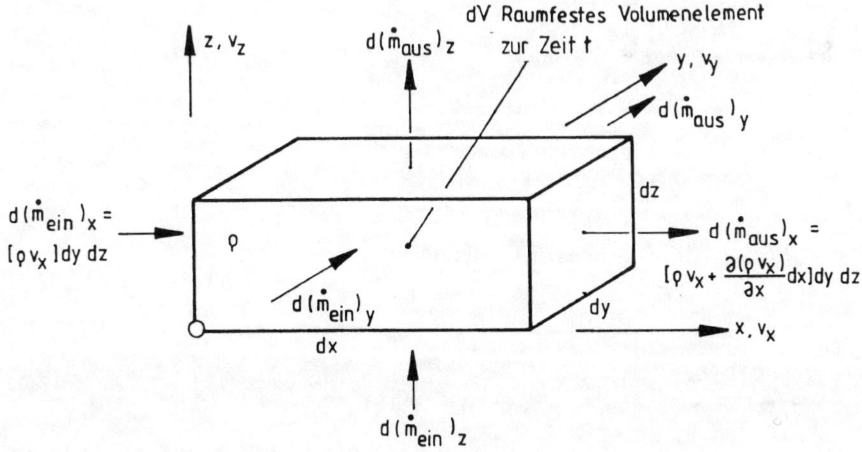


**Bild 2.6.** Raumfestes Volumenelement zur Herleitung der Kontinuitätsgleichung in differentieller Form

Die Massenbilanz für das raumfeste Volumenelement d$V$ lautet:

$$\mathrm{d}(\dot{m}_{\mathrm{ein}})_x + \mathrm{d}(\dot{m}_{\mathrm{ein}})_y + \mathrm{d}(\dot{m}_{\mathrm{ein}})_z - \mathrm{d}(\dot{m}_{\mathrm{aus}})_x - \mathrm{d}(\dot{m}_{\mathrm{aus}})_y - \mathrm{d}(\dot{m}_{\mathrm{aus}})_z = \mathrm{d}\dot{m}\,.$$

d$\dot{m}$ stellt die innere Massenzunahme durch Kompressibilitätseffekte dar:

$$\mathrm{d}\dot{m} = \frac{\left(\rho + \frac{\partial \rho}{\partial t}\,\mathrm{d}t\right)\mathrm{d}x\,\mathrm{d}y\,\mathrm{d}z - \rho\,\mathrm{d}x\,\mathrm{d}y\,\mathrm{d}z}{\mathrm{d}t} = \frac{\partial \rho}{\partial t}\,\mathrm{d}x\,\mathrm{d}y\,\mathrm{d}z\,.$$

Bildet man

$$\mathrm{d}(\dot{m}_{\mathrm{ein}})_x - \mathrm{d}(\dot{m}_{\mathrm{aus}})_x = [\rho\, v_x]\,\mathrm{d}y\,\mathrm{d}z - \left[\rho\, v_x + \frac{\partial(\rho\, v_x)}{\partial x}\,\mathrm{d}x\right]\mathrm{d}y\,\mathrm{d}z$$

und auch die Massenbilanz in der $y$- und $z$-Richtung, so folgt:

$$-\frac{\partial(\rho\, v_x)}{\partial x}\,\mathrm{d}x\,\mathrm{d}y\,\mathrm{d}z - \frac{\partial(\rho\, v_y)}{\partial y}\,\mathrm{d}x\,\mathrm{d}y\,\mathrm{d}z - \frac{\partial(\rho\, v_z)}{\partial z}\,\mathrm{d}x\,\mathrm{d}y\,\mathrm{d}z = \frac{\partial \rho}{\partial t}\,\mathrm{d}x\,\mathrm{d}y\,\mathrm{d}z$$

und somit:

$$\boxed{\frac{\partial \rho}{\partial t} + \frac{\partial(\rho\, v_x)}{\partial x} + \frac{\partial(\rho\, v_y)}{\partial y} + \frac{\partial(\rho\, v_z)}{\partial z} = 0}\,. \qquad (2.3)$$

Das ist die **Kontinuitätsgleichung** für **instationäre** Strömung **kompressibler** (auch zäher) Fluide.

Andere Schreibweisen der Kontinuitätsgleichung sind:

a) $$\boxed{\frac{\partial \rho}{\partial t} + \underline{\nabla} \cdot (\rho\, \underline{v}) = 0}\,, \qquad (2.4)$$

da

$$\underline{\nabla} \cdot (\rho\, \underline{v}) = \left(\frac{\partial}{\partial x}\underline{e}_x + \frac{\partial}{\partial y}\underline{e}_y + \frac{\partial}{\partial z}\underline{e}_z\right) \cdot \left(\rho\, v_x \underline{e}_x + \rho\, v_y \underline{e}_y + \rho\, v_z \underline{e}_z\right),$$

$$= \frac{\partial(\rho\, v_x)}{\partial x} + \frac{\partial(\rho\, v_y)}{\partial y} + \frac{\partial(\rho\, v_z)}{\partial z} \quad \text{und}$$

b) $$\boxed{\frac{\partial \rho}{\partial t} + \mathrm{div}(\rho\, \underline{v}) = 0}\,, \qquad (2.5)$$

da

$\mathrm{div}(\rho\, \underline{v}) = \underline{\nabla} \cdot (\rho\, \underline{v})$, s. Gl. (2.4).

*Merke:*
Divergenz ist nur mit Vektoren zu verbinden, z. B.

$$\operatorname{div} \underline{v} = \underline{\nabla} \cdot \underline{v} ,$$

Gradient nur mit Skalaren, z. B.

$$\operatorname{grad} p = \underline{\nabla} \cdot p .$$

Weitere Schreibweisen der Kontinuitätsgleichung sind:

c) $$\boxed{\frac{\partial \rho}{\partial t} + \rho \operatorname{div} \underline{v} + \underline{v} \operatorname{grad} \rho = 0} , \qquad (2.6)$$

da nach der Produktregel gilt:

$$\frac{\partial(\rho v_x)}{\partial x} + \frac{\partial(\rho v_y)}{\partial y} + \frac{\partial(\rho v_z)}{\partial z} =$$

$$\rho \frac{\partial v_x}{\partial x} + \rho \frac{\partial v_y}{\partial y} + \rho \frac{\partial v_z}{\partial z} + v_x \frac{\partial \rho}{\partial x} + v_y \frac{\partial \rho}{\partial y} + v_z \frac{\partial \rho}{\partial z} = \rho \operatorname{div} \underline{v} + \underline{v} \operatorname{grad} \rho \quad \text{und}$$

d) $$\boxed{\frac{\mathrm{d}\rho}{\mathrm{d}t} + \rho \operatorname{div} \underline{v} = 0} . \qquad (2.7)$$

Im Folgenden wird ein Beweis hierfür gegeben. Die substantielle Ableitung der Eigenschaft $\rho$ längs Stromlinie $s$ lautet:

$$\frac{\mathrm{d}\rho}{\mathrm{d}t} = \frac{\partial \rho}{\partial t} + \frac{\partial \rho}{\partial x}\frac{\partial x}{\partial t} + \frac{\partial \rho}{\partial y}\frac{\partial y}{\partial t} + v_x \frac{\partial \rho}{\partial z}\frac{\partial z}{\partial t} , \text{ d.h.,}$$

$$\frac{\mathrm{d}\rho}{\mathrm{d}t} = \frac{\partial \rho}{\partial t} + v_x \frac{\partial \rho}{\partial x} + v_y \frac{\partial \rho}{\partial y} + v_z \frac{\partial \rho}{\partial z} = \frac{\partial \rho}{\partial t} + \underline{v} \operatorname{grad} \rho .$$

Setzt man $\frac{\mathrm{d}\rho}{\mathrm{d}t}$ in Gl. (2.7) ein, so erhält man wieder die Kontinuitätsgleichung in Form der Gl. (2.6).

**Zwei Sonderfälle der Kontinuitätsgleichung** sind hervorzuheben:

1. Kontinuitätsgleichung für **kompressibles** Fluid in **stationärer** Strömung

   Mit $\frac{\partial \rho}{\partial t} = 0$ und $\rho = \rho(x, y, z)$ ergibt sich mit Gl. (2.5):

$$\boxed{\operatorname{div} ( \rho \underline{v} ) = \frac{\partial(\rho v_x)}{\partial x} + \frac{\partial(\rho v_y)}{\partial y} + \frac{\partial(\rho v_z)}{\partial z} = 0} . \qquad (2.8)$$

2. Kontinuitätsgleichung für **inkompressibles** Fluid in **instationärer** Strömung

Mit $\rho = \text{const}$ folgt aus Gl. (2.7):

$$\boxed{\operatorname{div} \underline{v} = \frac{\partial v_x}{\partial x} + \frac{\partial v_y}{\partial y} + \frac{\partial v_z}{\partial z} = 0} \,. \tag{2.9}$$

Obwohl die Zeit $t$ im Formelbild der Gl. (2.9) nicht erscheint, sind doch die Geschwindigkeitskomponenten bei instationärer Strömung zeitabhängig (Funktionen von Ort und Zeit):

$v_x = v_x(x, y, z, t)$, $v_y = v_y(x, y, z, t)$ und $v_z = v_z(x, y, z, t)$.

**Bemerkung zum Begriff inkompressibles Fluid:**

„Inkompressibel" heißt nach der bereits erwähnten substantiellen Ableitung:

$$\frac{\mathrm{d}\rho}{\mathrm{d}t} = \frac{\partial \rho}{\partial t} + v_x \frac{\partial \rho}{\partial x} + v_y \frac{\partial \rho}{\partial y} + v_z \frac{\partial \rho}{\partial z} = \frac{\partial \rho}{\partial t} + \underline{v} \operatorname{grad} \rho = 0 \,,$$

mit

$\frac{\mathrm{d}\rho}{\mathrm{d}t} =$ substantielle Ableitung,

$\frac{\partial \rho}{\partial t} =$ lokale Ableitung und

$\underline{v} \operatorname{grad} \rho = (\underline{v} \cdot \underline{\nabla})\rho =$ konvektive Ableitung.

Diese Gleichung beschreibt denselben Sachverhalt wie

$\rho(x, y, z, t) = \text{const}$ .

$\rho = \text{const}$ gilt bei Strömungen eines inkompressiblen Fluids längs Bahnlinie, Stromlinie oder Streichlinie. $\rho$ kann sich aber von Linie zu Linie ändern (geschichtete Strömungen).

### 2.3.2
### Herleitung in integraler Form

Geht man nach **Bild 2.7** von einem raumfesten Volumen $V$ mit der momentanen Masse $m$ aus, so wird durch die Oberfläche $A$ ein gewisser Massenstrom $\int_{(A)} \mathrm{d}\dot{m}$ ein- oder ausströmen. Der Massenstrom durch die Oberfläche $A$ muß gleich sein der Massenzunahme je Zeiteinheit im Volumen $V$.

Bezeichnet $d\underline{A}$ den Flächenelementvektor, $\underline{v}$ den Geschwindigkeitsvektor, so stellt sich der Massenstrom $d\dot{m}$ durch das Oberflächenelement $dA$ wie folgt dar:

$$d\dot{m} = -\rho \underline{v}\, d\underline{A}\,.$$

Hierbei lautet die Vorzeichenregel: $d\dot{m} > 0$ einströmend, $d\dot{m} < 0$ ausströmend. Der Massenstrom durch die Oberfläche $A$ beträgt:

$$\dot{m} = \int d\dot{m} = -\oint_{(A)} \rho\, \underline{v}\, d\underline{A}\,. \tag{2.10}$$

Die Massenzunahme je Zeiteinheit im Volumen $V$ lautet:

$$\frac{dm}{dt} = \frac{d}{dt} \int_{(V)} \rho\, dV\,. \tag{2.11}$$

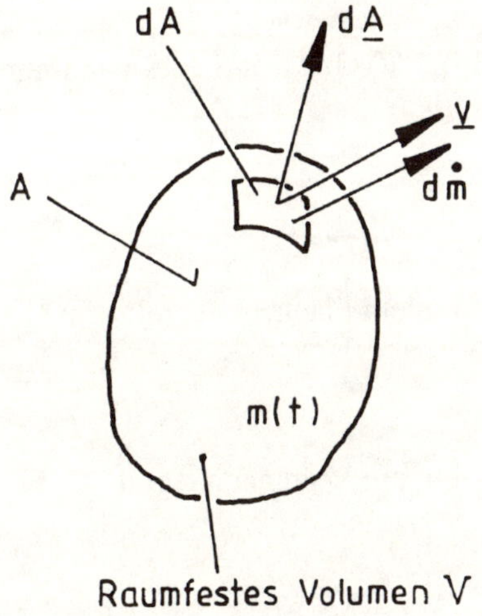


**Bild 2.7.** Raumfestes Volumen zur Herleitung der Kontinuitätsgleichung in integraler Form

„Erhaltung der Masse“ (Kontinuität) heißt physikalisch:
Die zeitliche Massenänderung nach Gl. (2.11) im Innern muß durch den Massenstrom nach Gl. (2.10) durch die Oberfläche des betrachteten Volumens kompensiert werden. d.h.:

Gl. (2.10) = Gl. (2.11) ⇨ Gl. (2.11) – Gl. (2.10) = 0

oder

$$\boxed{\frac{d}{dt} \int_{(V)} \rho\, dV + \oint_{(A)} \rho\, \underline{v}\, d\underline{A} = 0}\,. \tag{2.12}$$

Dies stellt die Kontinuitätsgleichung in integraler Form für instationäre Strömung eines zähen, kompressiblen Fluids dar.

Um diese Gleichung in die Kontinuitätsgleichung in differentieller Form, Gl. (2.4), zu überführen, werden die Glieder von Gl. (2.12) einzeln behandelt. Da das Integral $\int\limits_{(V)} \rho \, \mathrm{d}V$ im ersten Glied nur zeitabhängig ist, gilt:

$$\frac{\mathrm{d}}{\mathrm{d}t} \int\limits_{(V)} \rho \, \mathrm{d}V = \frac{\partial}{\partial t} \int\limits_{(V)} \rho \, \mathrm{d}V = \int\limits_{(V)} \frac{\partial(\rho \, \mathrm{d}V)}{\partial t} . \tag{2.13}$$

Mit der Produktregel und der Voraussetzung eines raumfesten Volumens $\mathrm{d}V$ mit $\frac{\partial V}{\partial t} = 0$ gilt:

$$\frac{\mathrm{d}}{\mathrm{d}t} \int\limits_{(V)} \rho \, \mathrm{d}V = \int\limits_{(V)} \frac{\partial(\rho \, \mathrm{d}V)}{\partial t} = \int\limits_{(V)} \frac{\partial \rho}{\partial t} \, \mathrm{d}V . \tag{2.14}$$

Das zweite Glied in Gl. (2.12) läßt sich mit Hilfe des GAUSS-Satzes wie folgt umformen:

$$\oint\limits_{(A)} \rho \, \underline{v} \, \mathrm{d}\underline{A} = \int\limits_{(V)} \mathrm{div}(\rho \, \underline{v}) \, \mathrm{d}V = \int\limits_{(V)} \underline{\nabla} \, (\rho \, \underline{v}) \, \mathrm{d}V . \tag{2.15}$$

*Zur Erinnerung*:
Der STOKES-Satz überführt ein Linienintegral in ein Flächenintegral:

$$\int\limits_{(K)} \underline{v} \, \mathrm{d}\underline{s} = \int\limits_{(A)} \mathrm{rot} \, \underline{v} \, \mathrm{d}\underline{A} . \tag{2.16}$$

Der GAUSS-Satz überführt ein Flächenintegral in ein Volumenintegral:

$$\int\limits_{(A)} \underline{v} \, \mathrm{d}\underline{A} = \int\limits_{(V)} \mathrm{div} \, \underline{v} \, \mathrm{d}V . \tag{2.17}$$

Damit wird aus Gl. (2.12):

$$\int\limits_{(V)} \left[ \frac{\partial \rho}{\partial t} + \underline{\nabla} \cdot (\rho \, \underline{v}) \right] \mathrm{d}V = 0 . \tag{2.18}$$

Da diese Gleichung für ein **beliebiges** Volumen $V$ gilt, muß der Integrand, wie auch Gl. (2.4) zeigt, gleich Null sein:

$$\frac{\partial \rho}{\partial t} + \underline{\nabla} \cdot (\rho \, \underline{v}) = 0 .$$

Das ist die Kontinuitätsgleichung in differentieller Form, s. Abschn. 2.3.1. Damit ist die Gl. (2.12) in die bereits hergeleitete differentielle Form Gl. (2.4) überführt.

### 2.3.3 Kinematik der instationären Strömung

Gegeben sei das Geschwindigkeitsfeld einer instationären Strömung in folgender Form:

$$\underline{v} = \left(v_x, v_y, v_z\right) \text{ mit}$$

$$v_x = v_x(x, y, z, t) = -2\, c_1\, x + c_1\, y + 3\, c_2\, t\,,$$

$$v_y = v_y(x, y, z, t) = c_1\, y - c_2\, t \text{ und}$$

$$v_z = v_z\,(x, y, z, t) = c_1\, z + c_2\, t$$

mit den Anpassungskonstanten $c_1 = 1\,\text{s}^{-1}$ und $c_2 = 1\,\text{m/s}^2$ .

Es werden die folgenden drei Beschleunigungen definiert:

**1. Lokale Beschleunigung** $$\frac{\partial \underline{v}}{\partial t} = \left(\frac{\partial v_x}{\partial t}, \frac{\partial v_y}{\partial t}, \frac{\partial v_z}{\partial t}\right) \tag{2.19}$$

*Vorstellung*:
Die Geschwindigkeit werde lokal am konstanten Ort $(x, y, z)$ betrachtet, wobei sie sich (z.B. durch eine variable Schieberstellung) zeitlich verändern kann. Dies bedeutet für die lokalen Beschleunigungen des gegebenen Geschwindigkeitsfeldes

in $x$-Richtung: $\dfrac{\partial v_x}{\partial t} = 3\, c_2 = 3\,\text{m/s}^2$ ,

in $y$-Richtung: $\dfrac{\partial v_y}{\partial t} = -c_2 = -1\,\text{m/s}^2$ und

in $z$-Richtung: $\dfrac{\partial v_z}{\partial t} = c_2 = 1\,\text{m/s}^2$ .

**2. Konvektive Beschleunigung** $$\left(\underline{v} \cdot \underline{\nabla}\right) \underline{v} = v_x\, \frac{\partial \underline{v}}{\partial x} + v_y\, \frac{\partial \underline{v}}{\partial y} + v_z\, \frac{\partial \underline{v}}{\partial z} \tag{2.20}$$

*Vorstellung*:
Die Strömung werde in räumlich veränderlicher Kontur (z.B. Düse oder Diffusor) betrachtet. Dies bedeutet für die konvektiven Beschleunigungen des gegebenen Geschwindigkeitsfeldes

in $x$-Richtung:

$$v_x\, \frac{\partial v_x}{\partial x} + v_y\, \frac{\partial v_x}{\partial y} + v_z\, \frac{\partial v_x}{\partial z} = \left(4\, c_1\, x - 2\, c_1\, y - 6\, c_1\, c_2\, t\right) + \left(c_1^2\, y - c_1\, c_2\, t\right) + 0$$

$$= 4\,c_1^2\,x - c_1^2\,y - 7\,c_1\,c_2\,t\,,$$

in $y$-Richtung:

$$v_x\,\frac{\partial v_y}{\partial x} + v_y\,\frac{\partial v_y}{\partial y} + v_z\,\frac{\partial v_y}{\partial z} = 0 + \left(c_1^2\,y - c_1\,c_2\,t\right) + 0$$

$$= c_1^2\,y - c_1\,c_2\,t \text{ und}$$

in $z$-Richtung:

$$v_x\,\frac{\partial v_z}{\partial x} + v_y\,\frac{\partial v_z}{\partial y} + v_z\,\frac{\partial v_z}{\partial z} = 0 + 0 + \left(c_1^2\,z + c_1\,c_2\,t\right)$$

$$= c_1^2\,z + c_1\,c_2\,t\,.$$

**3. Substantielle Beschleunigung** $\boxed{\frac{\mathrm{d}\underline{v}}{\mathrm{d}t} = \frac{\partial \underline{v}}{\partial t} + \left(\underline{v}\cdot\underline{\nabla}\right)\underline{v}}$ (2.21)

*Vorstellung*:
Die substantielle Beschleunigung setzt sich aus der lokalen und konvektiven Beschleunigung zusammen. Die Strömung werde z.B. mit zeitlich veränderlicher Schieberstellung und räumlich veränderlicher Kontur betrachtet. Mit dem gegebenen Geschwindigkeitsfeld (es sei ein inkompressibles Fluid vorausgesetzt) bedeutet dies

in $x$-Richtung:

$$\frac{\mathrm{d}v_x}{\mathrm{d}t} = \frac{\partial v_x}{\partial t} + v_x\,\frac{\partial v_x}{\partial x} + v_y\,\frac{\partial v_x}{\partial y} + v_z\,\frac{\partial v_x}{\partial z} = 3\,c_2 + 4\,c_1^2\,x - c_1^2\,y - 7\,c_1\,c_2\,t\,,$$

in $y$-Richtung:

$$\frac{\mathrm{d}v_y}{\mathrm{d}t} = \frac{\partial v_y}{\partial t} + v_x\,\frac{\partial v_y}{\partial x} + v_y\,\frac{\partial v_y}{\partial y} + v_z\,\frac{\partial v_y}{\partial z} = -\,c_2 + c_1^2\,y - c_1\,c_2\,t \text{ und}$$

in $z$-Richtung:

$$\frac{\mathrm{d}v_z}{\mathrm{d}t} = \frac{\partial v_z}{\partial t} + v_x\,\frac{\partial v_z}{\partial x} + v_y\,\frac{\partial v_z}{\partial y} + v_z\,\frac{\partial v_z}{\partial z} = c_2 + c_1^2\,z + c_1\,c_2\,t\,.$$

Nun soll überprüft werden, ob das gegebene Geschwindigkeitsfeld $\underline{v} = \left(v_x, v_y, v_z\right)$ der Kontinuitätsgleichung genügt, d.h., ob diese Strömung physikalisch überhaupt möglich ist. Hierfür wird die Kontinuitätsgleichung in differentieller Form für instationäre Strömung eines inkompressiblen Fluids, Gl. (2.9), herangezogen:

$$\operatorname{div}\underline{v} = \frac{\partial v_x}{\partial x} + \frac{\partial v_y}{\partial y} + \frac{\partial v_z}{\partial z} = -\,2\,c_1 + c_1 + c_1 = 0$$

Die Kontinuitätsgleichung ist an allen Orten $x$, $y$, $z$ und zu allen Zeiten $t$ erfüllt. Die Strömung ist physikalisch möglich.

## 2.3.4 Kontinuitätsgleichung in verschiedenen Koordinatensystemen

1. In **Kartesischen Koordinaten** $x$, $y$, $z$ lautet die Kontinuitätsgleichung in differentieller Form, s. Gl. (2.4) und **Bild 2.8 a**:

$$\frac{\partial \rho}{\partial t} + \frac{\partial(\rho\, v_x)}{\partial x} + \frac{\partial(\rho\, v_y)}{\partial y} + \frac{\partial(\rho\, v_z)}{\partial z} = 0\,,$$

2. in **Zylinder-Koordinaten** $r$, $\Theta$, $x$, s. **Bild 2.8 b**:

$$\frac{\partial \rho}{\partial t} + \frac{1}{r}\frac{\partial(r\rho\, v_r)}{\partial r} + \frac{1}{r}\frac{\partial(\rho\, v_\Theta)}{\partial \Theta} + \frac{\partial(\rho\, v_x)}{\partial x} = 0 \text{ und} \tag{2.22}$$

3. in **Kugel-Koordinaten** $r$, $\Theta$, $\Phi$, s. **Bild 2.8 c**:

$$\frac{\partial \rho}{\partial t} + \frac{1}{r^2}\left[\frac{\partial(r^2\rho\, v_r)}{\partial r}\right] + \frac{1}{r\sin\Theta}\frac{\partial(\rho\, v_\Theta \sin\Theta)}{\partial \Theta} + \frac{1}{r\sin\Theta}\frac{\partial(\rho\, v_\Phi)}{\partial \Phi} = 0\,. \tag{2.23}$$

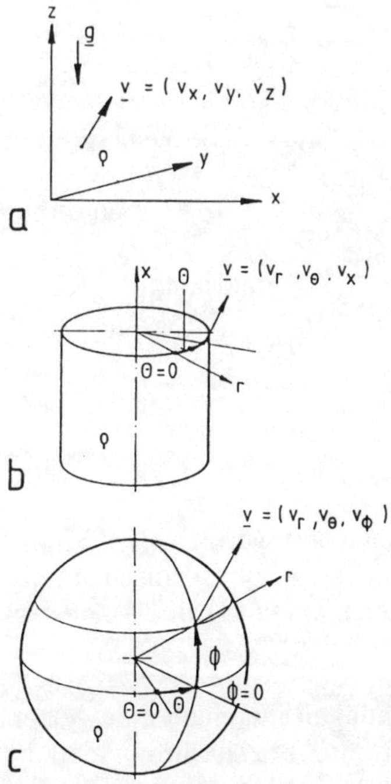


**Bild 2.8.** Verschiedene Koordinatensysteme zur Darstellung der Kontinuitätsgleichung in differentieller Form. a Kartesische; b Zylinder-; c Kugel-Koordinaten

# 3 Stromfadentheorie reibungsfreier Fluide

## 3.1 Stromfaden

**Definition der „Stromröhre“:**
Die Stromröhre (**Bild 3.1**) stellt das Fluid innerhalb des Mantels von Streichlinien dar, die durch die Randpunkte einer beliebig großen ortsfesten Fläche $A$ verlaufen. Der Massenstrom durch die Stromröhre ist konstant, da kein Fluid den Mantel durchdringen kann.

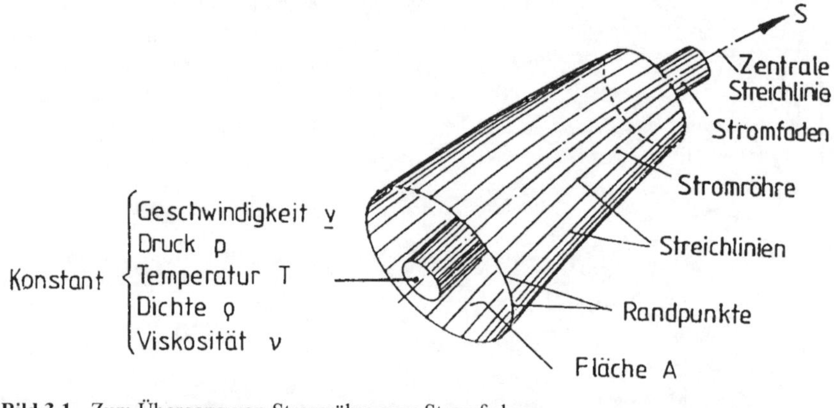


**Bild 3.1.** Zum Übergang von Stromröhre zum Stromfaden

**Definition des „Stromfadens“:**
Der Stromfaden ist das Fluid einer soweit im Querschnitt verkleinerten Stromröhre, daß in jedem Querschnitt die relevanten strömungsphysikalischen Größen $\underline{v}$, $p$, $T$, $\rho$ und $\nu$ im Rahmen der vorgegebenen Genauigkeit als konstant angesehen werden können.

Rein theoretisch (keine Zulassung von Abweichungen innerhalb eines Querschnitts) muß sich bei dem Übergang von der Stromröhre zum Stromfaden die Stromröhre auf eine Streichlinie zusammenziehen, jedoch ingenieurmäßig (Zulassung von relativen Abweichungen z. B. bis 5 %) wird sich bei dem Übergang ein fadenähnlichen Gebilde ergeben.

Im exemplarischen Grenzfall der Rohrleitungsströmung läßt sich das gesamte strömende Fluid innerhalb des Rohres als Stromfaden auffassen; dabei wird das Grenzschichtfluid meistens vernachlässigt. Die Stromfadenkoordinate $s$ als Längenangabe (ausgehend von einem definierten Nullpunkt) wird sinnvollerweise auf der Mittellinie des Rohres aufgetragen (zentrale Streichlinie).

## 3.2 EULER-Bewegungsgleichung für das Kräftegleichgewicht in Stromfadenrichtung

Ein Volumenelement $\mathrm{d}V$ (Massenelement $\mathrm{d}m = \rho\,\mathrm{d}V$) bewege sich örtlich quasi-eben in der von den Einheitsvektoren $\underline{e}_s$ und $\underline{e}_r$ aufgespannten Ebene, wie in **Bild 3.2** dargestellt. Das Fluid sei reibungsfrei ($\nu = 0$, keine Schubspannungen zugelassen).

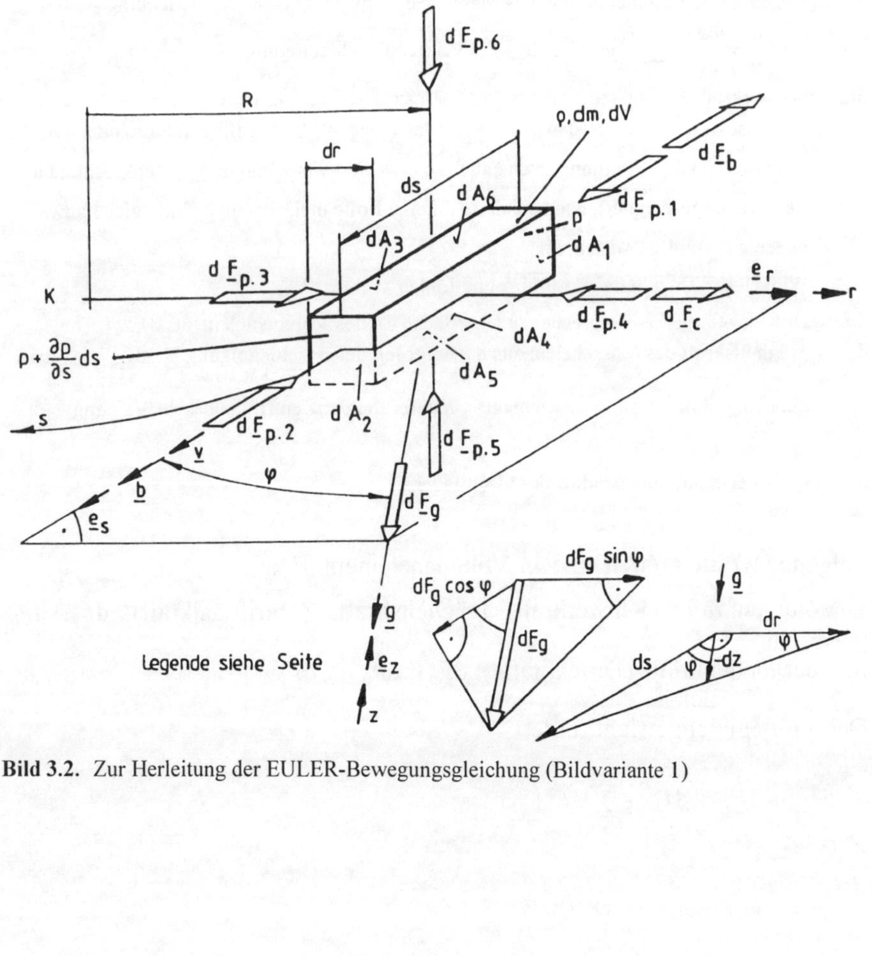


**Bild 3.2.** Zur Herleitung der EULER-Bewegungsgleichung (Bildvariante 1)

## Legende zu Bild 3.2:

$s$ Stromfadenkoordinate (Längenangabe auf Stromfaden, ausgehend von einem definierten Nullpunkt),

$r$ Radiuskoordinate, ausgehend vom örtlichen Krümmungsmittelpunkt $K$,

$\mathrm{d}V$ Volumenelement, Quader mit den Oberflächen $\mathrm{d}A_1 \dots \mathrm{d}A_6$,

$\rho$ Örtliche Fluiddichte, innerhalb von $\mathrm{d}V$ als konstant angenommen; dieser Wert kann sich jedoch mit $s$ ändern, wenn das Fluid kompressibel ist,

$\mathrm{d}m$ Massenelement,

$z$ Höhenkoordinate, positiv entgegen Fallbeschleunigung $\underline{g}$ ,

$\underline{e}_s$ Örtlicher Einheitsvektor in positiver $s$-Richtung,

$\underline{e}_r$ Örtlicher Einheitsvektor in positiver $r$-Richtung,

$\underline{e}_z$ Örtlicher Einheitsvektor in positiver $z$-Richtung,

$\mathrm{d}A$ Oberfläche des Volumenelements $\mathrm{d}V$; hierbei gilt $\mathrm{d}A_1 = \mathrm{d}A_2$, $\mathrm{d}A_3 = \mathrm{d}A_4$, $\mathrm{d}A_5 = \mathrm{d}A_6$,

$\underline{v}$ örtliche Geschwindigkeit des Volumenelements $\mathrm{d}V$ bzw. des Massenelements $\mathrm{d}m$,

$\underline{g}$ Fallbeschleunigung, $g = 9{,}81\ \mathrm{m/s^2}$,

$\underline{b}$ Substantielle Beschleunigung des Massenelements $\mathrm{d}m$ in positiver $s$-Richtung

$$\underline{b} = \frac{\mathrm{d}\underline{v}}{\mathrm{d}t} = \frac{\partial \underline{v}}{\partial t} + (\underline{v} \cdot \underline{\nabla})\, \underline{v} \;= \text{lokale + konvektive Beschleunigung,}$$

$\mathrm{d}\underline{F}_g$ Schwerkraft des Massenelements $\mathrm{d}m$; vorausgesetzt sei folgender Sonderfall: Die Strömung ist so ausgerichtet, daß sich $\mathrm{d}\underline{F}_g$ in der $\underline{e}_s - \underline{e}_r$ – Ebene befindet. Sinnvollerweise kann die $\underline{e}_s - \underline{e}_r$ – Strömungsebene auch so orientiert werden, daß $\mathrm{d}\underline{F}_g$ senkrecht zu ihr steht (nicht gezeichnet), dann spielt $\mathrm{d}\underline{F}_g$ keine Rolle mehr bei dem Kräftegleichgewicht in der $\underline{e}_s$ – und $\underline{e}_r$ – Richtung,

$\varphi$ Winkel zwischen Schwerkraft $\mathrm{d}\underline{F}_g$ und Einheitsvektor $\underline{e}_s$ ,

$\mathrm{d}\underline{F}_p$ Druckkraft auf die entsprechende Oberfläche $\mathrm{d}A$ des Volumenelements $\mathrm{d}V$,

$\mathrm{d}\underline{F}_b$ Trägheitskraft des Massenelements $\mathrm{d}m$ aufgrund der Beschleunigung $\underline{b}$ : $\mathrm{d}\underline{F}_b = -\underline{b}\,\mathrm{d}m$ ,

$\mathrm{d}\underline{F}_c$ Zentrifugalkraft des Massenelements $\mathrm{d}m$ aufgrund der Zentrifugalbeschleunigung $\dfrac{v^2}{R}$ und

$R$ Örtlicher Krümmungsradius des Stromfadens.

Folgende Kräfte greifen an dem Volumenelement $\mathrm{d}V$ an:

a) Volumenkräfte (Schwerkraft, Trägheitskraft, Zentrifugalkraft): $\mathrm{d}\underline{F}_g$, $\mathrm{d}\underline{F}_b$, $\mathrm{d}\underline{F}_c$ und

b) Oberflächenkräfte (Druckkräfte): $\mathrm{d}\underline{F}_{p.1}$, $\mathrm{d}\underline{F}_{p.2}, \dots, \mathrm{d}\underline{F}_{p.6}$ .

Das Kräftegleichgewicht fordert:

$$\mathrm{d}\underline{F}_g + \mathrm{d}\underline{F}_b + \mathrm{d}\underline{F}_c + \sum_{i=1}^{6} \mathrm{d}\underline{F}_{p.i} = \underline{0}\,.$$

Das Kräftegleichgewicht wird nach der $\underline{e}_s$ - und $\underline{e}_r$ -Richtung gesondert behandelt.

**Kräftegleichgewicht in $\underline{e}_s$ -Richtung**

Es ist zu beachten, daß $\mathrm{d}\underline{F}_{p.3}...\mathrm{d}\underline{F}_{p.6}$ sowie $\mathrm{d}\underline{F}_c$ keinen Beitrag zu diesem Gleichgewicht liefern, da diese Kräfte senkrecht zu $\underline{e}_s$ stehen; $\mathrm{d}\underline{F}_g$ trägt jedoch mit der Komponente $\mathrm{d}F_g \cos\varphi$ zum Gleichgewicht bei. Die Größen der in Frage kommenden Kräfte in $\underline{e}_s$ -Richtung sind (positiv in $\underline{e}_s$ –Richtung):

$$\mathrm{d}F_{p.1} = +p\,\mathrm{d}A_1\,,\ \mathrm{d}F_{p.2} = -\left(p + \frac{\partial p}{\partial s}\mathrm{d}s\right)\mathrm{d}A_2\,.$$

Mit $\mathrm{d}A_1 = \mathrm{d}A_2$ folgt:

$$\mathrm{d}F_g \cos\varphi = +\rho\,\mathrm{d}A_1\,\mathrm{d}s\,g\cos\varphi\,,\ \rho\,\mathrm{d}A_1\,\mathrm{d}s = \mathrm{d}m \text{ und}$$

$$\mathrm{d}F_b = -\rho\,\mathrm{d}A_1\,\mathrm{d}s\,b\,,\ \rho\,\mathrm{d}A_1\,\mathrm{d}s = \mathrm{d}m\,.$$

Das Kräftegleichgewicht in $\underline{e}_s$ -Richtung lautet:

$$p\,\mathrm{d}A_1 - \left(p + \frac{\partial p}{\partial s}\mathrm{d}s\right)\mathrm{d}A_1 + \rho\,\mathrm{d}A_1\,\mathrm{d}s \cdot g\cos\varphi - \rho\,\mathrm{d}A_1\,\mathrm{d}s\,b = 0\,.$$

Daraus ergibt sich:

$$-\frac{\partial p}{\partial s} + \rho \cdot g\cos\varphi - \rho\,b = 0$$

und mit

$$\cos\varphi = -\frac{\mathrm{d}z}{\mathrm{d}s} = -\frac{\partial z}{\partial s}$$

($\partial$, weil $z$ nur von $s$ abhängig; negativ, weil mit wachsendem $s$ definitionsgemäß $z$ abnimmt) und $\underline{b} = \frac{\partial \underline{v}}{\partial t} + (\underline{v}\cdot\underline{\nabla})\underline{v}$ (Vektor der substantiellen Beschleunigung):

$$\left.\begin{aligned}\underline{v} &= v\underline{e}_s + 0\underline{e}_r\\ \underline{\nabla} &= \frac{\partial}{\partial s}\underline{e}_s + \frac{\partial}{\partial r}\underline{e}_r\end{aligned}\right\}\ \underline{v}\cdot\underline{\nabla} = v\frac{\partial}{\partial s} + 0\frac{\partial}{\partial r}\,;\ (\underline{v}\cdot\underline{\nabla})\underline{v} = v\frac{\partial \underline{v}}{\partial s}\,,$$

$$\underline{b} = \frac{\partial \underline{v}}{\partial t} + v\frac{\partial \underline{v}}{\partial s} \text{ (Vektor) und}$$

$$b = \frac{\partial v}{\partial t} + v\frac{\partial v}{\partial s} \text{ (Größe der substantiellen Beschleunigung) folgt:}$$

$$-\frac{\partial p}{\partial s}-\rho\cdot g\frac{\partial z}{\partial s}-\rho\left(\frac{\partial v}{\partial t}+\frac{\partial v}{\partial s}\right)=0 \text{ oder}$$

$$\boxed{\frac{\partial v}{\partial t}+v\,\frac{\partial v}{\partial s}=-\frac{1}{\rho}\,\frac{\partial p}{\partial s}-g\,\frac{\partial z}{\partial s}}\,. \tag{3.1}$$

Das ist die **EULER-Bewegungsgleichung** für das Kräftegleichgewicht in Stromfadenrichtung (Stromfadenkoordinate $s$). Hierbei wird vorausgesetzt:

1. Reibungsfreiheit,
2. Schwerkraft einzige Feldkraft,
3. $v$ nach $t$ und $s$ differenzierbar und
4. $p$ nach $z$ und $s$ differenzierbar.

Das Fluid muß homogen, darf aber kompressibel oder inkompressibel sein, die Strömung kann stationär oder instationär sein.

Die EULER-Bewegungsgleichung, Gl. (3.1), gilt auch für den allgemeinen Fall, daß die Schwerkraft $\mathrm{d}\underline{F}_\mathrm{g}$ in einem beliebigen räumlichen Winkel $\varphi$ zur $\underline{e}_\mathrm{s}$ -Richtung steht, wie das **Bild 3.3** als Varianten zu **Bild 3.2** verdeutlicht. Das Kräftegleichgewicht in $\underline{e}_\mathrm{s}$ -Richtung kann in Anbetracht der Schwerkraft $\mathrm{d}\underline{F}_\mathrm{g}$, die sozusagen einen Sonderfall möglicher Feldkräfte darstellt, auch allgemein ausgedrückt werden.

Gehen wir unabhängig von **Bild 3.3** von einer allgemeinen resultierenden Feldkraft $\underline{f}$ je Masseneinheit aus (Einheit von $f$: N/kg = m/s$^2$), so gilt:

$$\underline{f}=f_\mathrm{x}\underline{e}_\mathrm{x}+f_\mathrm{y}\underline{e}_\mathrm{y}+f_\mathrm{z}\underline{e}_\mathrm{z}\,,\ \mathrm{d}\underline{F}=\underline{f}\,\mathrm{d}m=\rho\,\underline{f}\,\mathrm{d}V=\rho\,\underline{f}\,\mathrm{d}A\,\mathrm{d}s\,,\ (\mathrm{d}\underline{F}\text{ Feldkraft})$$

in einem durch die Einheitsvektoren $\underline{e}_\mathrm{r}$, $\underline{e}_\mathrm{z}$, $\underline{e}_\mathrm{s}$ gegebenen Koordinatensystem. Die resultierende Feldkraft kann vektoriell zusammengesetzt sein, z. B. aus Schwerkraft, Magnetkraft, Zentrifugalkraft. Das Kräftegleichgewicht in $\underline{e}_\mathrm{s}$ -Richtung lautet analog zu Gl. (3.1) und nach **Bild 3.3**:

$$p\,\mathrm{d}A_1-\left(p+\frac{\partial p}{\partial s}\,\mathrm{d}s\right)\mathrm{d}A_2+\rho\,\mathrm{d}A_1\,\mathrm{d}s\,f_s-\rho\,\mathrm{d}A_1\,\mathrm{d}s\left(\frac{\partial v}{\partial t}+v\,\frac{\partial v}{\partial s}\right)=0\,,$$

$$\frac{\partial v}{\partial t}+v\,\frac{\partial v}{\partial s}=-\frac{1}{\rho}\,\frac{\partial p}{\partial s}+f_\mathrm{s}=\left[\frac{\partial \underline{v}}{\partial t}\right]_{\text{s-Komponente}}+\left[(\underline{v}\cdot\underline{\nabla})\underline{v}\right]_{\text{s-Komponente}}\,. \tag{3.2}$$

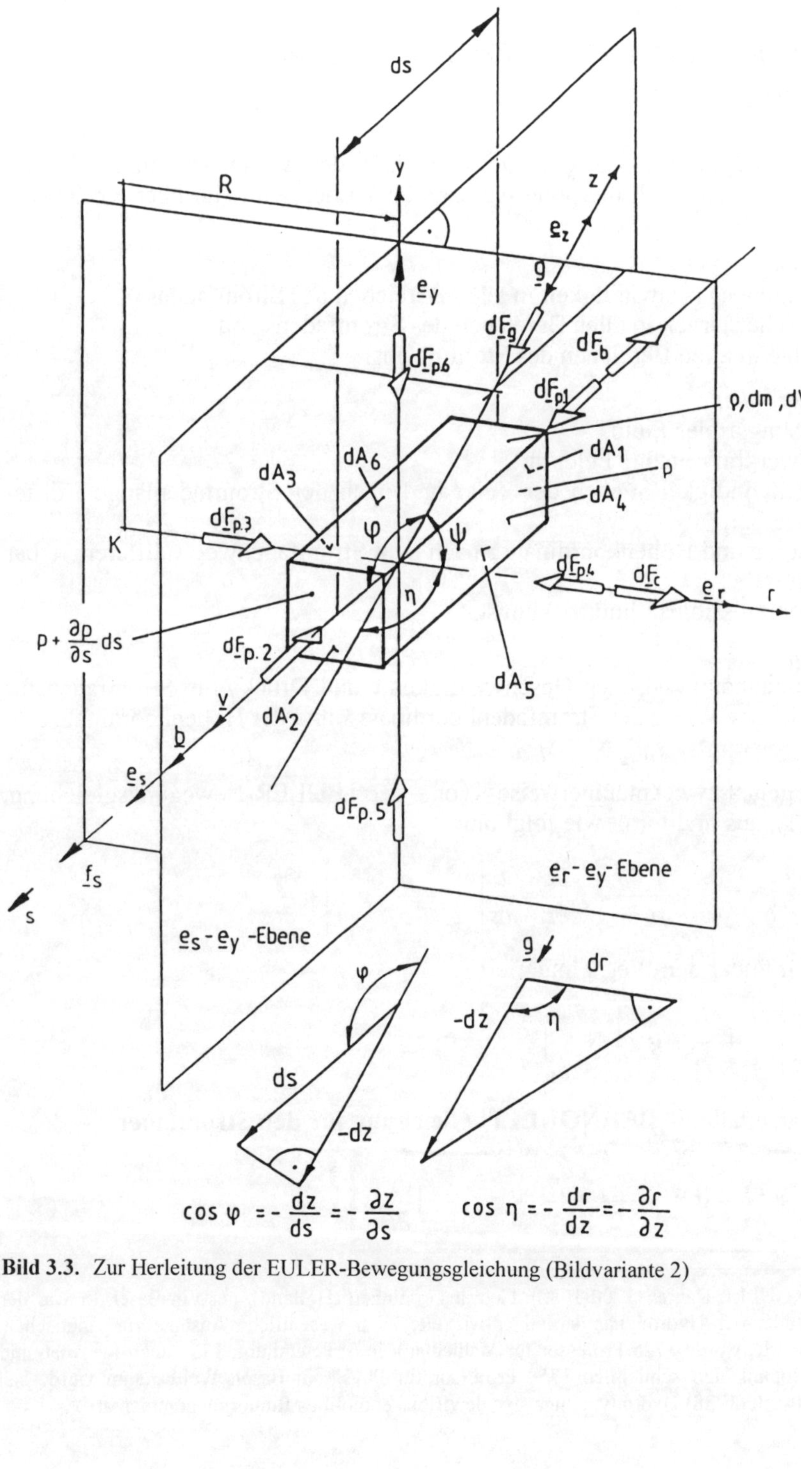


**Bild 3.3.** Zur Herleitung der EULER-Bewegungsgleichung (Bildvariante 2)

## 3.3
## BERNOULLI-Gleichung für inkompressible Fluide ohne Reibung

Es wird wiederum ein Stromfaden betrachtet, der wie in Abschn. 3.2 behandelt wird, jedoch soll hier eine Aussage über Energien (statt über Kräfte) gemacht werden.

*Gegeben*:
$v$ Strömungsgeschwindigkeit in allen Bereichen des Stromfadens,
$p$ statischer Druck in allen Bereichen des Stromfadens und
$\rho$ Dichte in allen Bereichen des Stromfadens.

*Vorausgesetzt*:
1. Reibungsfreies Fluid,
2. Schwerkraft einzige Feldkraft,
3. Geschwindigkeit $v$ nach der Zeit $t$ und nach der Stromfadenlänge $s$ differenzierbar,
4. Druck $p$ und Höhenkoordinate $z$ nach dem Stromfadenweg $s$ differenzierbar und
5. Inkompressibles Fluid, $\rho = \text{const.}$

*Gesucht*:
Zusammenhang zwischen Geschwindigkeit $v$ und Druck $p$ im Stromfaden für verschiedene Werte der Stromfadenkoordinate $s$ und der Höhenkoordinate $z$.

*Lösung*:
Man geht zweckmäßigerweise von der EULER-Bewegungsgleichung, Gl. (3.1), aus und formt wie folgt um:

$$0 = \frac{\partial v}{\partial t} + v\frac{\partial v}{\partial s} + \frac{1}{\rho}\frac{\partial p}{\partial s} + g\frac{\partial z}{\partial s} = \frac{\partial}{\partial s}\left[\frac{v^2}{2} + \frac{p}{\rho} + g\,z\right] + \frac{\partial v}{\partial t}.$$

Nun wird über den Weg $s$ integriert:

$$\int_{s_1}^{s_2} \frac{\partial}{\partial s}\left[\frac{v^2}{2} + \frac{p}{\rho} + g\,z\right] \mathrm{d}s + \int_{s_1}^{s_2} \frac{\partial}{\partial t}\,\mathrm{d}s = 0\,,$$

und man erhält die **BERNOULLI[11]-Gleichung für den Stromfaden**:

$$\frac{v_1^{\,2}}{2} + \frac{p_1}{\rho} + g\,z_1 = \frac{v_2^{\,2}}{2} + \frac{p_2}{\rho} + g\,z_2 + \int_{s_1}^{s_2} \frac{\partial v}{\partial t}\mathrm{d}s \tag{3.3}$$

[11] BERNOULLI, Daniel (1700-1782). Geb. in Groningen (Holland), gest. in Basel. Er war der Begründer der Hydrodynamik und entwickelte auch wesentliche Ansätze zur kinetischen Gastheorie, wurde 1725 Professor für Mathematik in St.Petersburg, 1733 auch für Anatomie und Botanik und schließlich 1750 Professor für Physik in Basel. Weltbekannt wurde sein Hauptwerk (1738) Hydrodynamica sive de viribus et motibus fluidorum commentarii.

Dies ist die Form in spezifischen Energien in m²/s² = N m/kg (Energie pro Masse). Durch Multiplikation mit $\rho$ wird die Form in Drücken in N/m$^2$ = Pa erhalten:

$$\boxed{\frac{\rho}{2}v_1^2 + p_1 + \rho\, g\, z_1 = p_{\text{tot.1}} = \frac{\rho}{2}v_2^2 + p_2 + \rho\, g\, z_2 + \rho \int_{s_1}^{s_2} \frac{\partial v}{\partial t}\, \mathrm{d}s} \tag{3.4}$$

mit:

| | |
|---|---|
| $p_{\text{tot}}$ | Gesamtdruck (Totaldruck), |
| $p$ | statischer Druck, |
| $\frac{\rho}{2}v^2$ | dynamischer Druck, |
| $\rho\, g\, z$ | Druck aufgrund der geodätischen Höhe $z$ und |
| $\rho \int_{s_1}^{s_2} \frac{\partial v}{\partial t}\, \mathrm{d}s$ | Druck aufgrund der lokalen Beschleunigungen $\frac{\partial v}{\partial t}$. |

Man beachte: das instationäre Glied $\rho \int_{s_1}^{s_2} \frac{\partial v}{\partial t}\, \mathrm{d}s$ steht auf der Seite mit dem Index 2 („wohin es strömt").

## 3.4 Radiale Druckgleichung

Im folgenden soll entsprechend Abschn. 3.2 das Kräftegleichgewicht in der $\underline{e}_\text{r}$-Richtung gesondert weiterbehandelt werden. Das allgemeine Kräftegleichgewicht für das reibungsfreie Fluid fordert (s. **Bild 3.2**):

$$\mathrm{d}\underline{F}_\text{g} + \mathrm{d}\underline{F}_\text{b} + \mathrm{d}\underline{F}_\text{c} + \sum_{\text{i}=1}^{\delta} \mathrm{d}\underline{F}_{\text{p.1}} = \underline{0}\,.$$

Hierbei liefern die Kräfte $\mathrm{d}\underline{F}_\text{b}$, $\mathrm{d}\underline{F}_{\text{p.1}}$, $\mathrm{d}\underline{F}_{\text{p.2}}$, $\mathrm{d}\underline{F}_{\text{p.5}}$ und $\mathrm{d}\underline{F}_{\text{p.6}}$ keinen Beitrag, da sie senkrecht zur $\underline{e}_\text{r}$-Richtung stehen. Die Größen der in Frage kommenden Kräfte in $\underline{e}_\text{r}$-Richtung sind (positiv in $\underline{e}_\text{r}$-Richtung, negativ entgegen $\underline{e}_\text{r}$-Richtung):

$$\mathrm{d}\underline{F}_{\text{p.3}} = +p\, \mathrm{d}A_3\,,\ \mathrm{d}\underline{F}_{\text{p.4}} = -\left(p + \frac{\partial p}{\partial r}\,\mathrm{d}r\right)\mathrm{d}A_4\,.$$

Mit $\mathrm{d}A_3 = \mathrm{d}A_4$ folgt:

$$\mathrm{d}\underline{F}_\text{g} \cdot \sin\varphi = +\rho\, \mathrm{d}A_3\, \mathrm{d}r\, g\, \sin\varphi\,,\ (\rho\, \mathrm{d}A_3\, \mathrm{d}r = \mathrm{d}m) \text{ und}$$

$$\mathrm{d}\underline{F}_\text{c} = +\rho\, \mathrm{d}A_3\, \mathrm{d}r\, \frac{v^2}{R}\,.$$

Hierbei wird stationäre Strömung vorausgesetzt.

Nun soll das Kräftegleichgewicht in $\underline{e}_r$-Richtung aufgestellt werden:

$$p\,\mathrm{d}A_3 - \left(p + \frac{\partial p}{\partial r}\,\mathrm{d}r\right)\mathrm{d}A_3 + \rho\,\mathrm{d}A_3\,\mathrm{d}r\,g\sin\varphi + \rho\,\mathrm{d}A_3\,\mathrm{d}r\frac{v^2}{R} = 0\,.$$

Hieraus ergibt sich die radiale Druckgleichung:

$$\frac{v^2}{R} = \frac{1}{\rho}\frac{\partial p}{\partial r} + g\frac{\partial z}{\partial r}\,. \tag{3.5}$$

Die radiale Druckgleichung, Gl. (3.5), ist gültig für die stationäre Strömung eines reibungsfreien Fluids, das kompressibel oder inkompressibel sein darf. Wird nun wie am Ende des Abschn. 3.2 die Feldkraft als allgemeine resultierende Feldkraft $f$ je Masseneinheit aufgefaßt, so müssen $\mathrm{d}F_\mathrm{g}\sin\varphi$ und $\mathrm{d}F_\mathrm{c}$ zur Komponente $f_\mathrm{r}\,\rho\,\mathrm{d}A_3\,\mathrm{d}r$ zusammengefaßt werden. Dann lautet das Kräftegleichgewicht in $\underline{e}_r$-Richtung:

$$p\,\mathrm{d}A_3 - \left(p + \frac{\partial p}{\partial r}\,\mathrm{d}r\right)\mathrm{d}A_3 + f_r\,\rho\,\mathrm{d}A_3\,\mathrm{d}r = 0\,.$$

Daraus folgt:

$$0 = -\frac{1}{\rho}\frac{\partial p}{\partial r} + f_r$$

oder entsprechend Gl. (3.2):

$$\left[\frac{\partial \underline{v}}{\partial t}\right]_{r-\text{Komponente}} + \left[(\underline{v}\cdot\underline{\nabla})\,\underline{v}\right]_{r-\text{Komponente}} = -\frac{1}{\rho}\frac{\partial p}{\partial r} + f_\mathrm{r}\,. \tag{3.6}$$

Die radiale Druckgleichung, Gl. (3.5), gewinnt man auch aus Bild 3.3 für den allgemeinen Fall, daß die Schwerkraft $\mathrm{d}\underline{F}_\mathrm{g}$ in einem beliebigen räumlichen Winkel $\eta$ ergibt sich aus dem isoliert dargestellten Wegeelement-Dreieck mit $\mathrm{d}r$ und $-\mathrm{d}z$. Der Komplementärwinkel zu $\eta$ ist $\psi$, und es gilt für die Komponente von $\mathrm{d}\underline{F}_\mathrm{g}$ in $\underline{e}_r$-Richtung:

$$\mathrm{d}\underline{F}_g\cos\eta = \mathrm{d}\underline{F}_g\sin\psi$$

mit

$$\sin\psi = \frac{\mathrm{d}r}{-\mathrm{d}z} = \frac{\partial r}{\partial z}$$ ($\partial$, weil in diesem Zusammenhang $r$ nur von $s$ abhängt).

Damit ist die Komponente von $\mathrm{d}\underline{F}_\mathrm{g}$ in $\underline{e}_r$-Richtung:

$$-\rho\,\mathrm{d}A_3\,\mathrm{d}r\,g\frac{\partial r}{\partial z}\,.$$

## Anwendungen der radialen Druckgleichung

### 1. Horizontale, stationäre Parallelströmung

Die Erläuterung dieser Anwendung geht aus **Bild 3.4** hervor.

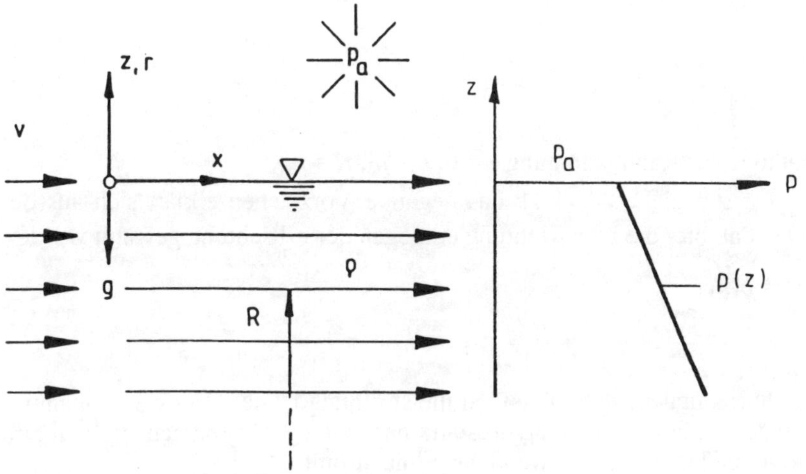


**Bild 3.4.** Horizontale, stationäre Parallelströmung

*Gegeben*:
$p_a$ Umgebungsdruck über freier Oberfläche,
$\rho$ Fluiddichte und
$g$ Fallbbeschleunigung.

*Vorausgesetzt*:
1. Horizontale, stationäre Parallelströmung,
2. Koordinatenursprung ($z$, $r$ entgegen $g$) in freier Oberfläche,
3. Reibungsfreies, inkompressibles Fluid und
4. Schwerkraft einzige Feldkraft.

*Gesucht*:
Druckverteilung $p$(z).

*Lösung*:
$R \to \infty$, Parallelströmung, $z \equiv r$,

$\dfrac{\partial z}{\partial r} = 1$ Horizontalströmung ($z$- und $r$-Achse sind identisch),

Radiale Druckgleichung:

$$0 = \frac{1}{\rho}\frac{\partial p}{\partial r} + g \quad \text{aus Gl. (3.5) mit } \frac{v^2}{R} \to 0\,,$$

$$\frac{\partial p}{\partial r} = -\rho g = \text{Druckgradient in } r\text{- bzw. } z\text{-Richtung.}$$

Integration:

$$p = -\rho\, g\, r + K\,,$$

Konstante $K$ aus Randbedingung $r = 0, p = p_a, K = p_a$ ,

$p = p_a - \rho\, g\, z$ siehe Gl. (1.1); das negative Vorzeichen erklärt sich aus der Tatsache, daß hier die $z$-, $r$-Richtung entgegen der $g$-Richtung gewählt wurde:

$$p(z) \equiv p(r)\,.$$

*Ergebnis*:
In einer horizontalen, stationären Parallelströmung ist der Druck in Abhängigkeit von der Tiefe wie in der Hydrostatik nach Gl. (1.1) zu berechnen. $p$ nimmt linear mit der Tiefe zu, auch wenn das Fluid strömt.

## 2. Druckverteilung in der Taille einer eingeschnürten Rohrleitung

Zur Erläuterung dient **Bild 3.5**.

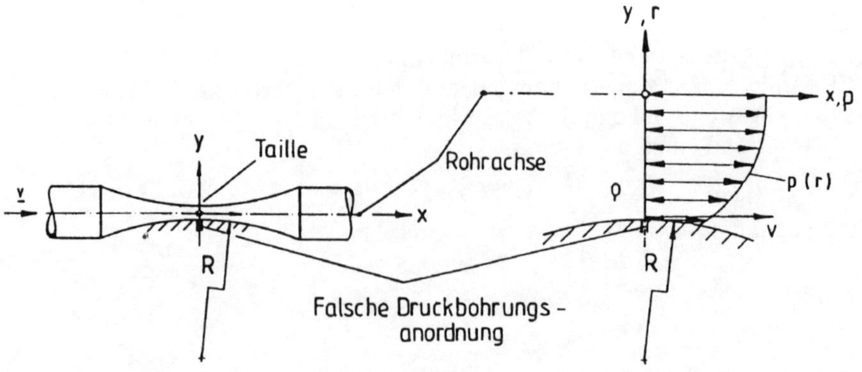


**Bild 3.5.** Druckverteilung in der Taille einer eingeschnürten Rohrleitung

*Voraussetzungen* für die Anwendung der radialen Druckgleichung, Gl. (3.5), seien gegeben. Zusätzlich werde eine horizontale Strömung vorausgesetzt.

*Ergebnis*:
Das Ergebnis der Druckverteilung ist im **Bild 3.5** zu erkennen. Der Druck in der Taille einer eingeschnürten Rohrleitung ist in der Rohrachse am größten.

### 3. Statische Druckbohrungen an gerader und konvex gekrümmter Wand

**Bild 3.6** dient zur Erläuterung dieser Anwendung. *Voraussetzungen* seien wie für 2. gegeben

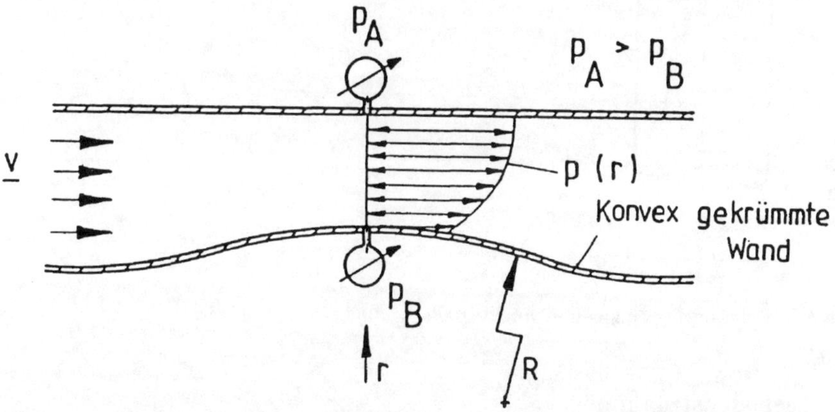


**Bild 3.6.** Statische Druckbohrungen an gerader und konvex gekrümmter Wand

*Ergebnis*:
Das Ergebnis der Druckverteilung ist im **Bild 3.6** zu erkennen. Bei statischen Druckbohrungen an gerader und konvex gekrümmter Wand wird an der geraden Wand der größere Druck gemessen.

### 4. Krümmerströmung

Zur Erläuterung dient **Bild 3.7**. *Voraussetzungen* seien wie für 2. gegeben.

*Ergebnis*:
Das Ergebnis der Druckverteilung ist im **Bild 3.7** zu erkennen. In einer Krümmerströmung ist der statische Druck an der äußeren Mantellinie größer als an der inneren Mantellinie. Die ablösungsgefährdeten Stellen liegen im Krümmereintritt an der äußeren, im Krümmeraustritt an der inneren Mantellinie.

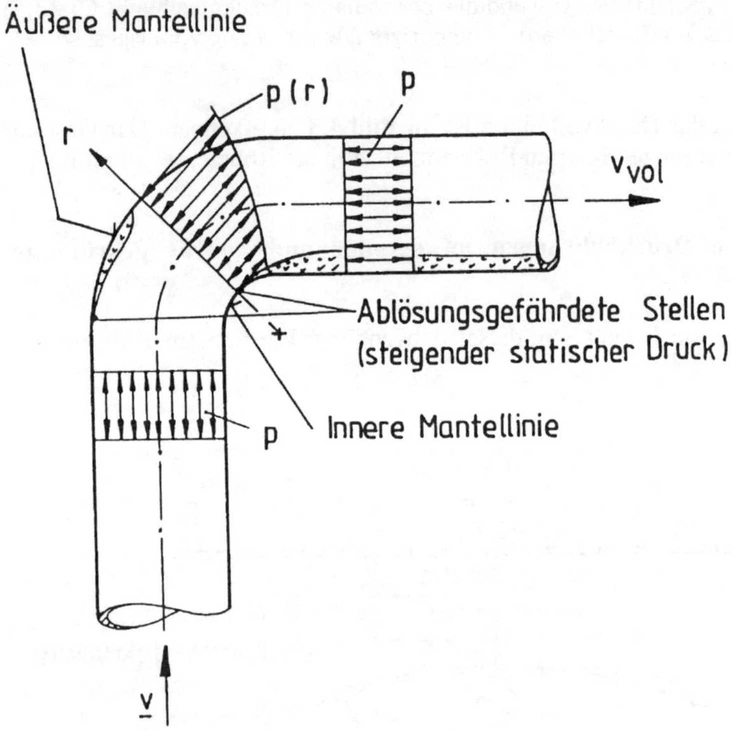


**Bild 3.7.** Rohrbogenströmung mit Druckverteilung $p(r)$

## 5. Teetassenströmung

Hierzu ist **Bild 3.8** zu betrachten. *Voraussetzungen* seien wie für 2. gegeben.

*Ergebnis*:
Die Teetasse sei durch das zylindrische Gefäß in zwei Ebenen A-A und B-B horizontal geschnitten. Die Geschwindigkeitsvektoren, die sich in den beiden Ebenen durch die Rotation des Gefäßinhalts ergeben, sind mit $\underline{v}_{A\text{-}A}$ bzw. $v_{B\text{-}B}$ gekennzeichnet. Die radiale Druckgleichung stellt sich wie folgt dar:

$$\frac{1}{\rho}\frac{\partial p}{\partial r}=\frac{v^2}{R}$$

wobei die linke Seite eine Konstante für alle horizontalen Schnittebenen A-A, B-B, ... ist. Nun ist aber $v_{A\text{-}A}$ größer als $v_{B\text{-}B}$, da sich die horizontale Schnittebene B-B innerhalb der Bodengrenzschicht befindet. Daher muß der Krümmungsradius $R_{A\text{-}A}$ größer sein als der Krümmungsradius $R_{B\text{-}B}$, damit die linke Seite der obigen Gleichung eine Konstante bleibt.

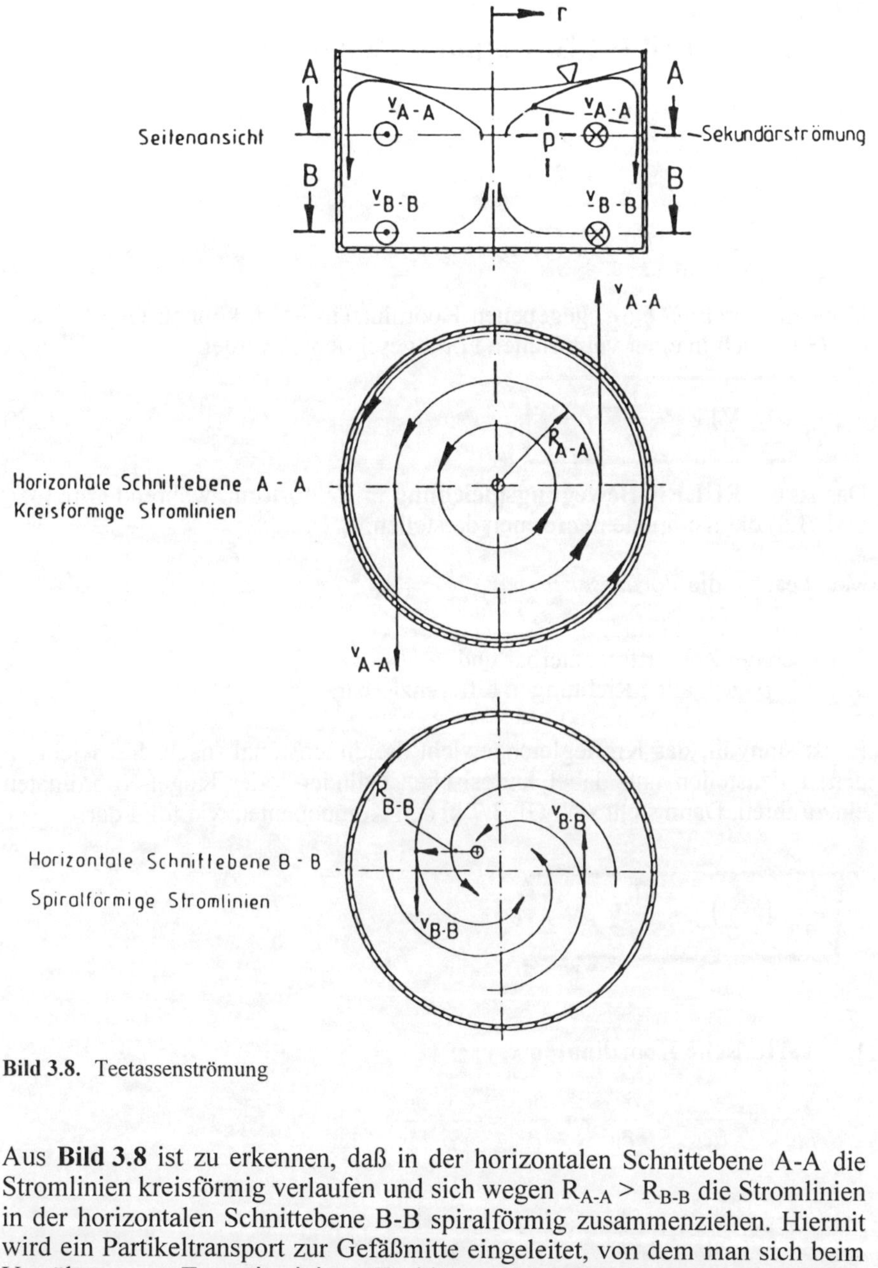


**Bild 3.8.** Teetassenströmung

Aus **Bild 3.8** ist zu erkennen, daß in der horizontalen Schnittebene A-A die Stromlinien kreisförmig verlaufen und sich wegen $R_{A\text{-}A} > R_{B\text{-}B}$ die Stromlinien in der horizontalen Schnittebene B-B spiralförmig zusammenziehen. Hiermit wird ein Partikeltransport zur Gefäßmitte eingeleitet, von dem man sich beim Umrühren von Tee mit einigen Teeblättern leicht überzeugen kann. Dieser Effekt wird auch abseits des Teegenusses zur Abwasserreinigung benutzt.

## 3.5 Allgemeine EULER-Bewegungsgleichung

Mit

$$\underline{f} = f_r \cdot \underline{e}_r + f_z \cdot \underline{e}_z + f_s \cdot \underline{e}_s \ ,$$

$$\underline{\nabla}\, p = \frac{\partial p}{\partial r} \cdot \underline{e}_r + \frac{\partial p}{\partial z} \cdot \underline{e}_z + \frac{\partial p}{\partial s} \cdot \underline{e}_s$$

in einem durch $\underline{e}_r$, $\underline{e}_z$, $\underline{e}_s$ gegebenen Koordinatensystem können Gl. (3.2) und Gl. (3.6) auch in einer vektoriellen Form geschrieben werden:

$$\boxed{\frac{\partial \underline{v}}{\partial t} + (\underline{v} \cdot \underline{\nabla})\, \underline{v} = -\frac{1}{\rho} \underline{\nabla}\, p + \underline{f}} \ . \qquad (3.7)$$

Das ist die **EULER-Bewegungsgleichung** in Vektorform, während Gln. (3.2) und (3.6) die Komponentenformen darstellen.

Man beachte die *Voraussetzungen*:

1. Reibungsfreies Fluid,
2. $\underline{v}$ nach der Zeit differenzierbar und
3. $\underline{v}$ und $p$ nach allen Richtungen differenzierbar.

Es ist sinnvoll, das Kräftegleichgewicht dreidimensional (nach drei Richtungen) aufzustellen und dabei kartesische, Zylinder- oder Kugel-Koordinaten einzuführen. Dann stellt sich Gl. 3.7 in den Komponenten wie folgt dar:

$$\boxed{\frac{\partial \underline{v}}{\partial t} + (\underline{v} \cdot \underline{\nabla})\, \underline{v} = -\frac{1}{\rho} \underline{\nabla}\, p + \underline{f}} \ .$$

1. **Kartesische Koordinaten $x, y, z$:**

$$\frac{\partial v_x}{\partial t} + v_x \frac{\partial v_x}{\partial x} + v_y \frac{\partial v_x}{\partial y} + v_z \frac{\partial v_x}{\partial z} = -\frac{1}{\rho} \frac{\partial p}{\partial x} + f_x \ ,$$

$$\frac{\partial v_y}{\partial t} + v_x \frac{\partial v_y}{\partial x} + v_y \frac{\partial v_y}{\partial y} + v_z \frac{\partial v_y}{\partial z} = -\frac{1}{\rho} \frac{\partial p}{\partial y} + f_y \ \text{und}$$

$$\frac{\partial v_z}{\partial t} + v_x \frac{\partial v_z}{\partial x} + v_y \frac{\partial v_z}{\partial y} + v_z \frac{\partial v_z}{\partial z} = -\frac{1}{\rho} \frac{\partial p}{\partial z} + f_z \ .$$

**2. Zylinder-Koordinaten *r, Θ, x:***

$$\frac{\partial v_r}{\partial t} + v_r \frac{\partial v_r}{\partial r} + v_\Theta \frac{1}{r}\frac{\partial v_r}{\partial \Theta} + v_x \frac{\partial v_r}{\partial x} - \frac{v_\Theta^2}{r} = -\frac{1}{\rho}\frac{\partial p}{\partial r} + f_r ,$$

$$\frac{\partial v_\Theta}{\partial t} + v_r \frac{\partial v_\Theta}{\partial r} + v_\Theta \frac{1}{r}\frac{\partial v_\Theta}{\partial \Theta} + v_x \frac{\partial v_\Theta}{\partial x} + \frac{v_r\, v_\Theta}{r} = -\frac{1}{\rho\, r}\frac{\partial p}{\partial \Theta} + f_\Theta \text{ und}$$

$$\frac{\partial v_x}{\partial t} + v_r \frac{\partial v_x}{\partial r} + v_\Theta \frac{1}{r}\frac{\partial v_x}{\partial \Theta} + v_x \frac{\partial v_x}{\partial x} = -\frac{1}{\rho}\frac{\partial p}{\partial x} + f_x .$$

**3. Kugel-Koordinaten *r, Θ, Φ*:**

$$\frac{\partial v_r}{\partial t} + v_r \frac{\partial v_r}{\partial r} + v_\Theta \frac{1}{r}\frac{\partial v_r}{\partial \Theta} + \frac{v_\Phi}{r \sin\Theta}\frac{\partial v_r}{\partial \Phi} - \frac{v_\Theta^2 + v_\Phi^2}{r} = -\frac{1}{\rho}\frac{\partial p}{\partial r} + ft ,$$

$$\frac{\partial v_\Theta}{\partial t} + v_r \frac{\partial v_\Theta}{\partial r} + v_\Theta \frac{1}{r}\frac{\partial v_\Theta}{\partial \Theta} + \frac{v_\Phi}{r \sin\Theta}\frac{\partial v_\Theta}{\partial \Phi} + \frac{v_r\, v_\Theta - v_\Phi^2 \cot\Theta}{r} = -\frac{1}{\rho\, r}\frac{\partial p}{\partial \Theta} + f_\Theta ,$$

$$\frac{\partial v_\Phi}{\partial t} + v_r \frac{\partial v_\Phi}{\partial r} + v_\Theta \frac{1}{r}\frac{\partial v_\Phi}{\partial \Theta} + \frac{v_\Phi}{r \sin\Theta}\frac{\partial v_\Phi}{\partial \Phi} + \frac{v_r\, v_\Phi - v_\Theta\, v_\Phi \cot\Theta}{r} =$$

$$-\frac{1}{\rho\, r\, w \sin\Theta}\frac{\partial p}{\partial \Phi} + f_\Phi .$$

## 3.6 Kontinuitätsgleichung für einen Stromfaden

Die Strömung sei instationär, das Fluid kompressibel. Für den Stromfaden (**Bild 3.9**) gilt:

$A = A\ (s, t)$ und

$\rho = \rho\,(s, t)$ sind konstant über $A$ (Stromfadentheorie).

Die Massenbilanz je Längeneinheit stellt sich für den Stromfaden wie folgt dar:

(Masse im Stromfaden z.Z. $t + \mathrm{d}t) = m(t + \mathrm{d}t)$,

(Masse im Stromfaden z.Z. $t) = m(t)$ und

(Massendifferenz im d$t$-Zeitintervall) $= \mathrm{d}m = m(t + \mathrm{d}t) - m(t)$.

Aus **Bild 3.10** ergibt sich:

$$\mathrm{d}m = \rho_2\, A_2\, \mathrm{d}s_2 - \rho_1\, A_1\, \mathrm{d}s_1 + \int_{s_1}^{s_2} \frac{\partial(\rho\, A)}{\partial t}\, \mathrm{d}t\, \mathrm{d}s \;\Big|\, : \mathrm{d}t\,, \quad m = \int_{s_1}^{s_2} \rho\, A\, \mathrm{d}s$$

$$\boxed{\frac{\mathrm{d}m}{\mathrm{d}t} = \frac{\mathrm{d}}{\mathrm{d}t}\int_{s_1}^{s_2} \rho\, A\, \mathrm{d}s = \rho_2\, A_2\, \frac{\mathrm{d}s_2}{\mathrm{d}t} - \rho_1\, A_1\, \frac{\mathrm{d}s_1}{\mathrm{d}t} + \int_{s_1}^{s_2} \frac{\partial(\rho\, A)}{\partial t}\, \mathrm{d}s = 0}\,.$$

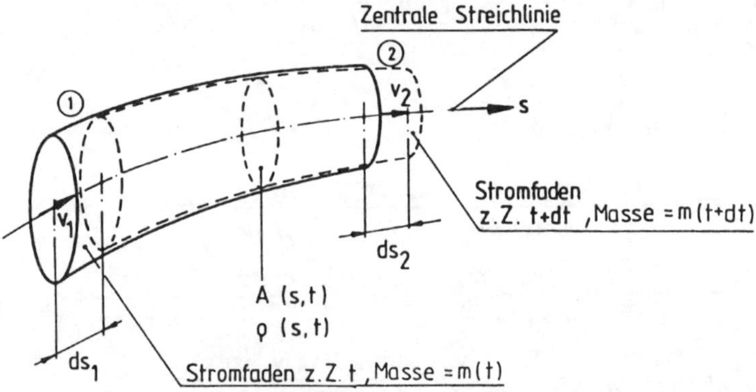


**Bild 3.9.** Stromfaden zur Zeit $t$ und zur Zeit $t$ + d$t$

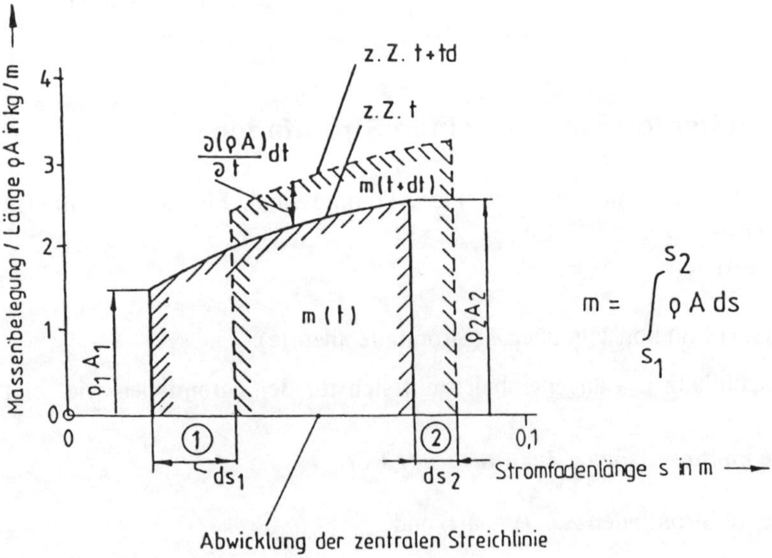


$$m = \int_{s_1}^{s_2} \rho\, A\, \mathrm{d}s$$

**Bild 3.10.** Beispielhafte Massenbelegung pro Länge entsprechend Bild 3.9 zur Herleitung der LEIBNIZ-Regel

Das Ergebnis dieser Herleitung wird als **LEIBNIZ[12]-Regel** bezeichnet, die mit $\rho\, A = f$ in allgemeiner Form lautet:

$$\frac{\mathrm{d}}{\mathrm{d}t}\int_{s_1}^{s_2} f(s,t)\,\mathrm{d}s = f(s_2,t)\,\frac{\mathrm{d}s_2}{\mathrm{d}t} - f(s_1,t)\,\frac{\mathrm{d}s_1}{\mathrm{d}t} + \int_{s_1}^{s_2}\frac{\partial f}{\partial t}\,\mathrm{d}s\,. \qquad (3.8)$$

Zurück zur Kontinuitätsgleichung für einen Stromfaden:

Massenerhaltung (Kontinuität) heißt: $\frac{\mathrm{d}m}{\mathrm{d}t} = 0$,

$$0 = \rho_2\, A_2\,\frac{\mathrm{d}s_2}{\mathrm{d}t} - \rho_1\, A_1\,\frac{\mathrm{d}s_1}{\mathrm{d}t} + \int_{s_1}^{s_2}\frac{\partial(\rho\, A)}{\partial t}\,\mathrm{d}s\,.$$

Mit $v_2 = \frac{\mathrm{d}s_2}{\mathrm{d}t}$, $v_1 = \frac{\mathrm{d}s_1}{\mathrm{d}t}$ folgt:

$$\boxed{\rho_1\, A_1\, v_1 = \rho_2\, A_2\, v_2 + \int_{s_1}^{s_2}\frac{\partial(\rho\, A)}{\partial t}\,\mathrm{d}s}\,. \qquad (3.9)$$

Diese **Kontinuitätsgleichung für den Stromfaden** ist gültig für:

1. instationäre und stationäre Strömung,
2. kompressibles und inkompressibles Fluid und
3. reibungsbehaftetes und reibungsfreies Fluid.

Man beachte, daß analog zu Gl. (3.4) das instationäre Glied auf der Seite mit dem Index 2 („wohin es strömt") steht und Gl. (3.9) nur für den Stromfaden gilt.

**Anwendungsbeispiele für die Kontinuitätsgleichung**

**1. Beispiel: Stationäre Wasserströmung im starren Rohr mit Querschnittsveränderung (Bild 3.11 a)**

Hier gilt:

$\rho = \text{const}$, inkompressibles Fluid (z. B. Leitungswasser),
$v = v\,(s)$, längs $s$ veränderliche stationäre Geschwindigkeit und
$A = A\,(s)$, längs $s$ veränderlicher Strömungsquerschnitt.

[12] LEIBNIZ, Gottfried Wilhelm (1646-1716). Der große Mathematiker und Philosoph wurde in Leipzig geboren und verstarb in Hannover. Er war einer der letzten Universalgelehrten, trat 1676 als Bibliothekar und Hofrat in hannoversche Dienste, u.a. die Geschichte der Welfen zu erforschen. Er veröffentlichte wesentliche Arbeiten zur Integral- und Differentialrechnung. Besonders wichtige Abhandlungen: Nova methodus pro maximis et minimis, De geometria infinitorum. LEIBNIZ und NEWTON standen zeitlebens in wissenschaftlichem Disput.

Hierfür lautet nach Gl. (3.9) die Kontinuitätsgleichung:

$$\boxed{A_1\, v_1 = A_2\, v_2 = \dot{V}}\,. \tag{3.10}$$

Diese Gleichung gilt zu allen Zeiten.

$\dot{V} = A\, v$ = Volumenstrom, unabhängig von s, unabhängig von t.

**2. Beispiel: Instationäre Blutströmung in elastischen Gefäßen, z.B. Pulsadern (Bild 3.11 b)**

Hier gilt:

| | |
|---|---|
| $\rho$ = const, | inkompressibles Fluid (z. B. Blut), |
| $v = v\,(s, t)$, | längs $s$ mit $t$ veränderliche (instationäre) Geschwindigkeit und |
| $A = A\,(s, t)$, | längs $s$ mit $t$ veränderlicher Strömungsquerschnitt. |

Hierfür lautet die Kontinuitätsgleichung:

$$\boxed{A_1\, v_1 = A_2\, v_2 + \int_{s_1}^{s_2} \frac{\partial A}{\partial t}\, \mathrm{d}s}\,. \tag{3.11}$$

$\dot{V} = A_1\, v_1$ = Volumenstrom zur Zeit $t$.

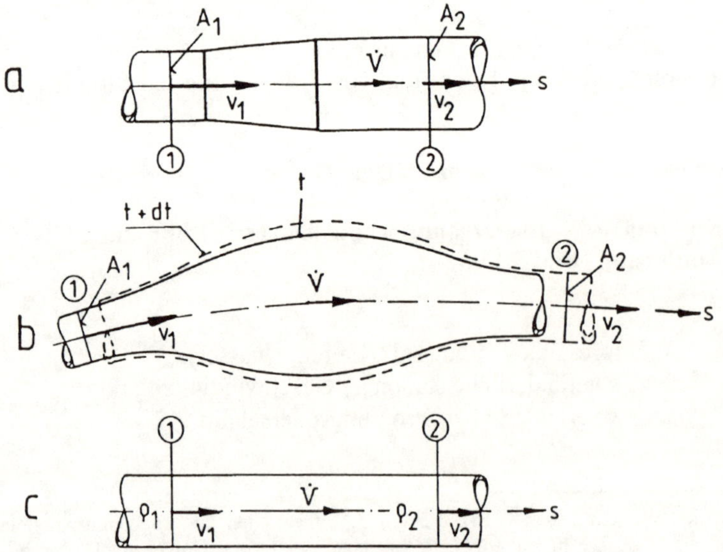


**Bild 3.11.** Leitungsabschnitte zu Anwendungsbeispielen der Kontinuitätsgleichung für einen Stromfaden. a Starres Rohr mit Querschnittsveränderung aus der Wasserversorgungstechnik; b Elastisches Gefäß aus der Medizintechnik; c Starres Rohr aus der Kompressortechnik

**3. Beispiel: Pulsierende Ansaugströmung eines Kolbenkompressors (Bild 3.11 c)**

Hier gilt:

| | |
|---|---|
| $\rho = \rho\,(s, t)$, | kompressibles Fluid (z. B. Luft), |
| $v = v\,(s, t)$, | längs $s$ mit $t$ veränderliche (instationäre) Geschwindigkeit und |
| $A = \text{const}$, | konstanter Rohrquerschnitt (starres Stahlrohr). |

Hierfür lautet die Kontinuitätsgleichung:

$$\boxed{\rho_1\, v_1 = \rho_2\, v_2 + \int_{s_1}^{s_2} \frac{\partial \rho}{\partial t}\,\mathrm{d}s}\,. \tag{3.12}$$

$\dot{m} = A_1\, \rho_1\, v_1$ = Massenstrom zur Zeit $t$.

## 3.7 Kavitation in einem Fallrohr

**Bild 3.12** zeigt einen Hochbehälter, der mit einer reibungsfreien Flüssigkeit gefüllt sein soll. Am Boden des Hochbehälters befindet sich ein Fallrohr. Der durch das Fallrohr entweichende Flüssigkeitsstrom wird durch einen Zufluß, der die Strömung zum Fallrohr nicht beeinflußt, ausgeglichen, so daß der Flüssigkeitsstand im Hochbehälter zu allen Zeiten konstant ist.

*Gegeben* sei nach **Bild 3.12**:

$h_1$ Gesamthöhe,
$h_2$ Fallrohrlänge,
$p_a$ Umgebungsdruck und
$\rho$ Dichte der Flüssigkeit.

*Vorausgesetzt* sei:

1. Inkompressibles, reibungfreies Fluid,
2. Stationäre Strömung,
3. Keine Strömungsbewegung im Hochbehälter und
4. Konstanter Fallrohrquerschnitt $A_{\text{Rohr}}$.

*Gesucht* werden:
Geschwindigkeitsverlauf $v(z)$ und
Druckverlauf $p(z)$.

*Lösung*:
Die Anwendung der BERNOULLI-Gleichung (3.3), ⓪→① liefert:

$$g\, z_1 + \frac{p_1}{\rho} + \frac{v_1^2}{2} = g\, z_0 + \frac{p_a}{\rho} + \frac{v_0^2}{2}\,.$$

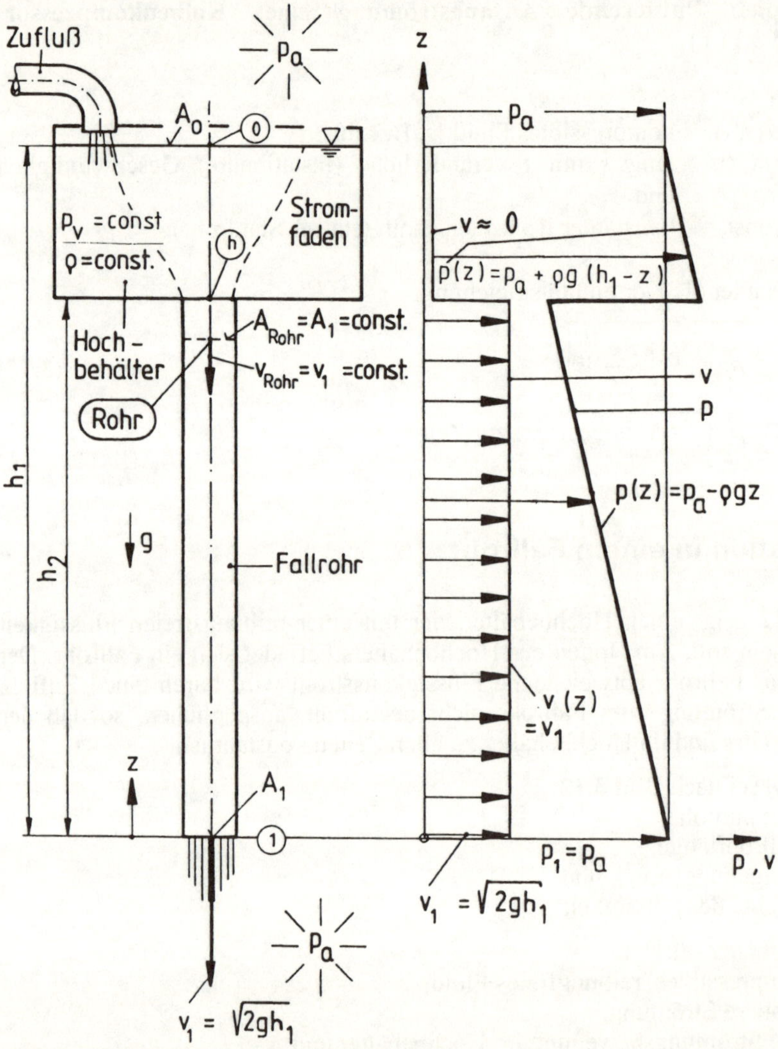


**Bild 3.12.** Strömung im Fallrohr mit Hochbehälter

Daraus folgt mit $z_1 = 0$ m, $p_1 = p_a$, $z_0 = h_1$ und $v_0 = 0$ m/s:

$$\boxed{v_1 = \sqrt{2\,g\,h_1}}\,. \tag{3.13}$$

Gleichung (3.13) heißt **TORRICELLI**[13]**-Gleichung**.

[13] TORRICELLI, Evangelista (1608-1647). Geb. in Modigliana, gest. in Florenz, Physiker und Mathematiker, erfand 1644 das Quecksilberbarometer.

$v_1$ gilt nach der Kontinuitätsgleichung (3.9) im gesamten Rohr:

$$v_{\text{Rohr}} = v_1 = \sqrt{2\, g\, h_1} = \text{const}\,.$$

Die Anwendung der BERNOULLI-Gleichung (3.3), (0)→(Rohr), liefert:

$$g\, z_{\text{Rohr}} + \frac{p_{\text{Rohr}}}{\rho} + \frac{v_{\text{Rohr}}^2}{2} = g\, h_1 + \frac{p_{\text{a}}}{\rho} + \frac{v_0^2}{2}\,.$$

Mit $v_0 = 0$ folgt:

$$\frac{p_{\text{Rohr}}}{\rho} = g\, h_1 - \frac{2\, g\, h_1}{2} + \frac{p_{\text{a}}}{\rho} - g\, z_{\text{Rohr}}\,,$$

$$\boxed{p_{\text{Rohr}} = p_{\text{a}} - \rho\, g\, z_{\text{Rohr}}} \tag{3.14}$$

und

$$p_{\text{Rohr.min}} = p_{\text{Rohr.z}} = p_{\text{a}} - \rho\, g\, h_2\,.$$

Aus der letzten Gleichung ist zu erkennen, daß ein Druckminimum an der Einmündungstelle (h) entsteht. Der absolute statische Druck an dieser Stelle mit $z = h_2$ ist um so kleiner, je größer die Länge $h_2$ des Fallrohrs ist. Im Grenzfall nimmt der Flüssigkeitsdruck an dieser Stelle den Wert des Dampfdrucks $p_{\text{v}}$ an, der z.B. für Wasser bei einer Temperatur von 20°C den Wert von 23 mbar annimmt.

Das *Ergebnis* lautet also:

$$h_1 \geq z \geq h_2 :\; v(z) = 0, \qquad p(z) = p_{\text{a}} + \rho\, g\, (h_1 - z),$$

$$h_2 \geq z \geq 0 :\; v(z) = \sqrt{2\, g\, h_1}, \qquad p(z) = p_{\text{a}} - \rho\, g\, z\,.$$

An dieser Stelle soll zunächst das Phänomen "Kavitation" näher erläutert werden: das Erreichen des Dampfdrucks $p_{\text{v}}$ (Verdampfungsdruck) an der Einmündungstelle (h) mit $z = h_2$ führt zur Dampfblasenbildung, die auch Hohlraumbildung genannt wird. Hieraus leitet sich der Name Kavitation ab (lat.: hohl = cavus). Das Phänomen der Kavitation ist erst zu Beginn dieses Jahrhunderts untersucht worden (bei "singenden" Schiffspropellern, bei den ersten KAPLAN[14]-Turbinen).

[14] KAPLAN, Viktor (1876-1934). Geb. in Mürzzuschlag, gest. in Uterach (Oberösterreich). Professor für Hydraulische Strömungsmaschinen und Anlagen in Brünn. Er konzipierte und entwickelte die axiale Wasserturbine, die seitdem seinen Namen trägt. Die ersten KAPLAN-Turbinen erschienen 1912, doch kurze Zeit darauf erlitt KAPLAN fast einen geschäftlichen Ruin aufgrund der bis dahin unbekannten Kavitationserscheinungen.

Wir finden das auffällige Auftreten der Kavitation bei

- Hydraulischen Strömungsmaschinen (Kreiselpumpen, Wasserturbinen, hydrodynamischen Getrieben, Schiffspropellern),
- Kolbenpumpen (z.B. Einspritzpumpen) und
- Armaturen (z.B. "singender" Wasserhahn).

Der Vorgang und die Folgen der Kavitation (Hohlraumbildung durch Dampf) können in sieben Schritten beschrieben werden (**Bilder 3.13** und **3.14**):

1. Örtliche Druckerniedrigung führt zum Erreichen des Dampfdrucks $p \to p_v$.
2. Die Dampfbildung (Kavitation) führt zu außergewöhnlich starker Volumenzunahme (Zweiphasenströmung).
3. Stromabwärts findet in der Regel eine Druckerhöhung $p > p_v$ statt.
4. Im Druckerhöhungsgebiet kommt es schlagartig zur Kondensation des Dampfes, d.h. zur implosionsartigen Volumenabnahme; es treten Druckspitzen von 1000 bar und mehr auf, wenn die Mikrostrahlen (micro-jets) auf Wände treffen. Da der Hohlraum vorzugsweise aus dem Flüssigkeitsinnern gefüllt wird, ist dieser Mikrostrahl stets auf vorhandene Strömungsberandungen gerichtet, s. **Bilder 3.13** und **3.14**.
5. Die Mikrostrahlen führen zur Materialzerstörung durch Erosion (mechanisch) und Korrosion (chemisch aufgrund des Durchschlagens der Gasschutzschicht und tiefes Eindringen von Sauerstoff aus gelöster Luft), s. **Bild 3.13**.
6. Das Aufprallen der Mikrostrahlen führt zur mechanischen und akustischen Schwingungsanregung.
7. Wirkungsgrad, Förderhöhe, Fallhöhe etc. werden bei hydraulischen Strömungsmaschinen durch das Phänomen empfindlich gemindert. Der Materialverschleiß der Maschinen ist schon bei relativ kurzer Einwirkung unzulässig hoch. Die Lagerbelastungen durch die mechanischen Schwingungen führen zu erheblichen Lebensdauerverkürzungen der Maschinenelemente. Die Lärmbelästigung durch Kavitation ist für das Bedienungspersonal im Daueraufenthalt unzumutbar.

Nun zurück zum Fallrohr (**Bild 3.12**), bei dem nachfolgend ein Zahlenbeispiel durchgeführt werden soll.

*Gegeben*:
$p_a = 1013$ mbar,
Fluid: Wasser bei 60°C,
$p_v = 199$ mbar und
$\rho = 983$ kg/m$^3$.

*Vorausgesetzt*:
Wasser werde als ein inkompressibles, reibungfreies Fluid betrachtet. Die Strömung sei stationär.

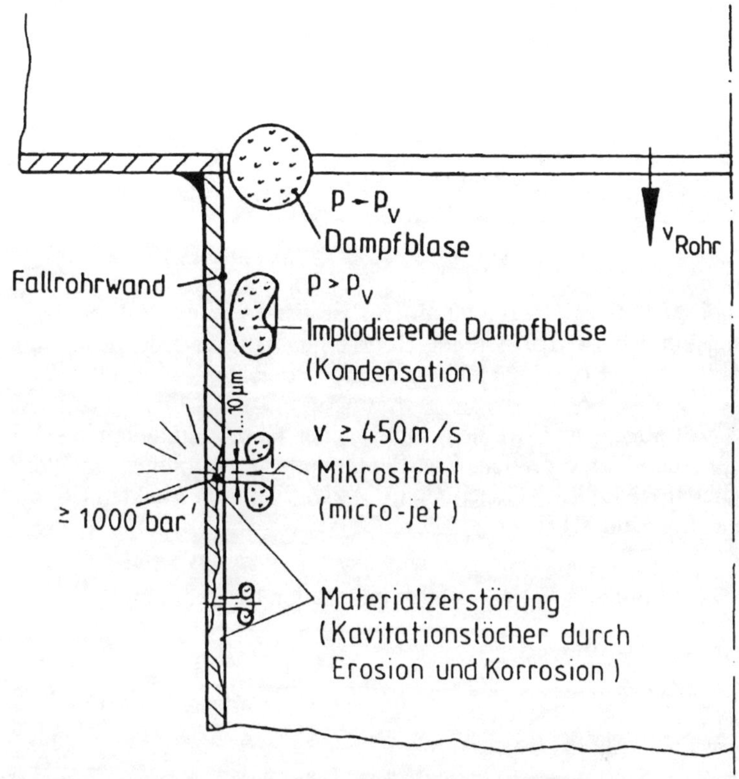


**Bild 3.13.** Zusammenfallen einer Dampfblase an der Fallrohrwand

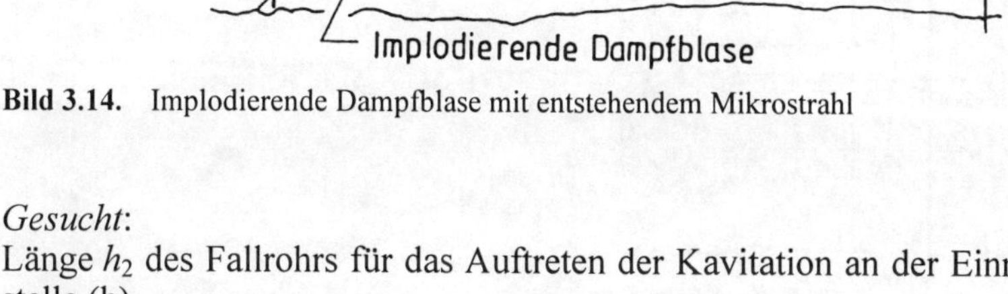

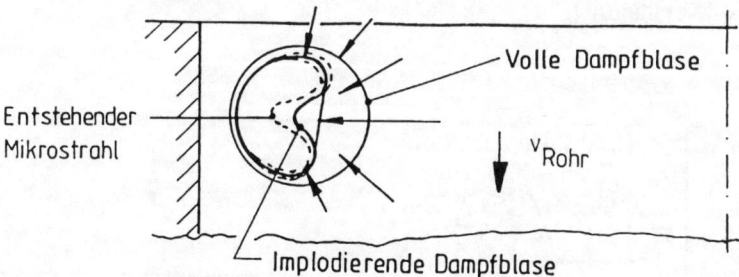

**Bild 3.14.** Implodierende Dampfblase mit entstehendem Mikrostrahl

*Gesucht*:
Länge $h_2$ des Fallrohrs für das Auftreten der Kavitation an der Einmündungsstelle (h).

*Lösung*:

$$p_{\text{Rohr.min}} = \boxed{p_v = p_a - \rho\, g\, h_2}$$

und daraus:

$$\boxed{h_2 = \frac{p_a - p_v}{\rho\, g} = \frac{1\,013 - 199}{983 \cdot 9{,}81} = 8{,}440 \text{ m}}\,.$$

*Nebenbemerkung:*
Für Wasser bei 20°C folgt $h = 10{,}092$ m. Das ist also in jedem Fall eine versuchstechnisch einfach zu realisierende Rohrlänge. Aufgrund der Reibungsverluste erhöht sich die Rohrlänge real um wenige Prozente.

Als Weiteres soll abgeschätzt werden, mit welcher Geschwindigkeit die Mikrostrahlen auf die Wände prallen. Zur Berechnung der Strahlgeschwindigkeit $v_k$ wird die BERNOULLI-Gleichung (3.3) zwischen den Punkten (K) und (W) angewendet, s. **Bild 3.15**:

$$\frac{p_K}{\rho} + \frac{v_K^2}{2} = \frac{p_W}{\rho} \quad \text{mit } z_K = z_W,\ v_W = 0 \text{ m/s und stationäre Strömung.}$$

Hieraus folgt:

$$v_K = \sqrt{2\,\frac{p_W - p_K}{\rho}} \tag{3.15}$$

mit $p_W \geq 1000$ bar (ein Meßergebnis aus der Kavitationsforschung), $p_K = p_v = 23$ mbar für $H_2O$, 20°C, $\rho \approx 1\,000$ kg/m$^3$ folgt: $v_K \geq 447$ m/s. Diese relativ hohen Geschwindigkeiten bei Mikrostrahldurchmessern von nur wenigen µm machen die zerstörerischen Wirkungen der Kavitation durch Erosion und Korrosion verständlich.

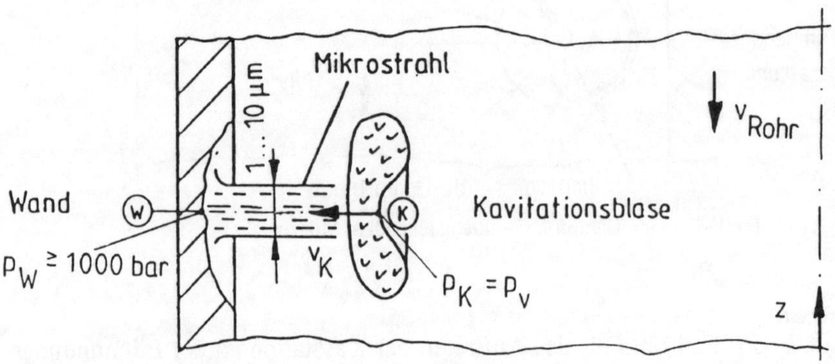


**Bild 3.15.** Zur Berechnung der Geschwindigkeit $v_K$ im Mikrostrahl

*Fallrohr mit unterschiedlichem Austrittsquerschnitt* $A_1' > A_1 > A_1''$

Das **Bild 3.16** zeigt einen Hochbehälter mit einem Fallrohr, das unterschiedliche Austrittsquerschnitte aufweist (Diffusor $A_1'$, Zylinder $A_1$, Düse $A_1''$). Bei dem Diffusor besteht die Gefahr der Ablösung; **Bild 3.17** gibt die unterschiedlichen Öffnungswinkel $\alpha$ des Diffusors wieder, die in der Technik für ablösungsfreie Strömungen verwendet werden. $\alpha$ ist von der REYNOLDS-Zahl:

$$Re = \frac{v_{\text{Rohr}}\, d_{\text{Rohr}}}{\nu}$$

stark abhängig. Zur Lösung des Problems der Bestimmungen der Geschwindigkeits- und Druckverteilungen wird wieder die BERNOULLI-Gleichung verwendet, Gl. (3.4).

*Gegeben*:
Alle geometrischen Daten eines Hochbehälters mit Fallrohr und mit unterschiedlichen Austrittsquerschnitten $A_1$, $A_1'$ und $A_1''$.

*Vorausgesetzt*:
1. Inkompressibles Fluid,
2. Reibungsfreies Fluid und
3. Stationäre Strömung.

*Gesucht*:
Geschwindigkeitsverteilung $v(z)$,
Druckverteilung $p(z)$ und
Größe des Druckminimums (Kavitation).

*Lösung*:
Die Anwendung der BERNOULLI-Gleichung (0)→(1′), (1), (1″) liefert:

$$v_1' = v_1 = v_1'' = \sqrt{2\, g\, h_1}\,.$$

Hieraus ergibt sich der Volumenstrom zu:

$$\dot{V}_1 = A_1\, v_1\,,\ \dot{V}_1' = \dot{V}_{\max} = A_1'\, v_1' \text{ wegen } A_1' = A_{1.\max}\,,$$

vgl. ersten Steuerbetrug[15] der Geschichte (Pompeji), und

$$\dot{V}_1'' = \dot{V}_{\min} = A_1''\, v_1''\,.$$

[15] Die Römer bewerteten die Wassersteuern nach dem Hausanschlußquerschnitt $A_2$. Wenn man einen Diffusor nachschaltete, ließ sich bei gleicher Steuer mehr Wasser aus dem Netz ziehen als im Fall des zylindrischen Rohres bis zur Zapfstelle.

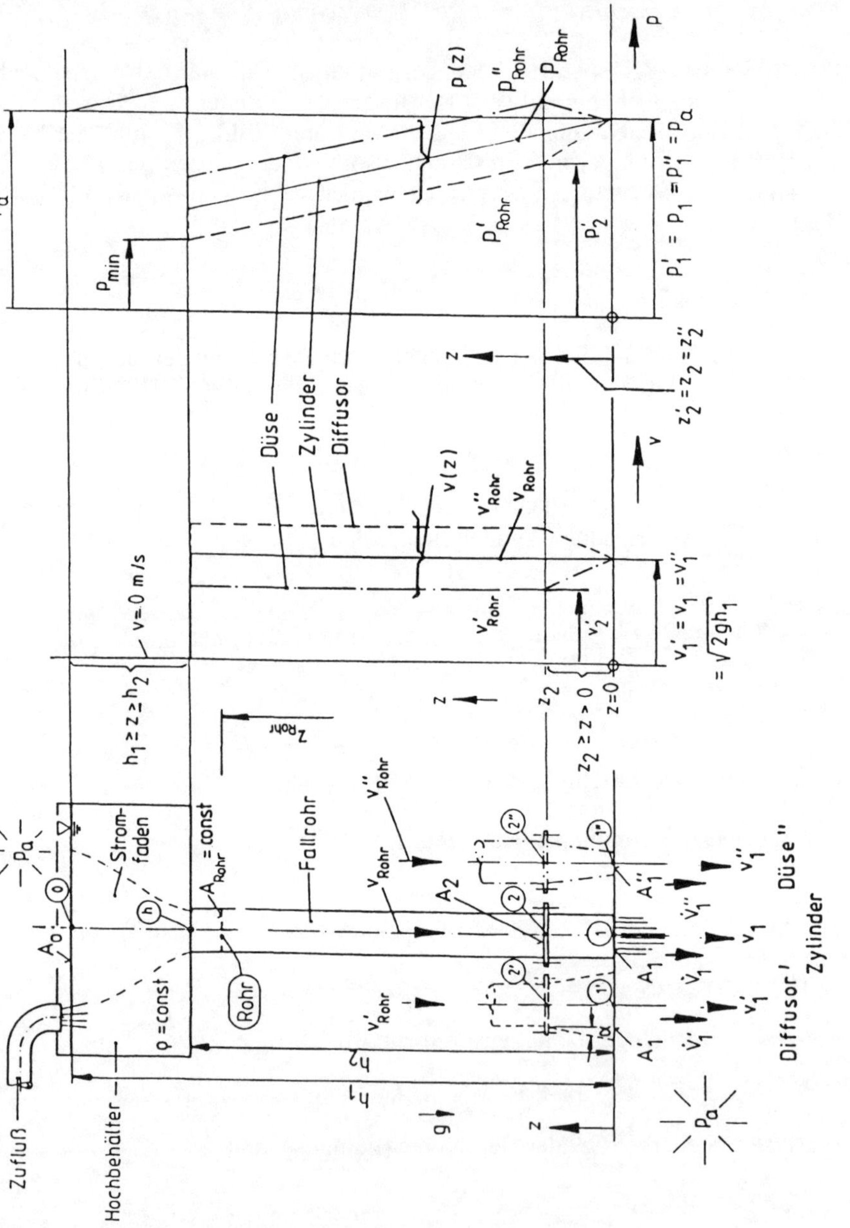


**Bild 3.16.** Geschwindigkeitsverlauf $v(z)$ und Druckverlauf $p(z)$ im Fallrohr mit den unterschiedlichen Mündungsstücken Diffusor, Zylinder und Düse

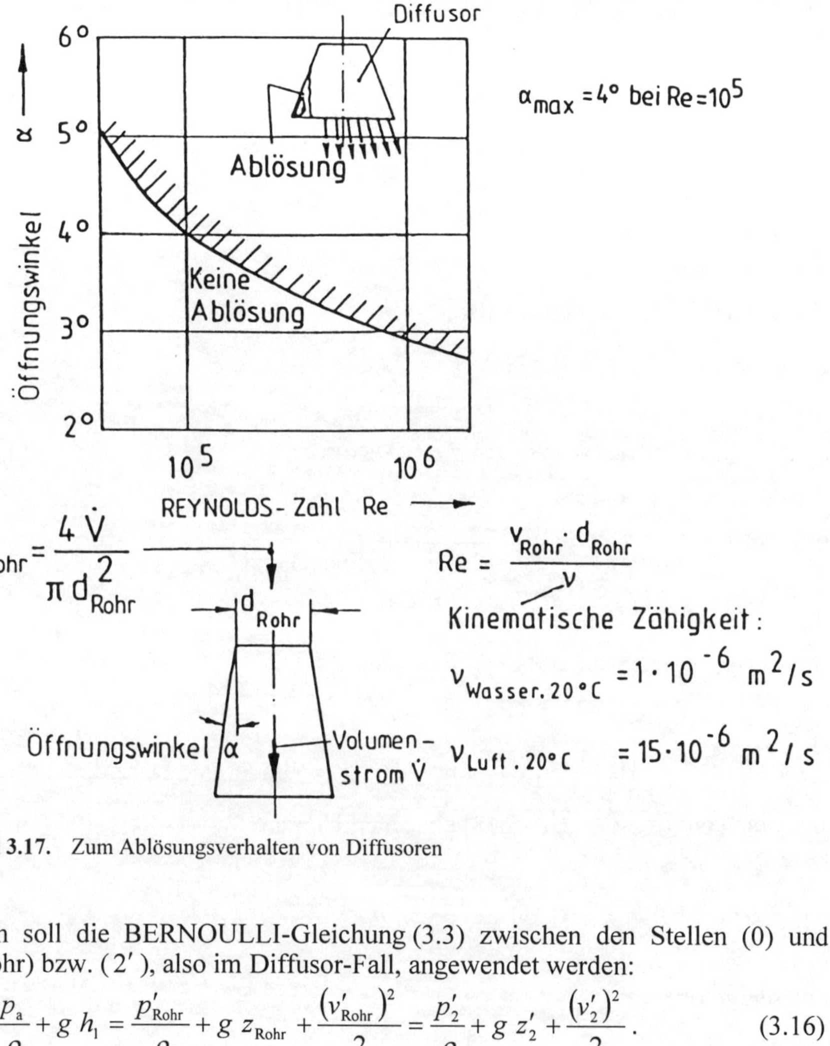


**Bild 3.17.** Zum Ablösungsverhalten von Diffusoren

Nun soll die BERNOULLI-Gleichung (3.3) zwischen den Stellen (0) und (Rohr) bzw. ( 2′ ), also im Diffusor-Fall, angewendet werden:

$$\frac{p_a}{\rho} + g\,h_1 = \frac{p'_{\text{Rohr}}}{\rho} + g\,z_{\text{Rohr}} + \frac{\left(v'_{\text{Rohr}}\right)^2}{2} = \frac{p'_2}{\rho} + g\,z'_2 + \frac{\left(v'_2\right)^2}{2}\,. \tag{3.16}$$

Mit $v'_{\text{Rohr}} = v'_2$ folgen:

$$\frac{p'_{\text{Rohr}}}{\rho} = \frac{p'_2}{\rho} - g\left(z_{\text{Rohr}} - z_2{}'\right) \tag{3.17}$$

und

$$\frac{p'_2}{\rho} = \frac{p_a}{\rho} + g\,h_1 - g\,z_2{}' - \frac{\left(v'_2\right)^2}{2}\;. \tag{3.18}$$

Die Kontinuitätsgleichung (3.10) und die TORICELLI-Gleichung (3.13) liefern:

$$A_{\text{Rohr}}\, v_2{}' = A_1'\, v_1{}' = A_1{}' \sqrt{2\, g\, h_1}\,. \tag{3.19}$$

Hieraus folgt:

$$v_2{}' = \frac{A_1{}'}{A_{\text{Rohr}}} \sqrt{2\, g\, h_1}\,. \tag{3.20}$$

**Das Ergebnis für $v(z)$ lautet also:**

$h_1 \geq z \geq h_2$: $v(z) = 0\ \text{m/s}$.

$z = z_{\text{Rohr}}$:

$$v(z) = \frac{A_1'}{A_{\text{Rohr}}} \sqrt{2\, g\, h_1}\ \text{(Diffusor)}, \tag{3.21}$$

$$v(z) = \frac{A_1}{A_{\text{Rohr}}} \sqrt{2\, g\, h_1}\ \text{(Zylinder) und} \tag{3.22}$$

$$v(z) = \frac{A_1''}{A_{\text{Rohr}}} \sqrt{2\, g\, h_1}\ \text{(Düse)}. \tag{3.23}$$

$z = 0$: $v(z) = \sqrt{2\, g\, h_1}$ für Diffusor, Zylinder und Düse.

Setzt man Gl. (3.20) in Gl. (3.18) ein, so erhält man:

$$\frac{p_2'}{\rho} = \frac{p_{\text{a}}}{\rho} + g\, h_1 - g\, z_2{}' - \left(\frac{A_1{}'}{A_{\text{Rohr}}}\right)^2 g\, h_1$$

oder umgeformt:

$$\frac{p_2'}{\rho} = \frac{p_{\text{a}}}{\rho} + g\, h_1 \left[1 - \left(\frac{A_1{}'}{A_{\text{Rohr}}}\right)^2\right] - g\, z_2{}'\,. \tag{3.24}$$

Gleichung (3.24) in Gl. (3.16) eingesetzt liefert:

$$\frac{p_{\text{Rohr}}'}{\rho} = \frac{p_{\text{a}}}{\rho} + g\, h_1 \left[1 - \left(\frac{A_1{}'}{A_{\text{Rohr}}}\right)^2\right] - g\, z_{\text{Rohr}} \tag{3.25}$$

und

$$p'_{\text{Rohr}} = p_a - \rho\, g\, z_{\text{Rohr}} + \rho\, g\, h_1 \left[1 - \left(\frac{A_1'}{A_{\text{Rohr}}}\right)^2\right], \tag{3.26}$$

sowie für den Extremfall $z_{\text{Rohr}} = h_2$:

$$p_{\min} = p_a - \rho\, g\, h_2 + \rho\, g\, h_1 \left[1 - \left(\frac{A_1'}{A_{\text{Rohr}}}\right)^2\right]. \tag{3.27}$$

Es tritt Kavitation auf, wenn $p_{\min}$ den Dampfdruck $p_v$ erreicht.

Das Ergebnis für $p(z)$ lautet also:

$h_1 \ge z \ge h_2$: $\quad p(z) = p_a + \rho\, g\,(h_1 - z)$,

$z = z_{\text{Rohr}}$: $\quad p(z) = p_a + \rho\, g\, z + \rho\, g \left[1 - \left(\frac{A_1}{A_{\text{Rohr}}}\right)^2\right]$

mit $A_1 = A_1'$ bei dem Diffusor und $A_1 = A_1''$ bei der Düse,

$z_2 \ge z \ge 0$: $\quad p(z) = p_a + \rho \frac{z}{z_2}\left[g(h_1 - z_2) - h_1\left(\frac{A_1}{A_{\text{Rohr}}}\right)^2\right]$

mit $A_1 = A_1'$ bei dem Diffusor und $A_1 = A_1''$ bei der Düse und

$z = 0$: $\quad p_1' = p_1 = p_1'' = p_a$.

Abschließend wird ein weiteres Beispiel zur Kavitation in einem Fallrohr vorgestellt (**Bild 3.18**):

Wasser soll in einem Fallrohr mit Diffusor in die Kavitation überführt werden. Man berechne die Bauhöhen der Anlage, bestehend aus Hochbehälter, Fallrohr und Diffusor und gebe nach Stromfadentheorie reibungsfreier Fluide den Geschwindigkeits- und Druckverlauf an.

*Gegeben*:

| | |
|---|---|
| $d_3 = d_4 = 0{,}120$ m | Fallrohrdurchmesser, |
| $h_1 - h_2 = W = 0{,}900$ m | Wasserstand im Hochbehälter, |
| $h_3 - h_4 = L = 0{,}300$ m | Länge des Fallrohrs, |
| $W + L = K = 1{,}200$ m | Länge der Kavitationsvorrichtung, |
| $\alpha = 3{,}5°$ | Öffnungswinkel des Diffusors bei ablösungsfreier Strömung (s. **Bild 3.17**), |

| | |
|---|---|
| $T = 60°C$ | Wassertemperatur, |
| $p_v = 199$ mbar | Wasserdampfdruck und |
| $p_a = 1013$ mbar | Umgebungsdruck. |

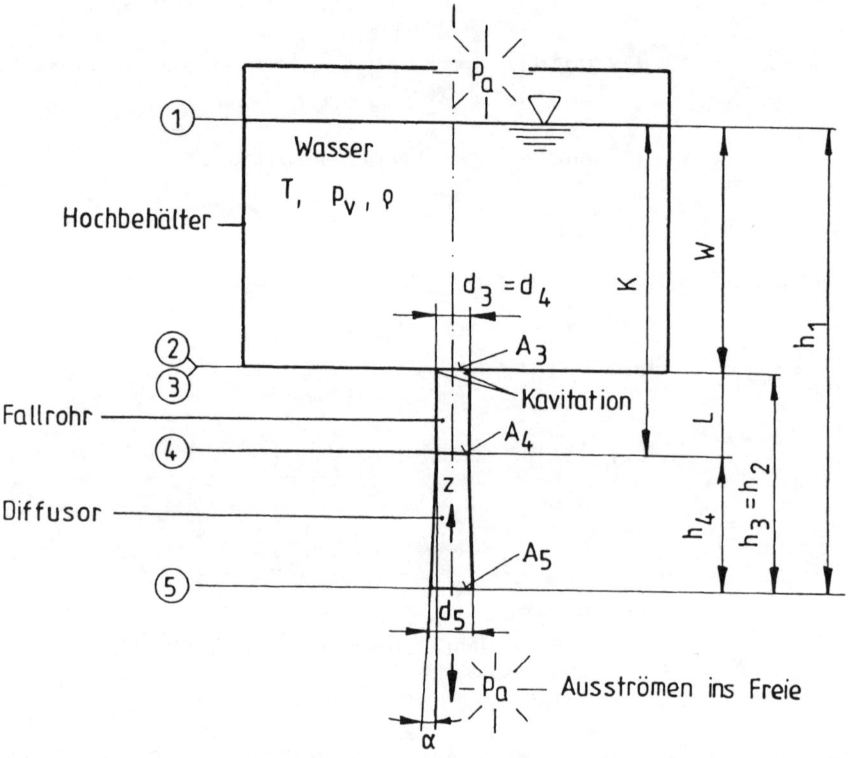


**Bild 3.18.** Kavitation in einem Fallrohr bei kürzester Fallhöhe

*Vorausgesetzt*:
1. Stromfadentheorie reibungsfreier Fluide,
2. Stationäre Strömungsverhältnisse,
3. Kreisförmige Strömungsquerschnitte,
4. Voluminöser Hochbehälter mit konstantem Wasserstand $W$ und vernachlässigbarer kleiner Geschwindigkeit $v$,
5. Atmosphärischer Umgebungsdruck im Eintritt (1) und im Austritt (5) und
6. Beginnende Kavitation im Fallrohrquerschnitt $A_3$.

*Gesucht*:
Geschwindigkeitsverlauf $v(z)$, Druckverlauf $p(z)$ und Bauhöhe $h_1$.

*Lösung*:

**1. Geschwindigkeitsverlauf $v(z)$ im Diffusor**

Anhand des **Bildes 3.18** ist leicht zu verfolgen:

$$v_5 = \sqrt{2\,g\,h_1}\,,\ \text{vgl. Gl. (3.13)}, \tag{3.28}$$

$$v_4 = v_5\,\frac{A_5}{A_4}\,,\ \text{vgl. Gl. (3.10)},$$

$$\frac{A_5}{A_4} = \left(\frac{d_5}{d_4}\right)^2,\quad \tan\alpha = \frac{d_5\,d_4}{2\,h_4} \rightarrow d_5 = d_4 + 2\,h_4\,\tan\alpha\,,$$

$$v_4 = \left(\frac{d_4 + 2\,h_4\,\tan\alpha}{d_4}\right)^2 v_5\,,\ h_4 = h_1 - K\,,$$

$$v_4 = \left(1 + 2\,\frac{h_1 - K}{d_4}\,\tan\alpha\right)^2 \sqrt{2\,g\,h_1}\,. \tag{3.29}$$

Es ergibt sich $v(z)$ im Diffusor nach der Zweipunktegleichung:

$$\frac{v - v_5}{z - z_5} = \frac{v_4 - v_5}{z_4 - z_5} \rightarrow v(z) = v_5 + \frac{v_4 - v_5}{z_4 - z_5}(z - z_5)$$

mit

$$z_4 = h_4 = h_1 - K\,,\ z_5 = 0\,,\ v_4 \equiv \text{Gl. (3.29)},\ v_5 \equiv \text{Gl. (3.28)}\,.$$

Somit findet man den Geschwindigkeitsverlauf $v(z)$ im Diffusor zu:

$$v(z) = \sqrt{2\,g\,h_1} + \frac{\left(1 + 2\,\frac{h_1 - K}{d_4}\,\tan\alpha\right)^2 \sqrt{2\,g\,h_1} - \sqrt{2\,g\,h_1}}{h_1 - K}\,z\,. \tag{3.30}$$

Diese Gleichung ist in **Bild 3.19** graphisch dargestellt; sie ist linear mit der Steigung $m > 0$, oder einfach dargestellt:

$$v(z) = \sqrt{2\,g\,h_1} + m\,z\,.$$

**2. Geschwindigkeitsverlauf $v(z)$ im Fallrohr**

Aus dem **Bild 3.18** geht hervor:

$$v_3\,A_3 = v_4\,A_4\,,\ \text{vgl. Gl. (3.10)},\ A_3 = A_4\,,\ v_3 = v_4 \equiv \text{Gl. (3.29)}\,.$$

So folgt für das Fallrohr, wie in **Bild 3.19** gezeichnet:

$$v(z) = \left(1 + 2\,\frac{h_1 - K}{d_4}\,\tan\alpha\right)^2 \sqrt{2\,g\,h_1} = \text{const}\,. \tag{3.31}$$

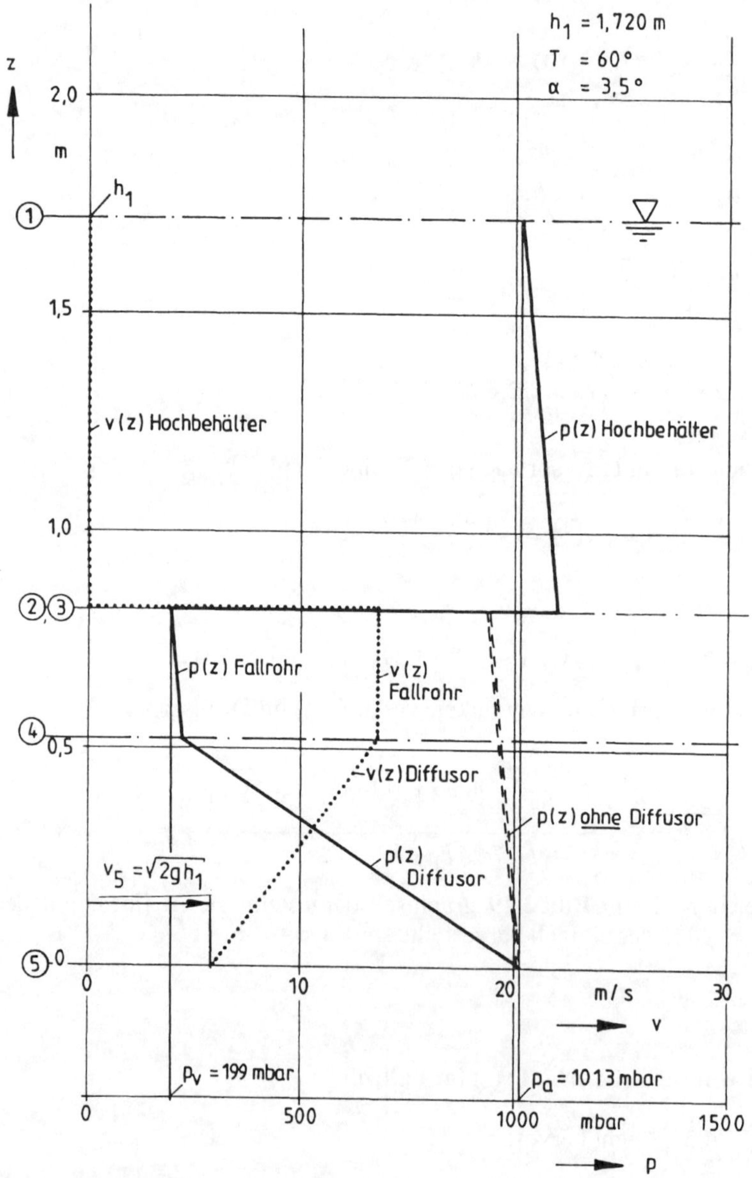


**Bild 3.19.** Geschwindigkeitsverlauf $v(z)$ und Druckverlauf $p(z)$ in einem Fallrohr kürzester Fallhöhe (s. Bild 3.18)

### 3. Geschwindigkeitsverlauf *v*(*z*) im Hochbehälter

*Vorausgesetzt* sei $v(z) = 0 = \text{const}$.

### 4. Druckverlauf *p*(*z*) im Diffusor

Nach der BERNOULLI-Gleichung (3.3) folgt:

$$\frac{v_4^2}{2} + \frac{p_4}{\rho} + g\, z_4 = \frac{v_5^2}{2} + \frac{p_5}{\rho} + g\, z_5 .$$

Hier ist:

$$v_4 \equiv \text{Gl. (3.29)}, \; v_5 \equiv \text{Gl. (3.28)}, \; p_5 = p_a, z_4 = h_4 = h_1 - K, \; z_5 = 0 .$$

Weiter ergibt sich:

$$\frac{p_4}{\rho} = \frac{p_a}{\rho} + \rho\, h_1 - g\, h_4 - \left(1 + 2\,\frac{h_1 - K}{d_4}\tan\alpha\right)^4 g\, h_1 ,$$

$$p_4 = p_a + \rho\, g\left[K - \left(1 + 2\,\frac{h_1 - K}{d_4}\tan\alpha\right)^4 h_1\right] \text{ und} \tag{3.32}$$

$$p_5 = p_a .$$

*p*(*z*) im Diffusor errechnet sich nach der Zweipunktegleichung:

$$\frac{p - p_5}{z - z_5} = \frac{p_4 - p_5}{z_4 - z_5} \rightarrow p(z) = p_5 + \frac{p_4 - p_5}{z_4 - z_5}(z - z_5)$$

mit

$$z_4 = h_4 = h_1 - K, \; z_5 = 0, \; p_5 = p_a, \; p_4 \equiv \text{Gl. (3.32)}, \; p_5 = p_a .$$

So findet man den Druckverlauf im Diffusor, wie in **Bild 3.19** dargestellt, zu:

$$p(z) = p_a + \frac{\rho\, g\left[K - \left(1 + 2\,\frac{h_1 - K}{d_4}\tan\alpha\right)^4 h_1\right]}{h_1 - K}\, z . \tag{3.33}$$

Die Gleichung ist linear mit Steigung $m < 0$ oder verkürzt dargestellt:

$$p(z) = p_a + m\, z .$$

## 5. Druckverlauf $p(z)$ im Fallrohr

Die BERNOULLI-Gleichung (3.3) liefert wieder:

$$\frac{v_3^2}{2}+\frac{p_3}{\rho}+g\,z_3=\frac{v_4^2}{2}+\frac{p_4}{\rho}+g\,z_4$$

mit

$$v_3=v_4 \text{ wegen } A_3=A_4\,,\; p_4\equiv \text{Gl. (3.32)}\,,\; z_3=h_3,\; z_4=h_4\,.$$

So folgt:

$$\frac{p_3}{\rho}=\frac{p_4}{\rho}+g\,(h_4-h_3) \text{ und}$$

$$p_3=p_a+\rho\,g\left[K-\left(1+2\,\frac{h_1-K}{d_4}\tan\alpha\right)^4 h_1-L\right].$$

Mit $K-L=W$ folgt:

$$p_3=p_a+\rho\,g\left[W-\left(1+2\,\frac{h_1-K}{d_4}\tan\alpha\right)^4 h_1\right]. \qquad (3.34)$$

Mit $p_4\equiv$ Gl. (3.32) und unter Verwendung der Zweipunktegleichung ergibt sich schließlich:

$$\frac{p-p_4}{z-z_4}=\frac{p_3-p_4}{z_3-z_4}\;\rightarrow\; p(z)=p_4+\frac{p_3-p_4}{z_3-z_4}(z-z_4),$$

$$p(z)=p_a+\rho\,g\left[(h_1-h_4)-\left(1+2\,\frac{h_1-K}{d_4}\tan\alpha\right)^4 h_1-(z-h_4)\right] \text{ und}$$

$$p(z)=p_a+\rho\,g\left[h_1-\left(1+2\,\frac{h_1-K}{d_4}\tan\alpha\right)^4 h_1-z\right]. \qquad (3.35)$$

Auch diese Gleichung, in **Bild 3.19** graphisch dargestellt, ist linear mit der Steigung $-\rho g$.

## 6. Druckverlauf $p(z)$ im Hochbehälter

Hier gilt das EULER-Grundgesetz der Hydrostatik, s. Gl. (1.1):

$$p(z)=p_a+\rho\,g\,(h_1-z). \qquad (3.36)$$

Diese lineare Gleichung besitzt die Steigung $-\rho\, g$ (**Bild 3.19**).
Für $z = h_2 = h_1 - W$ gilt:

$p_2 = p_\mathrm{a} + \rho\, g\, W$ . Für $z = h_1$ gilt:

$p_2 = p_\mathrm{a}$ .

## 7. Überführung in die Kavitation

Im Falle beginnender Kavitation im Fallrohrquerschnitt (3) muß gelten:

$p_3 = p_\mathrm{v}$ .

Hiermit geht Gl. (3.34) über in:

$$p_\mathrm{v} = p_a + \rho\, g \left[ W - \left( 1 + 2 \frac{h_1 - K}{d_4} \tan\alpha \right)^4 h_1 \right] . \tag{3.37}$$

Aus dieser Potenzgleichung fünften Grades für $h_1$ ergibt sich im Nullstellenverfahren (rechnergestützt): $\underline{\underline{h_1 = 1{,}720 \text{ m}}}$ .

# 4 Impuls- und Drallsatz

## 4.1 Allgemeiner Impulssatz der Mechanik

Eine punktförmige Masse $m$ bewege sich mit der Geschwindigkeit $\underline{v}$ (s. **Bild 4.1**, linker Teil). Das Produkt aus Masse und Geschwindigkeit heißt definitionsgemäß Impuls:

$$\boxed{\underline{I} = m\,\underline{v}}\,. \tag{4.1}$$

Der Impuls ist bei elastischem Stoß von einer Masse auf eine andere Masse übertragbar, wie man sich im Anschauungsversuch mit elastisch stoßend aufgehängten kleinen Stahlkugeln überzeugen kann. Handelt es sich statt um eine punktförmige Masse nun um ein über das Volumen $V$ sich erstreckendes Kontinuum (s. **Bild 4.1**, rechter Teil), so beträgt seine Masse

$$m = \int \mathrm{d}m \tag{4.2}$$

und sein Impuls analog zu Gl. (4.1)

$$\boxed{\underline{I} = \int\limits_{(m)} \underline{v}\,\mathrm{d}m}\,. \tag{4.3}$$

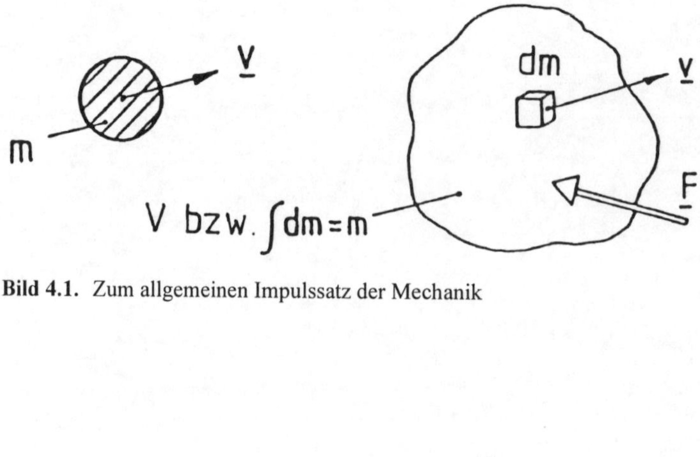


**Bild 4.1.** Zum allgemeinen Impulssatz der Mechanik

Der allgemeine Impulssatz sagt aus: die Resultierende $\underline{F}$ aller äußeren auf $m$ wirkenden Kräfte ist gleich der zeitlichen Änderung des Impulses $\mathrm{d}\underline{I}/\mathrm{d}t$. Diese elementare Aussage geht auf NEWTON[16] zurück:

$$\boxed{\underline{F} = \frac{\mathrm{d}\underline{I}}{\mathrm{d}t} = \frac{\mathrm{d}}{\mathrm{d}t}\int_{(m)} \underline{v}\,\mathrm{d}m} \,. \tag{4.4}$$

Dies ist der **allgemeine Impulssatz der Mechanik**.

## 4.2 Spezieller Impulssatz der Strömungstechnik

### 4.2.1 Herleitung für den Stromfaden

Der Stromfaden wurde bereits im Abschn. 3.1 eingeführt. Im Zusammenhang mit dem Impulssatz wird der Stromfaden oft mit „Kontrollraum" bezeichnet (s. **Bild 4.2**). Es fließt, wie bereits bekannt, ein konstanter Massenstrom $\dot{m}$ über die Grenzen (1) und (2), falls es sich um eine stationäre Strömung handelt. Bei instationärer Strömung eines kompressiblen Fluids kann $\dot{m}_1 \neq \dot{m}_2$ sein. Die zentrale Streichlinie stellt die Mittellinie des Stromfadens dar. Zu einem beliebigen Zeitpunkt $t$ reicht der Stromfaden (Kontrollraum) in Strömungsrichtung gesehen von der Längenkoordinate $s_1$ bis zur Längenkoordinate $s_2$ auf der Mittellinie. Im Kontrollraum mit dem Gesamtvolumen $V$ befindet sich zur Zeit $t$ die Gesamtmasse $m$. Nun werde $m$ gedanklich mit einer Filmkamera verfolgt (LAGRANGE Darstellung, s. Abschn. 2.1); so könnte man alle zeitlichen Veränderungen registrieren. Die örtliche Strömungsgeschwindigkeit $v$, der örtliche Strömungsquerschnitt $A$ und die örtliche Fluiddichte $\rho$ werden sich vom Weg $s$ und mit $s\,(t)$ auch von der Zeit $t$ abhängig zeigen, d.h.:
$\underline{v} = \underline{v}\,(s, t)$, $A = A\,(s, t)$ und $\rho = \rho\,(s, t)$.

[16] NEWTON, Isaac (1643-1727). Der große englische Mathematiker, Physiker und Astronom wurde in Woolsthorpe geboren und starb in London. Der Sohn eines Landwirts studierte und wirkte als Professor in Cambridge und entwickelte bahnbrechende theoretische Ansätze über Gravitation, Licht und Astronomie. Zu seinen Hauptwerken zählen: „ Philosophiae naturalis principia mathematica"(1687), hier „Leges motus" (Trägheitsprinzip, Impulssatz, actio = reactio), „ Artithmetica universalis"(1707) und „De analysi" (1711). NEWTON war zeitlebens in Prioritätsschwierigkeiten (u.a. mit LEIBNIZ) verwickelt.

Die vorgenannten örtlichen Größen sollen zu einem speziell betrachteten Volumenelement $\mathrm{d}V = A\,\mathrm{d}s$ bzw. Massenelement $\mathrm{d}m = \rho\,\mathrm{d}V = \rho A\,\mathrm{d}s$ gehören.

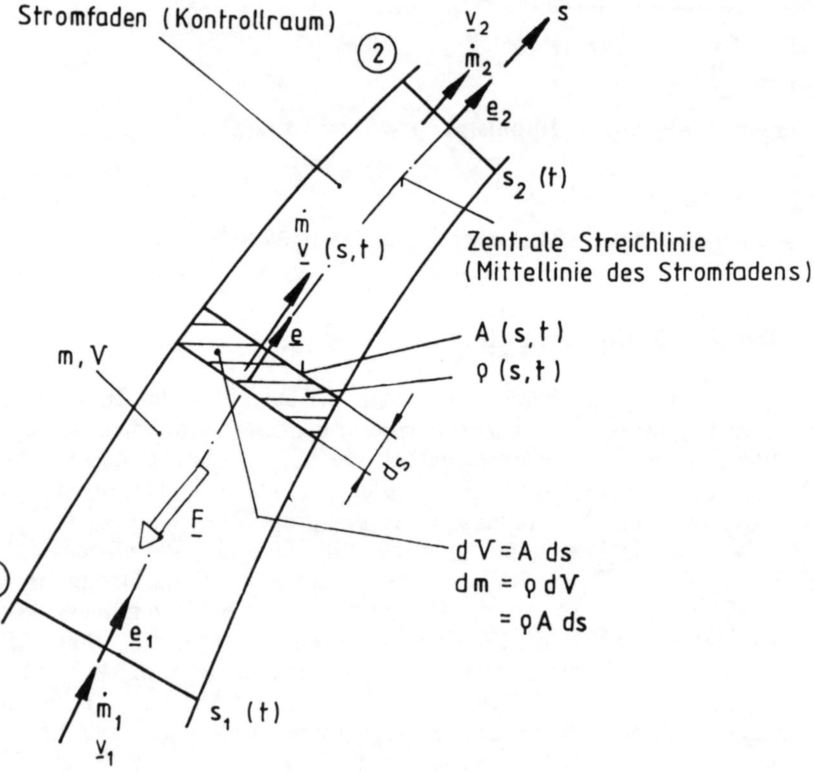


**Bild 4.2.** Zum speziellen Impulssatz des Stromfadens

Der Impuls dieses Elements beträgt

$$\mathrm{d}\underline{I} = \underline{v}\,\mathrm{d}m = \rho\,A\,\underline{v}\,\mathrm{d}s\,, \tag{4.5}$$

wobei $v$, $A$ und $\rho$ vom Weg $s$ und der Zeit $t$ abhängen. Der Impuls zum Zeitpunkt $t$ der Gesamtmasse $m$ wird durch Integration zwischen den Grenzen (1) und (2) erhalten:

$$\boxed{\underline{I} = \int\limits_{s_1(t)}^{s_2(t)} \rho(s,t)\cdot A(s,t)\cdot \underline{v}(s,t)\,\mathrm{d}s}\,. \tag{4.6}$$

Um entsprechend Gl. (4.4) die Resultierende $\underline{F}$ aller äußeren auf $m$ wirkenden Kräfte (s. **Bild 4.2**) zu erhalten, ist Gl. (4.6) nach der Zeit abzuleiten:

$$\boxed{\underline{F} = \frac{\mathrm{d}}{\mathrm{d}t} \int\limits_{s_1(t)}^{s_2(t)} \rho(s,t) \cdot A(s,t) \cdot \underline{v}(s,t)\,\mathrm{d}s}\,. \tag{4.7}$$

Eine derartige Ableitung wird sinnvollerweise mit der LEIBNIZ-Regel (s. Abschn. 3.6) behandelt. Man erhält analog zu Gl. (3.8), angewendet auf Gl. (4.7):

$$\boxed{\underline{F} = \int\limits_{s_1}^{s_2} \frac{\partial(\rho\, A\, \underline{v})}{\partial t}\,\mathrm{d}s + \rho_2\, A_2\, \underline{v}_2 v_2 - \rho_1\, A_1\, \underline{v}_1 v_1}\,. \tag{4.8}$$

$\underline{F}$, als Resultierende aller äußeren auf das im Kontrollraum eingeschlossene Fluid wirkenden Kräfte, ist die **Aktionskraft**. Wie schon aus Kap. 3 bekannt, sollen nun die Vektoren $\underline{v}$ mit dem Einheitsvektor $\underline{e}$ (Einheit 1), der stets in Strömungsrichtung s zeigt, ausgedrückt werden:

$$\underline{v} = v\, \underline{e}\,.$$

Weiterhin ist bekannt, daß das Produkt $\rho\, A\, v$ dem Massenstrom $\dot{m}$ entspricht, so daß gilt:

$$\rho\, A\, \underline{v} = \rho\, A\, v\, \underline{e} = \dot{m}\, \underline{e}\,. \tag{4.9}$$

Gleichung (4.9) in Gl. (4.8) eingesetzt, ergibt schließlich:

$$\boxed{\underline{F} = \int\limits_{s_1}^{s_2} \frac{\partial(\dot{m}\, \underline{e})}{\partial t}\,\mathrm{d}s + \dot{m}_2\, v_2\, \underline{e}_2 - \dot{m}_1\, v_1\, \underline{e}_1}\,. \tag{4.10}$$

Gleichung (4.10) stellt den **speziellen Impulssatz für den Stromfaden** dar. Zur Bestimmung des Kräftegleichgewichts empfiehlt sich die Form

$$\boxed{\underline{F} + \dot{m}_1\, v_1\, \underline{e}_1 - \dot{m}_2\, v_2\, \underline{e}_2 - \int\limits_{s_1}^{s_2} \frac{\partial(\dot{m}\, \underline{e})}{\partial t}\,\mathrm{d}s = \underline{0}}\,. \tag{4.11}$$

Bezeichnet man in dieser Gleichung und in **Bild 4.3**

$\underline{F}_{\mathrm{I.1}} = +\dot{m}_1\, v_1\, \underline{e}_1$ als Impulskraft 1 (in $s$-Richtung),

$\underline{F}_{\mathrm{I.2}} = -\dot{m}_2\, v_2\, \underline{e}_2$ als Impulskraft 2 (gegen $s$-Richtung) und

$\underline{F}_{\mathrm{I.inst}} = -\int\limits_{s_1}^{s_2} \frac{\partial(\dot{m}\underline{e})}{\partial t}\,\mathrm{d}s$ als instationären Impulskraftanteil, so ist das Kräftegleichgewicht am Stromfaden wie folgt zu definieren:

$$\boxed{\underline{F} + \underline{F}_{I.1} + \underline{F}_{I.2} + \underline{F}_{I.inst} = \underline{0}} \,. \tag{4.12}$$

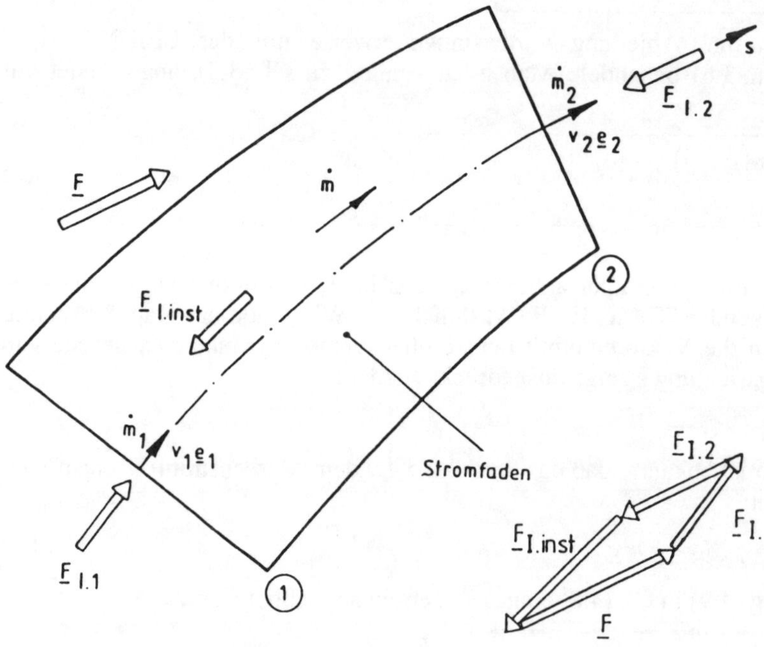


**Bild 4.3.** Kräftegleichgewicht am Stromfaden

Der Stromfaden steht also unter äußeren Kräften und Impulskräften im Gleichgewicht. Die Gln. (4.10)...(4.12) stellen die ersten praktikablen Formen des speziellen Impulssatzes für einen Stromfaden dar; der Satz ist in dieser Form gültig für:

- instationäre und stationäre Strömungen,
- kompressible und inkompressible Fluide und
- reibungsbehaftete und ideale Fluide.

Die äußeren Kräfte, deren Resultierende ist $\underline{F}$, können sein:

- Feldkräfte (Gewichtskraft, Zentrifugalkraft, Magnetkraft, usw.),
- Druckkräfte auf die Endflächen (1) und (2) des Stromfadens und
- Mantelkräfte vom Mantel auf das Fluid im Kontrollraum.

Es ist wichtig, sich anhand der Orientierungen von $\underline{F}_{I.1}$ und $\underline{F}_{I.2}$ folgenden Satz klar zu machen:

**Die Impulskräfte sind auf das im Kontrollraum eingeschlossene Fluid gerichtet.**

Die Anwendung der Gl. (4.10) auf ein praktisches Problem zeigt folgendes Beispiel (s. **Bild 4.4**).

*Gegeben*:

1. Düse eines Gartenschlauchs mit $d_1 = 25$ mm, $d_2 = 10$ mm, $s_2 - s_1 = L = 100$ mm,
2. Ein stetig steigender Volumenstrom: in jeder Sekunde 0,5 l/s steigend durch Öffnen eines Wasserhahns, $\partial\dot{m}/\partial t = 0{,}5\ \mathrm{kg/s^2} = \mathrm{const}$ und
3. Momentanwert des Massenstroms zum Zeitpunkt *t* (nach der 2. Sekunde): $\dot{m} = 1\ \mathrm{kg/s}$ bzw. $\dot{V} = 0{,}001\ \mathrm{m^3/s}$.

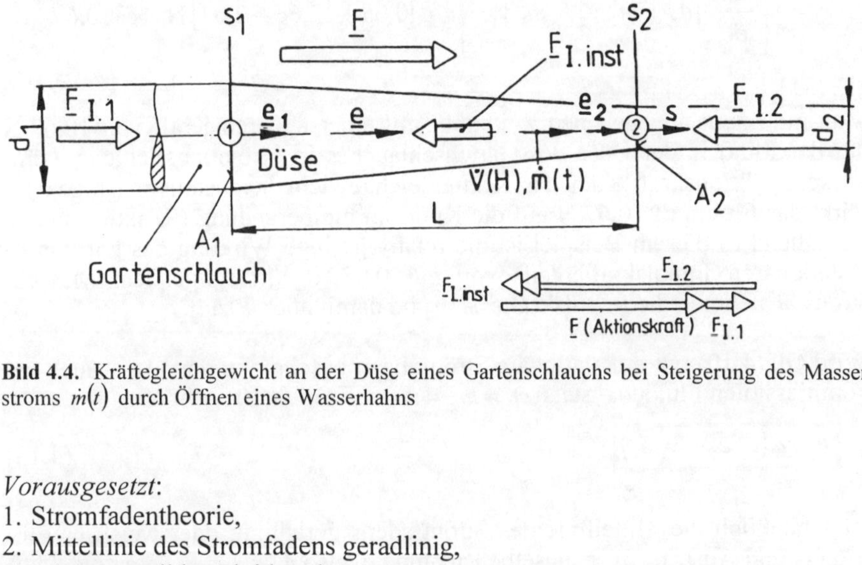


**Bild 4.4.** Kräftegleichgewicht an der Düse eines Gartenschlauchs bei Steigerung des Massenstroms $\dot{m}(t)$ durch Öffnen eines Wasserhahns

*Vorausgesetzt*:

1. Stromfadentheorie,
2. Mittellinie des Stromfadens geradlinig,
3. Inkompressibles Fluid und
4. Gleichmäßig steigender Massenstrom $\partial\dot{m}/\partial t = \mathrm{const}$.

*Gesucht*:

Resultierende $\underline{F}$ aller äußeren Kräfte auf das im Kontrollraum (Düse) eingeschlossene Fluid (Aktionskraft) zum Zeitpunkt *t*.

*Lösung* nach Gln. (4.10) und (4.11):

Mit $\underline{e}_1 = \underline{e}_2 = \underline{e}$ (in Strömungsrichtung weisend) ergibt sich:

$$\underline{F}_{I.1} = \underline{e}\,\dot{m}\,v_1,\ \underline{F}_{I.2} = -\underline{e}\,\dot{m}\,v_2,\ \underline{F}_{I.inst} = -\underline{e}\int\frac{\partial\dot{m}}{\partial t}\,\mathrm{d}s\,.$$

Die weitere Berechnung liefert:

$$v_1 = \dot{V} / A_1 = 2{,}04 \text{ m/s}, \quad v_2 = \dot{V} / A_2 = 12{,}66 \text{ m/s},$$

$$\dot{m}\, v_1 = 1 \cdot 2{,}04 \frac{\text{kg m}}{\text{s s}} \frac{\text{N s}^2}{\text{kg m}} = 2{,}04 \text{ N} \quad \rightarrow \underline{F}_{\text{I.1}} = \underline{e}\, \dot{m}\, v_1 = +\underline{e} \cdot 2{,}04 \text{ N},$$

$$\dot{m}\, v_2 = 1 \cdot 2{,}04 \text{ N} = 12{,}66 \text{ N} \quad \rightarrow \underline{F}_{\text{I.2}} = -\underline{e}\, \dot{m}\, v_2 = -\underline{e} \cdot 12{,}66 \text{ N},$$

$$\int_{s_1}^{s_2} \frac{\partial \dot{m}}{\partial t} \mathrm{d}s = \frac{\partial \dot{m}}{\partial t} \int_{s_1}^{s_2} \mathrm{d}s = 0{,}5 \cdot 0{,}1 \frac{\text{kg m}}{\text{s}^2} = 0{,}05 \text{ N} \rightarrow \underline{F}_{\text{I.inst}} = -\underline{e} \cdot 0{,}05 \text{ N}.$$

Mit $\underline{e}_1 = \underline{e}_2$ und $\dot{m}_1 = \dot{m}_2$ wird aus Gl. (4.10):

$$\underline{F} = \underline{e} \left[ \frac{\partial \dot{m}}{\partial \text{t}} \int_{s_1}^{s_2} \mathrm{d}s + \dot{m}_2\, v_2 - \dot{m}_1\, v_1 \right] = \underline{e}\, [0{,}05 + 12{,}66 - 2{,}04] \text{ N} = \underline{e} \cdot 10{,}67 \text{ N}.$$

Man muß zum angegebenen Zeitpunkt mit einer äußeren Kraft von 10,67 N auf das Fluid in der Düse des Gartenschlauches in Strömungsrichtung $\underline{e}$ einwirken (Aktionskraft), um das Kräftegleichgewicht herzustellen. Umgekehrt wirkt das Fluid mit 10,67 N auf die Kontrollraumberandung (Reaktionskraft). Auffallend in diesem Beispiel ist die relativ geringe Wirkung des konstanten instationären Impulskraftanteils von nur 0,05 N. Mit steigendem Massenstrom $\dot{m}$ nehmen die Impulskräfte $\dot{m}\, v$ und damit auch $F$ zu.

Wird Gl. (4.10) nur auf stationäre Strömungen beschränkt, dann ist – auch bei kompressiblen Fluiden – stets $\dot{m}_1 = \dot{m}_2 = \dot{m}$, und Gl. (4.10) geht über in

$$\boxed{\underline{F} = \dot{m}(v_2\, \underline{e}_2 - v_1\, \underline{e}_1)}\,. \tag{4.13}$$

Ist schließlich die Mittellinie des Stromfadens geradlinig oder weist im Eintritt (1) und Austritt (2) in dieselbe Richtung $\underline{e}$, also $\underline{e}_1 = \underline{e}_2 = \underline{e}$, so ist die Aktionskraft $\underline{F}$ nach Gl. (4.13):

$$\boxed{\underline{F} = \dot{m}\, \Delta v\, \underline{e}} \text{ mit } \Delta v = v_2 - v_1\,. \tag{4.14}$$

Die Reaktionskraft $\underline{F}' = -\underline{F}$ bezeichnet man als Schub.

Häufig ist man nur an der Bestimmung der Größe von $\underline{F}$ (sei es die Aktions- oder Reaktionskraft) interessiert; hierfür erhält man die Gleichung:

$$\boxed{F = \dot{m}\, \Delta v}\,. \tag{4.15}$$

So ist (s. **Bild 4.5**) nach der einfachen Schiffspropeller-Strahltheorie (Stromfadentheorie) der Schub $F'$ eines Schiffspropellers umso größer, je größere

Massenströme $\dot{m}$ vom Propeller erfaßt werden (abhängig von Propellerdurchmesser, Drehzahl, Manteldüse, Zuströmbedingungen, etc.) und je größer die Differenz $\Delta v$ der absoluten axialen Strömungsgeschwindigkeiten hinter und vor dem Propeller ist.

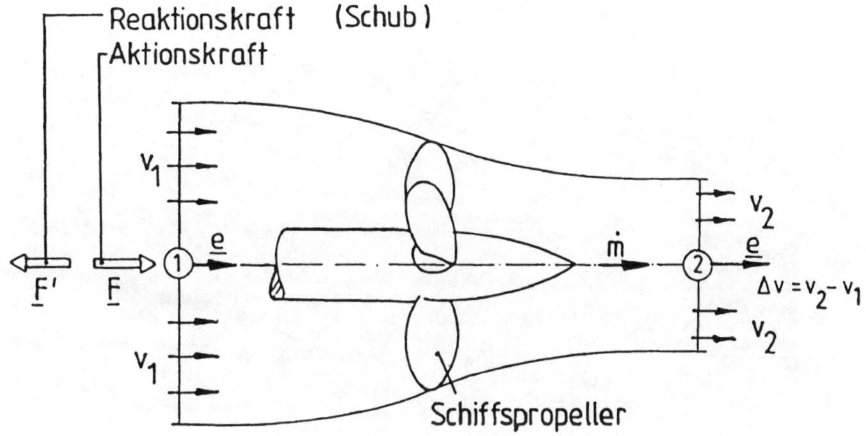


**Bild 4.5.** Zur Schiffspropeller-Strahltheorie

Nun soll die in Gl. (4.10) angegebene Resultierende $\underline{F}$ der äußeren Kräfte (Aktionskräfte auf das im Kontrollraum eingeschlossene Fluid) näher betrachtet werden (s. **Bild 4.6**). $\underline{F}$ setzt sich zusammen aus Volumenkräften (Gewichtskraft oder anderen Feldkräften) und Oberflächenkräften (äußeren Kräften auf Endflächen $A_1$ und $A_2$ und äußeren Kräften auf die Mantelfläche $A_M$ des Kontrollraums).

Läßt man – um bei den gängigen technischen Anwendungen zu bleiben – als äußere Volumenkraft nur die Gewichtskraft $\underline{F}_g$ des Stromfadens aufgrund des Erdschwerefeldes zu, als Endflächenkräfte die Druckkräfte $\underline{F}_{p.1}$ und $\underline{F}_{p.2}$, sowie alle normalen und tangentialen Kraftanteile der äußeren Mantelkraft $\underline{F}_M$, so gilt für die Resultierende $\underline{F}$ der äußeren Kräfte:

$$\boxed{\underline{F} = \underline{F}_g + \underline{F}_{p.1} + \underline{F}_{p.2} + \underline{F}_M} \,. \tag{4.16}$$

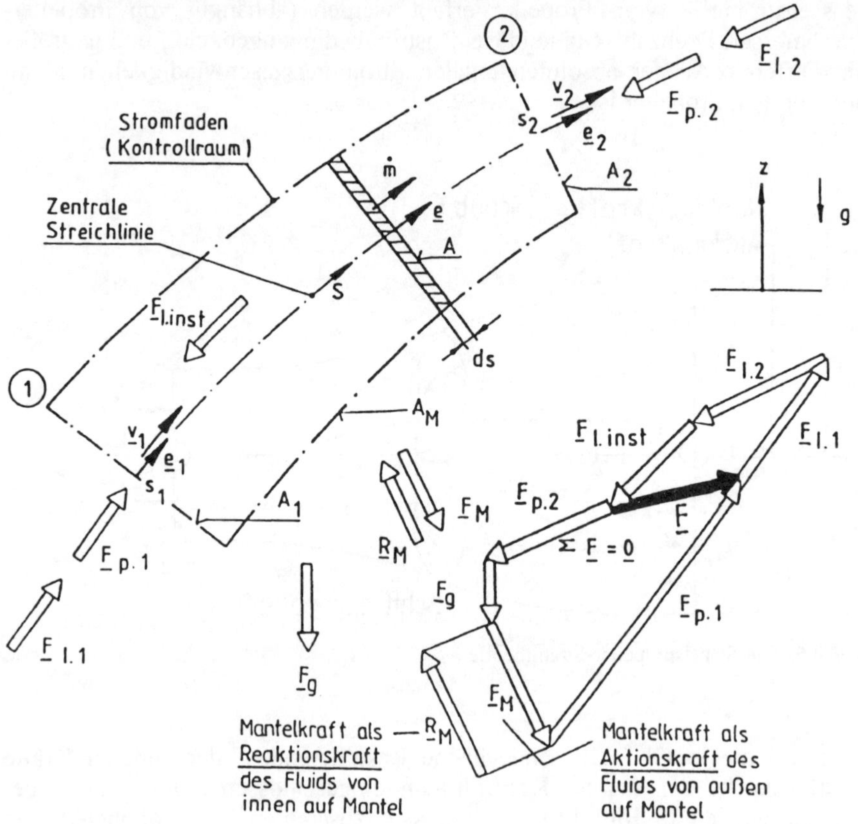


**Bild 4.6.** Reaktions- und Aktionskraft bei dem Kräftegleichgewicht am Stromfaden

Gleichung (4.12) lautet damit:

$$\boxed{\underline{F}_{g} + \underline{F}_{p.1} + \underline{F}_{p.2} + \underline{F}_{M} + \underline{F}_{I.1} + \underline{F}_{I.2} + \underline{F}_{I.inst} = \underline{0}}\ . \tag{4.17}$$

Diese Gleichung stellt das Kräftegleichgewicht $\Sigma \underline{F} = \underline{0}$ am Stromfaden dar (siehe Kräftepolygon in **Bild 4.6**). Aus technischer Sicht ist die Aktionskraft $\underline{F}_M$ (äußere Kraft vom Mantel auf das Fluid) weniger interessant als die Reaktionskraft $\underline{R}_M$, mit der das Fluid von innen auf den Mantel wirkt.

Mit

$$\underline{F}_{M} = -\underline{R}_{M} \tag{4.18}$$

erhält man die Reaktionskraft aus Gl. (4.17) zu

$$\boxed{\underline{R}_{M} = \underline{F}_{g} + \underline{F}_{p.1} + \underline{F}_{p.2} + \underline{F}_{I.1} + \underline{F}_{I.2} + \underline{F}_{I.inst}}\ . \tag{4.19}$$

Bezeichnet man

$\underline{F}_{\mathrm{p.1}} = +p_1\, A_1\, \underline{e}_1$ Druckkraft 1 (in $s$-Richtung) und

$\underline{F}_{\mathrm{p.2}} = -p_2\, A_2\, \underline{e}_2$ Druckkraft 2 (entgegen $s$-Richtung),

so kann Gl. (4.19) wie folgt geschrieben werden:

$$\underline{R}_{\mathrm{M}} = \underline{F}_{\mathrm{g}} + (\dot{m}_1\, v_1 + p_1\, A_1)\,\underline{e}_1 - (\dot{m}_2\, v_2 + p_2\, A_2)\,\underline{e}_2 - \int_{s_1}^{s_2} \frac{\partial(\dot{m}\,\underline{e})}{\partial t}\,\mathrm{d}s \,. \quad (4.20)$$

$\underline{R}_{\mathrm{M}}$ ist die Reaktionsmantelkraft, die von innen ohne Beachtung des Außendrucks auf den Mantel wirkt. Für den praktischen Ingenieur ist es wichtig, sich von der Richtigkeit folgenden Satzes zu überzeugen:

**Die Impuls- und Druckkräfte sind auf das im Kontrollraum eingeschlossene Fluid gerichtet.**

In der Strömungstechnik kommen auch **verzweigte Stromfäden** vor. Wie in **Bild 4.7** gezeigt, kann es sich dabei um

i Eintrittsquerschnitte (1) mit i = 1, 2, 3,... und

k Austrittsquerschnitte (2) mit k = 1, 2, 3,...

handeln.

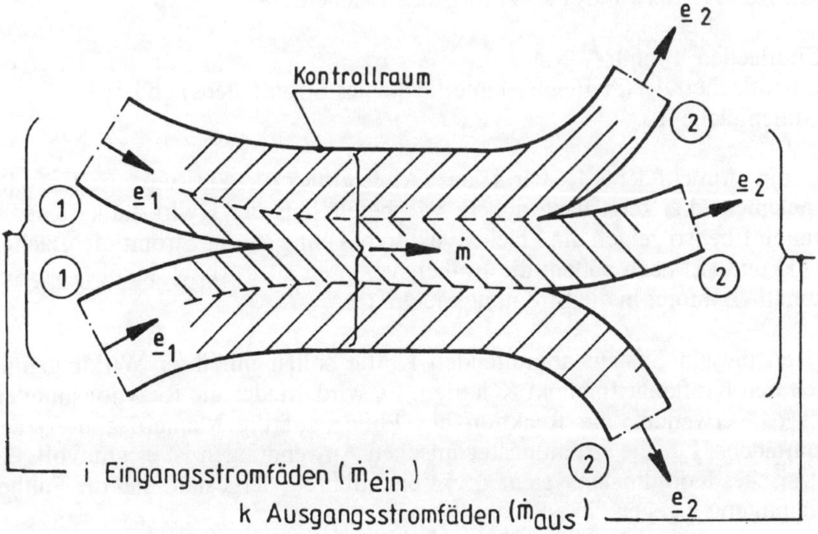


**Bild 4.7.** Kontrollraum bei verzweigten Ein- und Ausgangsstromfäden

Wenn man nun fordert, daß die Strömung stationär ist, dann läßt sich die gesamte Strömung $\dot{m}$ in einzelne Stromfäden aufteilen, die man vom Eintritt bis zum Austritt genau verfolgen kann, wie es in **Bild 4.7** durch entsprechende Schraffur angedeutet ist.

Aufgrund der Kontinuität im stationären Fall muß der eintretende Massenstrom $\dot{m}_{\text{ein}}$ dem austretenden Massenstrom $\dot{m}_{\text{aus}}$ gleich sein, d.h. $\dot{m}_{\text{ein}} = \dot{m}_{\text{aus}}$ oder

$$\sum_{\mathrm{i}} (\dot{m}_1)_{\mathrm{i}} = \sum_{\mathrm{k}} (\dot{m}_2)_{\mathrm{k}} \,. \tag{4.21}$$

So geht Gl. (4.20) über in:

$$\boxed{\underline{R}_{\mathrm{M}} = \underline{F}_{\mathrm{g}} + \sum_{i} \left[ (\dot{m}_1\, v_1 + p_1\, A_1)\, \underline{e}_1 \right]_{\mathrm{i}} - \sum_{k} \left[ (\dot{m}_2\, v_2 + p_2\, A_2)\, \underline{e}_2 \right]_{\mathrm{k}}} \,. \tag{4.22}$$

Die Gln. (4.20) und (4.22) stellen zwei wichtige Formulierungen des speziellen Impulssatzes der Strömungstechnik (hier der Stromfadentheorie) dar.

## 4.2.2 Reaktionswandkraft bei Außendruck

Nun soll, wie in **Bild 4.8** gezeigt, der Stromfaden (strichpunktierter Kontrollraum) mit einer Wand endlicher Dicke (schraffierte Fläche) umgeben werden. Diese Wand (Rohrwand) besitzt folgende Flächen:

- Endflächen $A_3$ und $A_4$,
- Innenflächen $A_{\mathrm{M}}$ (zugleich Mantelfläche des Stromfadens) und
- Außenfläche $A_{\mathrm{a}}$ .

Auf die Außenfläche $A_{\mathrm{a}}$ wirkt der Außendruck $p_{\mathrm{a}}$. Ein vektorielles Flächenelement $\mathrm{d}\underline{A}_{\mathrm{a}}$ zeigt nach außen, wie bereits aus der Hydrostatik (Kap. 1) bekannt. Ebenso zeigen die Flächenvektoren $\underline{A}_1$ und $\underline{A}_2$ der Stromfadenflächen bei (1) und (2) nach außen; die Einheitsvektoren $\underline{e}_1$, $\underline{e}_2$ (bzw. lokal $\underline{e}$) weisen bekanntlich immer in die Strömungsrichtung $s$.

Alle an diesem System angreifenden Kräfte sollen mit ihrer Wirkungslinie durch den Kraftangriffspunkt K laufen. Es wird wieder die Reaktionsmantelkraft $\underline{R}_{\mathrm{M}}$ verwendet, die Reaktion des Fluids auf die Mantelfläche $\underline{A}_{\mathrm{M}}$ des Stromfadens. Für die strömungstechnischen Anwendungen ist es sinnvoll, ein kartesisches Koordinatensystem $x$, $y$, $z$ einzuführen, dergestalt, daß die Fallbeschleunigung $\underline{g}$ gegen die $z$-Richtung zeigt.

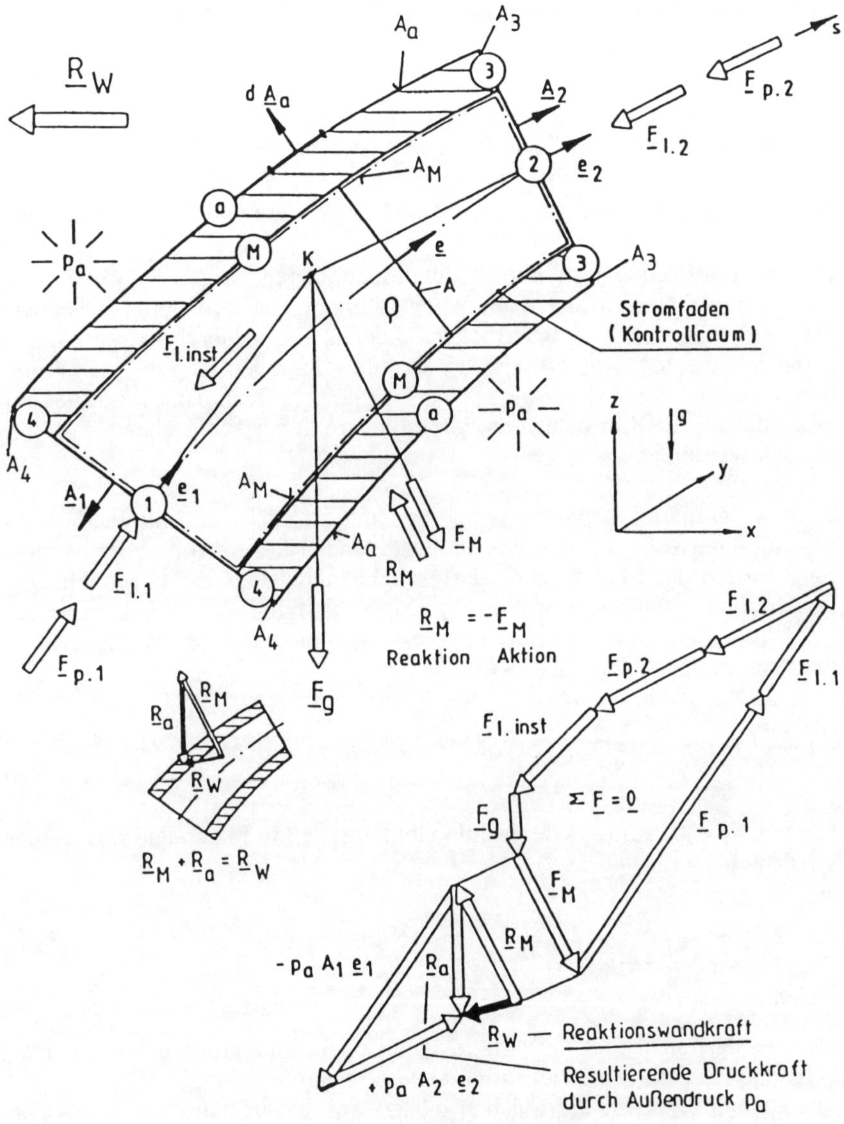


**Bild 4.8.** Reaktionswandkraft bei dem Kräftegleichgewicht am Stromfaden

Ziel der nächsten Überlegung ist die Aufstellung des Kräftegleichgewichts an der den Stromfaden umgebenden Rohrwand. Vorher sollen zur Vereinfachung des Problems fünf technisch sinnvolle Voraussetzungen getroffen werden:

1. Es soll sich um ein relativ dünnwandiges Rohr handeln, d.h.:
   $A_4 << A_1$ und $A_3 << A_2$

2. Die Rohrwandgewichtskraft sei vernachlässigbar klein gegenüber der Reaktionsmantelkraft; diese Voraussetzung ist oft auch für die Stromfadengewichtskraft $F_g$ sinnvoll, insbesondere, wenn es sich um höherenergetische Strömungen oder um relativ leichte Fluide (wie Gase und Dämpfe) handelt.

3. In allen Endflächen sollen keine Schubspannungen, in den Rohrwandendflächen auch keine Normalspannungen auftreten; das verbietet insbesondere das Vorhandensein von Rohrbiegemomenten, die in der Praxis gesondert behandelt werden. Das gilt ebenso für alle von außen aufgeprägten Rohrleitungskräfte durch thermische Verspannungen, Kompensatorkräfte etc. Hier soll nur die Rohrbelastung durch die strömungstechnischen Kräfte behandelt werden.

4. Trotz instationärer Strömung soll zu jedem Zeitpunkt der eintretende Massenstrom genauso groß sein wie der austretende Massenstrom, oder in anderen Worten: der Massenstrom darf zeitabhängig, aber nicht wegabhängig sein (richtungsstationäre Strömung). Dieser häufige Fall tritt auf, wenn das Produkt $\rho A$ nur eine Funktion des Weges und nicht der Zeit ist. Dann ist in der Kontinuitätsgleichung (3.9):

   $$\int_{s_1}^{s_2} \frac{\partial(\rho A)}{\partial t}\,\mathrm{d}s = 0 \ .$$

5. Die in Gl.(4.20) auftretende instationäre Kraft soll in folgenden beschrieben werden:

   $$\underline{F}_{\mathrm{I.inst}} = -\int_{s_1}^{s_2} \frac{\partial(\dot{m}\,\underline{e})}{\partial t}\,ds = -\frac{\partial \dot{m}}{\partial t}\int_{s_1}^{s_2} \underline{e}\,\mathrm{d}s\,,$$

   d. h.: es darf sich zwar um eine instationäre Strömung mit $\dot{m} = \dot{m}(t)$ handeln, aber auch um eine **richtungsstationäre** Strömung mit $\underline{e} = \underline{e}(s)$.
   Mit anderen Worten: die Flächen dürfen sich bei dem instationären Vorgang nicht bewegen.

Nach Aufstellung dieser fünf Voraussetzungen soll nun die Reaktionswandkraft $R_W$ definiert und in die Gl. (4.20) integriert werden. Zuvor muß noch die resultierende Druckkraft $\underline{R}_a$, hervorgerufen durch den Umgebungsdruck $p_a$ auf die Fläche $A_a$, eingefügt werden. Es gilt nach **Bild 4.8**:

$$\underline{R}_W = \underline{R}_M + \underline{R}_a \tag{4.23}$$

mit

$\underline{R}_M = -\underline{F}_M$ Reaktionsmantelkraft nach Gl. (4.20) und

$\underline{R}_a = -\int_{(A_a)} p_a \, d\underline{A}_a$ Resultierende Druckkraft durch Außendruck $p_a$ auf die Außenfläche $A_a$ in (a). Das Minus-Zeichen berücksichtigt den Zusammenhang, daß die Richtung von $d\underline{A}_a$ gegen die Richtung der Druckkraft $p_a \, d\underline{A}_a$ zeigt.

Die Reaktionswandkraft $\underline{R}_W$ ist also die von der technischen Anwendung her wichtigste Kraft, die vom Stromfadenfluid und vom ruhenden Umgebungsfluid auf die Rohrwand wirkt. Die resultierende Druckkraft $\underline{R}_a$ kann durch die einfache Überlegung, daß ein allseitig vom konstanten Umgebungsdruck $p_a$ beaufschlagter Körper keine resultierende Druckkraft aufweisen kann, sehr einfach wie folgt angegeben werden:

$$\underline{R}_a = -\int_{(A_a)} p_a \, d\underline{A}_a = \overbrace{-\int_{(A_a)} p_a \, d\underline{A}_a - p_a \underline{A}_1 - p_a \underline{A}_2 - p_a \underline{A}_3 - p_a \underline{A}_4}^{\underline{0}}$$

$$+ p_a \underline{A}_1 + p_a \underline{A}_2 + \underbrace{p_a \underline{A}_3 + p_a \underline{A}_4}_{\underline{0}} = p_a \left(\underline{A}_1 + \underline{A}_2\right).$$

Mit $\underline{A}_2 = A_2 \, \underline{e}_2$ und $\underline{A}_1 = -A_1 \, \underline{e}_1$ folgt $\underline{R}_a = p_a \, A_2 \, \underline{e}_2 - p_a \, A_1 \, \underline{e}_1$ und, eingesetzt in Gl. (4.23), $\underline{R}_W = \underline{R}_M + p_a \, A_2 \, \underline{e}_2 - p_a \, A_1 \, \underline{e}_1$.

Wird nun $\underline{R}_M$ aus Gl. (4.20) unter Beachtung der Voraussetzungen $\dot{m}_1 = \dot{m}_2 = \dot{m}(t)$ und $\underline{e} = \underline{e}(s)$ hier eingesetzt, so ergibt sich schließlich die Reaktionswandkraft $\underline{R}_W$ zu:

$$\boxed{\underline{R}_W = \underline{F}_g + \left[\dot{m} \, v_1 + (p_1 - p_a) A_1\right] \underline{e}_1 - \left[\dot{m} \, v_2 + (p_2 - p_a) A_2\right] \underline{e}_2 - \frac{d\dot{m}}{dt} \int_{s_1}^{s_2} \underline{e} \, ds} \quad (4.24)$$

Die Ausdrücke $(p - p_a)$ werden in der Praxis oft als „Überdrücke" $p_ü$ bezeichnet, entsprechen ergibt sich die „Überdruckkraft" $F_{p.ü} = (p - p_a) A$.

Handelt es sich nach Gln. (4.21) und (4.22) um *verzweigte* Rohrleitungen mit *stationärer* Strömung, so geht Gl. (4.24) über in:

$$\boxed{\underline{R}_W = \underline{F}_g + \sum_i \left\{\left[\dot{m}_1 v_1 + (p_1 - p_a) A_1\right] \underline{e}_1\right\}_i - \sum_k \left\{\left[\dot{m}_2 v_2 + (p_2 - p_a) A_2\right] \underline{e}_2\right\}_k} \quad (4.25)$$

Gleichungen (4.24) und (4.25) stellen **zwei wichtige Formulierungen des speziellen Impulssatzes** der Strömungstechnik dar. Anwendungen finden sich im nächsten Abschnitt.

## 4.3 Anwendung des speziellen Impulssatzes der Strömungstechnik auf eine Rohrabstützung

Rechtwinklig abgeknickte Rohre, sogenannte 90°-Kniestücke nach **Bild 4.9**, kommen wegen der einfach auszuführenden Schweißarbeiten sehr häufig vor, sind aber wegen der relativ hohen Strömungsverluste vom Standpunkt der Energieeinsparung nicht zu empfehlen (besser: 90°-Gußkrümmer).

Im folgenden soll für ein Kniestück einer Wasserleitung die Reaktionswandkraft $\underline{R}_W$ nach ihren Komponenten $R_{W.x}$, $R_{W.y}$ und $R_{W.z}$ ermittelt werden.

*Gegeben* (Kniestück, **Bild 4.9**):

$d_1 = d_2 = d = 0{,}250\ \text{m}$ Gleicher Ein- und Austrittsdurchmesser $d$ sei vorausgesetzt, damit ist:

$A_1 = A_2 = A = \dfrac{\pi\, d^2}{4} = 0{,}0491\ \text{m}^2$,

$V = 0{,}050\ \text{m}^3$ Kontrollraumvolumen,

$\rho = 1000\ \text{kg/m}^3$ Dichte des Stromfadenfluids (Wasser),

$g = 9{,}81\ \text{m/s}$ Fallbeschleunigung, senkrecht zur Bildebene,

$\dot{m} = 140\ \text{kg/s}$ Massenstrom. Er entspricht $140\ \text{l/s}$ Wasser, damit ist:

$v_1 = v_2 = \dot{m} / \rho\, A = 2{,}85\ \text{m/s}$ Volumetrischer Mittelwert der Geschwindigkeit,

$p_1 = 3{,}500\ \text{bar}$ Druck am Eintritt,

$p_2 = 3{,}420\ \text{bar}$ Druck am Austritt,

$p_a = 1{,}010\ \text{bar}$ Außendruck (Umgebungsdruck). Damit ist der sogenannte Überdruck:

$p_{ü.1} = p_1 - p_a = 2{,}490\ \text{bar}$ und

$p_{ü.2} = p_2 - p_a = 2{,}410\ \text{bar}$.

*Vorausgesetzt*:

1. Dünnwandiges Rohr,
2. Rohrwandgewichtskraft vernachlässigbar,
3. Keine Schubspannungen in den Endflächen $A_1$ und $A_2$, d.h., es treten keine äußeren Rohrleitungskräfte auf,
4. Stationäre Strömung,
5. Inkompressibles Fluid und
6. Stromfadentheorie.

*Gesucht*:
Reaktionswandkraft $\underline{R}_W$ zur Bemessung der Rohrabstützung.

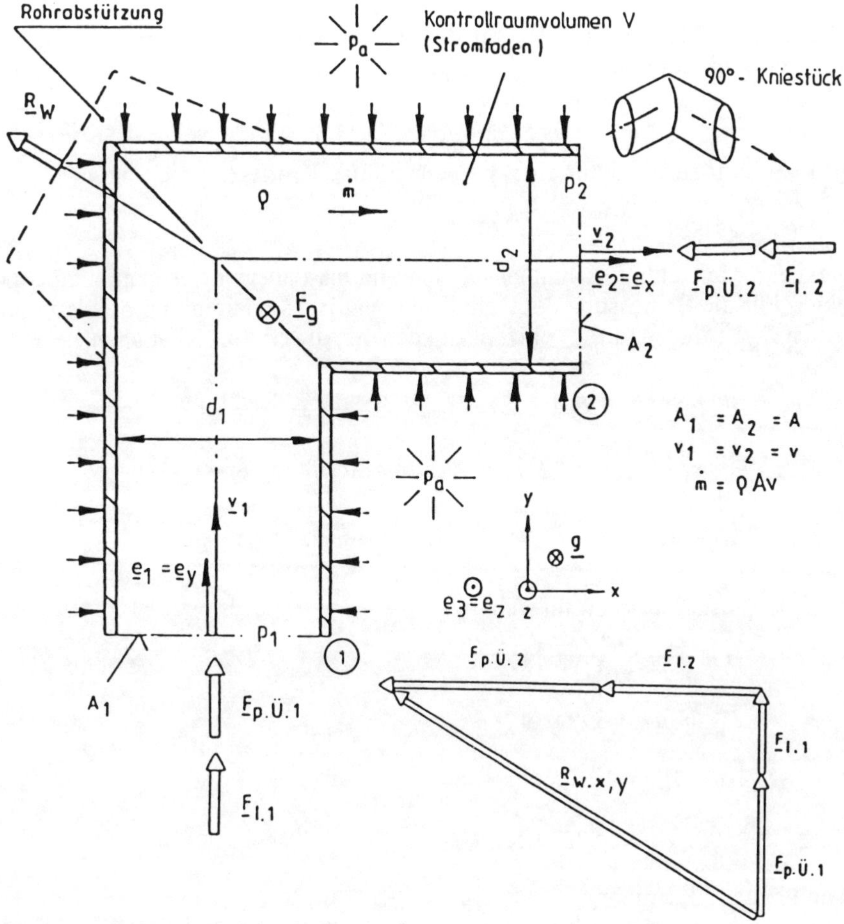


**Bild 4.9.** Kräftegleichgewicht am 90°-Kniestück

*Lösung*:
Grundlage zur Lösung ist die Gl. (4.24). Hierbei ist die Lage der Einheitsvektoren: $\underline{e}_1$ und $\underline{e}_2$ in Relation zu dem Koordinatensystem *x*, *y*, *z* zu berücksichtigen $\underline{e}_1$ zeigt in die positive *y*-Richtung, d.h. $\underline{e}_1 = \underline{e}_y$ , und $\underline{e}_2$ in die positive *x*-Richtung, d.h. $\underline{e}_2 = \underline{e}_x$ . Da die Gewichtskraft $\underline{F}_g$ der Stromfadenmasse senkrecht auf der *x*-*y*-Ebene steht, ist es sinnvoll, für dieses Beispiel noch einen dritten Einheitsvektor $\underline{e}_3 = \underline{e}_z$ einzuführen, wie auf dem **Bild 4.9** vermerkt. So lautet die Gewichtskraft $\underline{F}_g$ in vektorieller Darstellung:

$$\underline{F}_{\mathrm{g}} = -\rho\, V\, g\, \underline{e}_{\mathrm{z}}\,,$$

wobei sich das Minuszeichen aus der Tatsache erklärt, daß der Vektor $\underline{g}$ gegen die $z$-Richtung ($\underline{e}_z$-Richtung) zeigt.

Gleichung (4.24), angewendet auf das vorliegende stationäre Beispiel, stellt sich damit wie folgt dar:

$$\underline{R}_{\mathrm{W.x,y}} = -\rho\, V\, g\, \underline{e}_{\mathrm{z}} + \left[\dot{m}\, v_1 + \left(p_1 - p_{\mathrm{a}}\right) A_1\right] \underline{e}_{\mathrm{y}} - \left[\dot{m}\, v_2 + \left(p_2 - p_{\mathrm{a}}\right) A_2\right] \underline{e}_{\mathrm{x}}\,. \quad (4.26)$$

**Bild 4.9** zeigt auch das für die $x$-$y$-Ebene gültige Kraftvektordiagramm:

$$\underline{R}_{\mathrm{W}} = \underline{F}_{\mathrm{p.Ü.1}} + \underline{F}_{\mathrm{I.1}} + \underline{F}_{\mathrm{I.2}} + \underline{F}_{\mathrm{p.Ü.2}}\,.$$

Die Vektordarstellung ist unmaßstäblich und hat daher nur prinzipiellen Charakter. Für die Bemessung der Rohrabstützung ist es wichtig, die drei Komponenten $R_{\mathrm{W.x}}$, $R_{\mathrm{W.y}}$ und $R_{\mathrm{W.z}}$ einzeln zu kennen. Aus Gl. (4.26) ist abzulesen:

$$R_{\mathrm{W.x}} = -\left[\dot{m}\, v_2 + \left(p_2 - p_{\mathrm{a}}\right) A_2\right] \qquad \text{entgegen } \underline{e}_{\mathrm{x}}\text{-Richtung,}$$

$$R_{\mathrm{W.y}} = +\left[\dot{m}\, v_1 + \left(p_1 - p_{\mathrm{a}}\right) A_1\right] \qquad \text{in } \underline{e}_{\mathrm{y}}\text{-Richtung und}$$

$$R_{\mathrm{W.z}} = -\left[\rho\, V\, g\right] \qquad \text{entgegen } \underline{e}_{\mathrm{z}}\text{-Richtung}\,.$$

In Zahlen ausgedrückt ergibt sich:

$$F_{\mathrm{g}} = \rho\, V\, g = 490{,}5\ \mathrm{N}\,,$$

$$F_{\mathrm{I.1}} = F_{\mathrm{I.2}} = \dot{m}\, v = 399{,}0\ \mathrm{N}\,,$$

$$F_{\mathrm{p.Ü.1}} = p_{Ü,1}\, A = 12\,225{,}9\ \mathrm{N} \quad \text{und}$$

$$F_{\mathrm{p.Ü.2}} = p_{Ü,2}\, A = 11\,833{,}1\ \mathrm{N}\,.$$

Damit lautet das Ergebnis:

$$\underline{R}_{\mathrm{W}} = \left(-12\,232\ \mathrm{N}, +12\,625\ \mathrm{N}, -491\ \mathrm{N}\right).$$

Im folgenden soll das Ergebnis diskutiert werden:

- Es fällt in dem aus der Praxis gewählten Zahlenbeispiel der überragende Anteil der Druckkräfte $F_{\mathrm{p.Ü.1}}$ und $F_{\mathrm{p.Ü.2}}$ auf. Dagegen machen die Impulskräfte, wie auch die Gewichtskraft, bezogen auf $F_{\mathrm{p.Ü.1}}$, jeweils nur 3 bis 4% aus. Diese Tatsache muß insbesondere bei Druckstößen im Leitungssystem berücksichtigt werden, speziell, wenn sich Kompensatoren stromauf und stromab vom Knie befinden.

– Die Rohrabstützung wird im wesentlichen von der Größe und Richtung des Vektoranteils $\underline{R}_{W.x,y} = (R_{W.x}, R_{W.y})$ bestimmt. Die Größe beträgt:

$$R_{W.x,y} = \sqrt{R_{W.x}^2 + R_{W.y}^2} = 17\,579 \text{ N}.$$

Das entspricht der Gewichtskraft von ca. 23 Erwachsenen von je 750 N. Die Richtung von $\underline{R}_{W.x,y}$ wird hier im wesentlichen von den Druckkräften $F_{p.Ü.1}$ und $F_{p.Ü.2}$ bestimmt, und es ist festzustellen, daß mit wachsenden hydraulischen Verlusten im Knie (z.B. durch fortschreitende Korrosion) $F_{p.Ü.2}$ kleiner wird und der Vektor $\underline{R}_{W.x,y}$ mehr und mehr in die Zuströmrichtung zeigt.

– Bei einem niedrigen Rohrsystem-Druckniveau (hier im Zahlenbeispiel nicht zutreffend) könnten neben der Gewichtskraft $F_g$ auch die Impulskräfte $F_I = \dot{m}\, v = \rho\, A\, v^2$ für die Rohrabstützung bedeutend sein.

## 4.4 Drallsatz

Betrachten wir in **Bild 4.10a** einen raumfesten Bezugspunkt $B$ und eine punktförmige Masse $m$, die sich mit der Geschwindigkeit $\underline{v}$ bewegt, so kann momentan ein Ortsradius $\underline{r}$ von $B$ zur Masse $m$ definiert werden. Der Drall $\underline{D}$, auch Drehimpuls genannt, ist wie folgt definiert:

$$\boxed{\underline{D} = m\,(\underline{r} \times \underline{v})}\,. \tag{4.27}$$

Diese Definition, die aus der Punktmechanik stammt, ist für die Probleme der Strömungstechnik nicht direkt anwendbar. In Anlehnung an Gl. (4.27) wird der Drall des Stromfadens der Masse $m$ wie folgt definiert (s. **Bild 4.10b**):

$$\boxed{\underline{D} = \int_{(m)} (\underline{r} \times \underline{v})\,\mathrm{d}m = \int_{s_1}^{s_2} \rho\, A\, (\underline{r} \times \underline{v})\,\mathrm{d}s}\,. \tag{4.28}$$

Diese Gleichung gilt für einen Stromfaden (Kontrollraum) zwischen den Grenzen (1) und (2). Die Längenkoordinate $s$ auf der zentralen Streichlinie (Mittellinie des Stromfadens) ist zeitabhängig, d.h.: $s_1 = s_1(t),\ s_2 = s_2(t)$.
Für das beliebig herausgegriffene Volumenelement $\mathrm{d}V = A\,\mathrm{d}s$ bzw. Massenelement $\mathrm{d}m = \rho\, A\,\mathrm{d}s$ ist festzustellen, daß $A$ und $\rho$ sowohl weg- als auch zeitabhängig sind, d.h.: $A = A(s, t)$ und $\rho = \rho(s, t)$.

Gleiches gilt natürlich auch für die Vektorgrößen $\underline{r}$ und $\underline{v}$. Die absolute Strömungsgeschwindigkeit $\underline{v}$ kann in zwei Komponenten aufgeteilt werden: in eine radiale Komponente $v_r$ und in eine Umfangskomponente $v_u$ , auch Peripheral- oder Tangentialkomponente genannt, d.h.: $\underline{v} = (v_r, v_u)$.

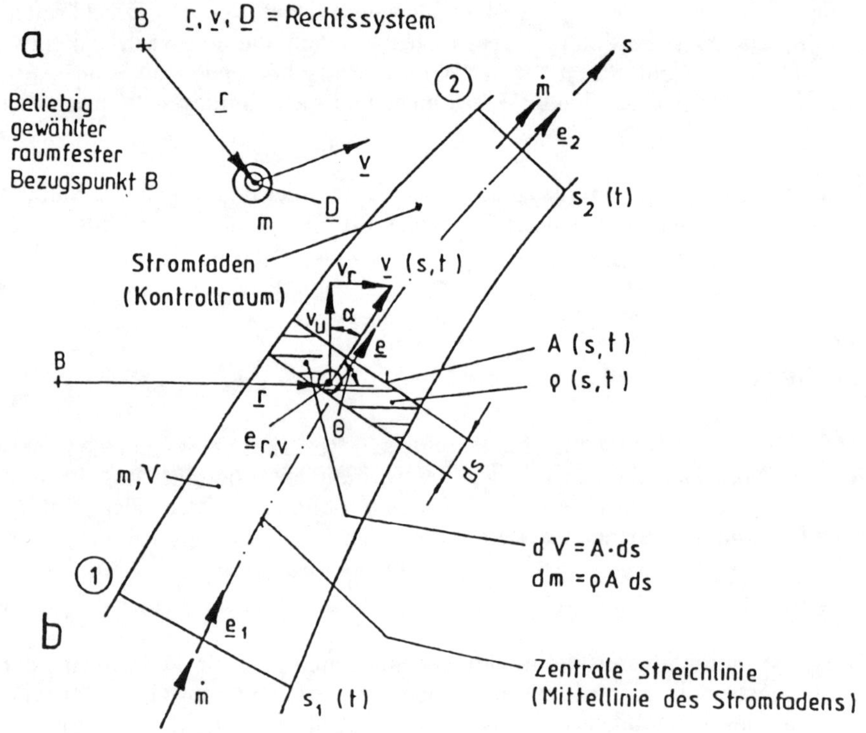


**Bild 4.10.** Zum Drallsatz. a Allgemeiner Drallsatz; b Spezieller Drallsatz eines Stromfadens

Wie in **Bild 4.11** gezeigt, kann das Vektorprodukt $\underline{r} \times \underline{v}$ in Gl.(4.28) wie folgt umgewandelt werden:

$$\underline{r} \times \underline{v} = r\, v_u\, \underline{e}_{r.v} = r\, v \cos\alpha\, \underline{e}_{r.v}\,.$$

Der Einheitsvektor $\underline{e}_{r.v}$ steht sowohl auf $\underline{r}$ als auch auf $\underline{v}$ senkrecht. Nach den Regeln der Mechanik ist das Vorzeichen des Dralles wie folgt definiert: ist $\underline{v}$ zum Bezugspunkt $B$ linksdrehend orientiert, so ist $D > 0$ (man vergleiche die sogenannte Schraubenregel, auch Rechte-Hand-Regel genannt).

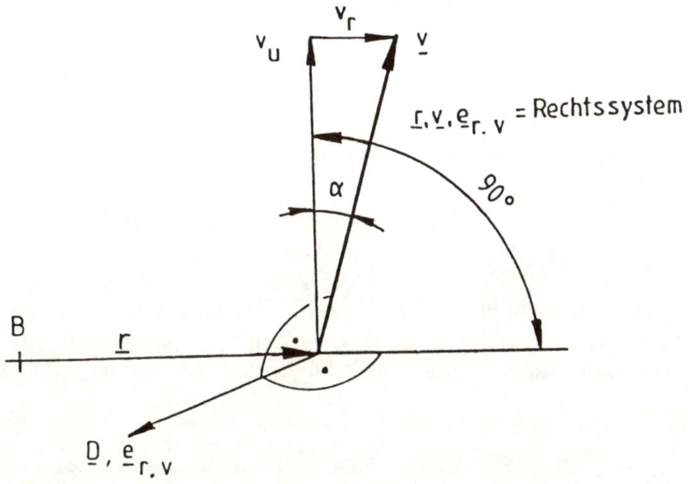


**Bild 4.11.** Zur Umwandlung des Vektorprodukts $\underline{r} \times \underline{v}$

Aus der Mechanik ist der Drallsatz (Drehimpulssatz) für einen Stromfaden in folgender Definition bekannt: die zeitliche Änderung des Dralles $\underline{D}$ ist gleich der Summe aller äußeren Momente $\underline{M}$ auf das im Kontrollraum eingeschlossene Fluid, d.h.:

$$\frac{\mathrm{d}\underline{D}}{\mathrm{d}t} = \frac{\mathrm{d}}{\mathrm{d}t} \int_{s_1(t)}^{s_2(t)} \rho\, A\left(\underline{r} \times \underline{v}\right) \mathrm{d}s = \underline{M} \; . \tag{4.29}$$

Da die Integrationsgrenzen von der Zeit abhängig sind, wird, um das resultierende Moment $\underline{M}$ auf die Gesamtmasse $m$ im Kontrollraum zu erhalten, die LEIBNIZ-Regel Gl. (3.8) angewendet.

Übertragen auf den Stromfaden (**Bild 4.10**) ergibt sich:

$$\underline{M} = \int_{s_1}^{s_2} \frac{\partial}{\partial t}\left[\rho\, A\left(\underline{r} \times \underline{v}\right)\right] \mathrm{d}\, s + \rho_2\, A_2\, v_2 \left(\underline{r}_2 \times \underline{v}_2\right) - \rho_1\, A_1\, v_1 \left(\underline{r}_1 \times \underline{v}_1\right) . \tag{4.30}$$

Gleichung (4.30) stellt den **Drallsatz** (Drehimpulssatz) für die reale instationäre Strömung eines Stromfadens mit kompressiblem Fluid dar. Im stationären Fall heißt der Drallsatz:

$$\underline{M} = \dot{m}\left[\left(\underline{r}_2 \times \underline{v}_2\right) - \left(\underline{r}_1 \times \underline{v}_1\right)\right] . \tag{4.31}$$

Diese Gleichung spielt eine große Rolle bei der Anwendung auf rotierende strömungstechnische Bauteile, wie z.B. Laufräder von Ventilatoren, Kreiselpumpen, Wasserturbinen, Dampfturbinen, Gasturbinen.

## 4.5 Anwendungen des Drallsatzes

### 4.5.1 EULER-Strömungsmaschinenhauptgleichung

Der Drallsatz Gl. (4.31) soll anhand eines radialen Kreiselpumpenlaufrades veranschaulicht werden. Wie bekannt dienen Kreiselpumpen zur Förderung tropfbarer Fluid, z.B. Wasser, Öl, Säuren, Laugen bis hin zu zähen Fluiden wie Flüssigbeton. Die Bezeichnung „radial" leitet sich von der Bauart des Laufrades her. Ein derartiges Laufrad ist in **Bild 4.12** in zwei Ansichten abgebildet. Diese Art von Laufrädern ist bei den Strömungsmaschinen am häufigsten vertreten.

Im folgenden sollen die hydrodynamischen Hauptdaten wie Antriebsmoment, Leistungsbedarf und spezifische Leistung ermittelt werden.

*Gegeben*:
1. Durchmesser $d_1$, $d_2$ bzw. Radien $r_1$, $r_2$,
2. Umfangsgeschwindigkeiten $\underline{u}_1$, $\underline{u}_2$,
3. Umfangskomponenten $v_{1.u}$, $v_{2.u}$ der absoluten Strömungsgeschwindigkeiten $\underline{v}_1$, $\underline{v}_2$ und
4. Massenstrom $\dot{m}$ .

*Vorausgesetzt*:
1. Verlustlose Strömung, d.h. keine Schubspannungen in (1) und (2),
2. Unendlich große Schaufelzahl, d.h. schaufelkongruente Strömung,
3. Unendlich dünne Schaufeln,
4. Stationäre Strömung,
5. Kavitationsfreie, homogene Strömung und
6. Alle Geschwindigkeitsdreiecke in einer Ebene.

Ein Geschwindigkeitsdreieck wird aus den drei vektoriellen Geschwindigkeiten $\underline{u}$ (Umfangsgeschwindigkeit), $\underline{v}$ (Absolutgeschwindigkeit) und $\underline{w}$ (Relativgeschwindigkeit) gebildet. Die Relativgeschwindigkeit würde von einem mitrotierenden Beobachter wahrgenommen, die Absolutgeschwindigkeit von einem außenstehenden Beobachter.

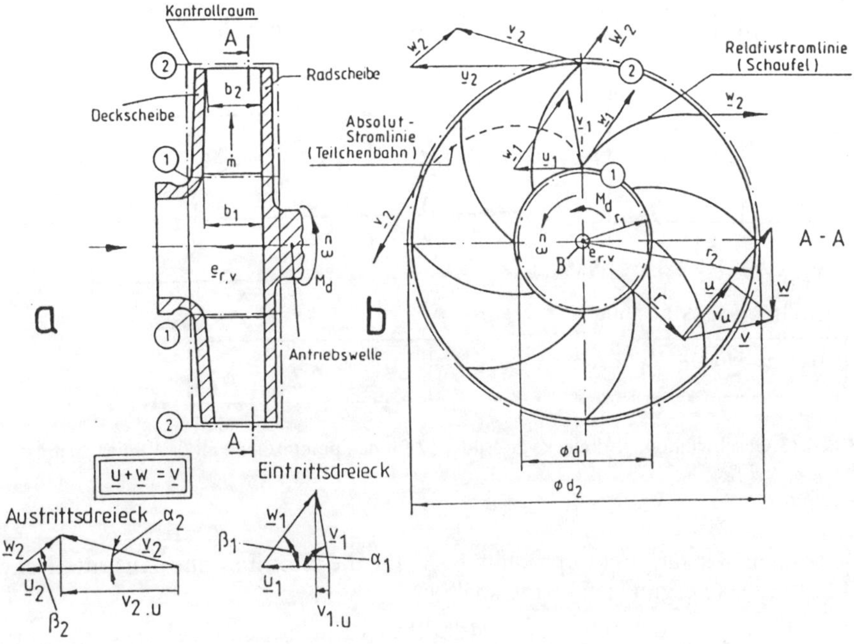


**Bild 4.12.** Anwendung des Drallsatzes auf ein radiales Kreiselpumpenlaufrad. a Seitenansicht; b Vorderansicht

*Gesucht*:
1. Antriebsdrehmoment $M_{\mathrm{d}}$,
2. Leistungsbedarf $P = M_{\mathrm{d}}\,\omega$ und
3. Spezifische Leistung $Y = \dfrac{P}{\dot{m}}$ .

*Lösung*:

**1. Antriebsdrehmoment $M_{\mathrm{d}}$**

Zunächst müssen die Geschwindigkeitsdreiecke näher betrachtet werden. Es gilt folgende Relation:

$$\boxed{\underline{u} + \underline{w} = \underline{v}}\,. \tag{4.32}$$

Die in **Bild 4.13** dargestellten Geschwindigkeitsdreiecke geben die Verhältnisse für den Eintritt (1) und den Austritt (2) des radialen Kreiselpumpenlaufrades wieder. Der rechte Winkel im Eintrittsdreieck tritt in der Praxis sehr häufig auf, da das Fluid drallfrei, d.h. ohne Umfangskomponente der Absolutgeschwindigkeit, in den Pumpensaugmund eintritt ($v_{1.\mathrm{u}} = 0$). In **Bild 4.12** ist der allgemeine Fall des leichten Eingangs-Gleichdralls ($v_{1.\mathrm{u}} > 0$, d.h. in Richtung von $u_1$ ausgerichtet) dargestellt.

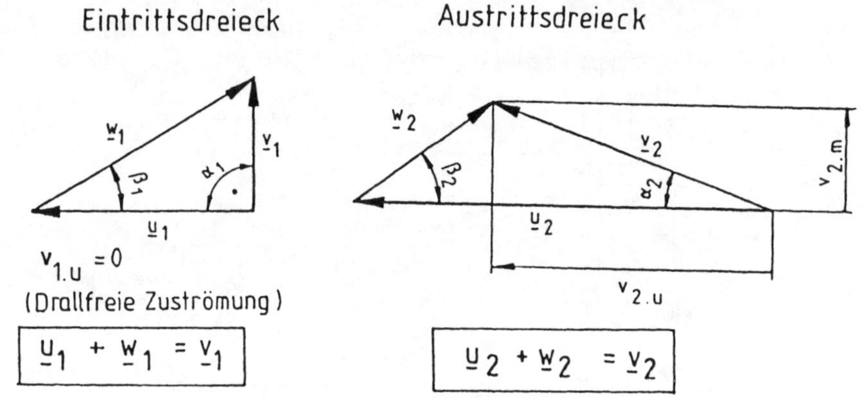


**Bild 4.13.** Geschwindigkeitsdreiecke zu Bild 4.12 für den praktischen Fall drallfreier Zuströmung $\alpha_1 = 90°$

Betrachten wir das Vektorprodukt $\underline{r} \times \underline{v}$ für die Eintritts- und Austrittsfläche (1) und (2), so ergibt sich betragsmäßig:

$\left|\underline{r}_1 \times \underline{v}_1\right| = r_1\ v_{1.u}$ , d.h. 0 für $v_{1.u} = 0$ (drallfreier Eintritt) und

$\left|\underline{r}_2 \times \underline{v}_2\right| = r_2\ v_{2.u}$ .

Die Summe $\underline{M}$ aller äußeren Momente, s. Gl. (4.31), setzt sich aus drei Anteilen zusammen:

- Endflächenmoment $\underline{M}_E$ ,
- Gewichtskraftmoment $\underline{M}_G$ und
- Mantelmoment $\underline{M}_M$ .

Das Endflächenmoment $\underline{M}_E$ wird von den Druckkräften an den in **Bild 4.12** dargestellten Kontrollraumgrenzen (1) und (2) gebildet. Da diese Druckkräfte jedoch wegen der kreisrunden Form des Laufrades durch das Zentrum (Drehachse) verlaufen, kann sich kein Moment hieraus ergeben, d.h. $\underline{M}_E = \underline{0}$.

Das Gewichtskraftmoment $\underline{M}_G$ wird von der Gewichtskraft des Laufrades mit seinem flüssigen Inhalt gebildet. Da diese Gewichtskraft wegen der Rotationssymmetrie kein resultierendes Moment ergeben kann, folgt $\underline{M}_G = \underline{0}$. Man kann sich diesen Zusammenhang auch so vorstellen: die linke Laufradhälfte ergibt ein linksdrehendes Gewichtskraftmoment, die rechte ein ebenso großes rechtsdrehendes Gewichtskraftmoment. Bei horizontaler Lage des Laufrades kann a priori kein Gewichtskraftmoment auftreten, da die Kräfte parallel zur Drehachse verlaufen.

Das Mantelmoment $\underline{M}_M$ ist das eigentliche Antriebsdrehmoment $\underline{M}_d$, das von der Antriebswelle über die Radscheibe auf die Schaufeln und auf die Deckscheibe übertragen wird.

Nach diesen Vorbemerkungen kann nun mit dem Drallsatz Gl. (4.31) das Antriebsdrehmoment $M_d$ berechnet werden:

$$\boxed{M_d = \dot{m}\left(r_2\, v_{2.u} - r_1\, v_{1.u}\right)} \tag{4.33}$$

und im Fall drallfreier Zuströmung:

$$\boxed{M_d = \dot{m}\, r_2\, v_{2.u}}\,. \tag{4.34}$$

Gleichung (4.33) ist auch unter dem Namen **EULER-Momentensatz** für Pumpen bekannt. Hierzu soll ein Zahlenbeispiel gegeben werden:

$$\dot{m} = 100\ \mathrm{kg/s}\,,\ r_2 = 0{,}200\ \mathrm{m}\,,\ v_{2.u} = 15\ \mathrm{m/s}\ \text{ und }\ v_{1.u} = 0\ \mathrm{m/s}\,.$$

Hieraus ergibt sich: $M_d = 300\ \mathrm{N\,m}$.

**2. Leistungsbedarf *P***
Mit Gl. (4.33) folgt:

$$P = M_d\, \omega = \dot{m}\left(r_2\, \omega\, v_{2.u} - r_1\, \omega\, v_{1.u}\right).$$

Nun ist aber $u = r\,\omega$, so daß folgt:

$$\boxed{P = \dot{m}\left(u_2\, v_{2.u} - u_1\, v_{1.u}\right)}\,. \tag{4.35}$$

In Fortführung des obigen Zahlenbeispiels ergibt sich:
Die Winkelgeschwindigkeit sei $\omega = 154\ \mathrm{s}^{-1}$. Das entspricht einer Drehzahl von $n = 1472\ \mathrm{min}^{-1}$ und einer Umfangsgeschwindigkeit $u_2 = 30{,}8\ \mathrm{m/s}$. So folgt: $P = 46{,}2\ \mathrm{kW}$.

**3. Spezifische Leistung *Y***
Das Wort „spezifisch" bezieht sich bei den meisten technischen Anwendungen auf den Massenstrom $\dot{m}$. So ist die spezifische Leistung $Y$ definiert als:

$$\boxed{Y = \frac{P}{\dot{m}} = u_2\, v_{2.u} - u_1\, v_{1.u} = \overset{2}{\underset{1}{\Delta}}(u\, v_u)}\,. \tag{4.36}$$

Kreiselpumpe

Diese Gleichung stellt die **EULER-Strömungsmaschinenhauptgleichung erster Form** dar. Die Gleichung ist hier für die Anwendung auf Kreiselpumpenlaufräder aufgestellt, bei denen die Strömung von innen (Index 1) nach außen (Index 2) verläuft.

Für die Anwendung auf Turbinenlaufräder, bei denen die Strömung in der Regel von außen nach innen gerichtet ist, muß Gl. (4.36) in folgender Form mit vertauschten Indizes geschrieben werden:

$$\boxed{Y = \frac{P}{\dot{m}} = u_1\, v_{1.u} - u_2\, v_{2.u} = \overset{1}{\underset{2}{\Delta}}(u\, v_u)}\,. \tag{4.37}$$

Turbinenlaufräder

Diese Gleichung ist unter dem Namen **EULER-Turbinenhauptgleichung** bekannt. Aus Gl. (4.36) läßt sich eine zweite Form der EULER-Strömungsmaschinenhauptgleichung herleiten. Hierzu wenden wir den Cosinussatz auf das Ein- und Austrittsdreieck (**Bild 4.12**) an:

$$w_1^2 = u_1^2 + v_1^2 - 2\,u_1\,v_1\,\cos\alpha_1 \quad \text{und}$$

$$w_2^2 = u_2^2 + v_2^2 - 2\,u_2\,v_2\,\cos\alpha_2 \,.$$

Ziehen wir diese beiden Gleichungen voneinander ab und ersetzen $v_1 \cos\alpha_1$ durch $v_{1.u}$ und $v_2 \cos\alpha_2$ durch $v_{2.u}$, so erhalten wir:

$$w_1^2 - w_2^2 = u_1^2 - u_2^2 + v_1^2 - v_2^2 + 2\left(\underbrace{u_2\,v_{2.u} - u_1\,v_{1.u}}_{Y}\right) \quad \text{und}$$

$$\boxed{Y = \frac{w_1^2 - w_2^2}{2} + \frac{u_2^2 - u_1^2}{2} + \frac{v_2^2 - v_1^2}{2}} \,. \tag{4.38}$$

Gleichung (4.38) stellt die **EULER-Strömungsmaschinenhauptgleichung zweiter Form** für Pumpenlaufräder dar. Den einzelnen Termen kommt folgende Bedeutung zu:

**Term 1:**
Leistungsanteil zur Erhöhung der statischen Druckhöhe durch Verzögerung der Relativströmung um den Betrag: $(w_1^2 - w_2^2)/2g$ .
**Term 2:**
Leistungsanteil zur Erhöhung der statischen Druckhöhe durch höhere Umfangsgeschwindigkeit am Austritt um den Betrag: $(u_2^2 - u_1^2)/2g$ .
**Term 3:**
Leistungsanteil zur Erhöhung der dynamischen Druckhöhe um den Betrag: $(v_2^2 - v_1^2)/2g$ .

Der letztgenannte Term entspricht der Erhöhung des dynamischen Druckes; daraus folgt, daß die Terme 1 und 2 zusammen der Erhöhung des statischen Drucks entsprechen müssen. So kann $Y$ als spezifische Leistung zur Erhöhung des totalen Drucks (Gesamtdrucks), bestehend aus statischem und dynamischem Druck, gesehen werden.

Für Turbinenlaufräder lautet die **EULER-Strömungsmaschinenhauptgleichung** mit vertauschten Indizes:

$$\boxed{Y = \frac{w_2^2 - w_1^2}{2} + \frac{u_1^2 - u_2^2}{2} + \frac{v_1^2 - v_2^2}{2}} \,. \tag{4.39}$$

Den Termen 1 bis 3 kommt im Sinne der Erniedrigung der Drücke die gleiche Bedeutung zu wie bei Gl. (4.38).

### 4.5.2 Optimale Umfangsgeschwindigkeit einer PELTON-Wasserturbine

Im folgenden sollen für eine PELTON[16]-Wasserturbine (s. **Bild 4.14**) Antriebsleistung, Laufradleistung und optimale Umfangsgeschwindigkeit ermittelt werden.

*Gegeben*:

| | | |
|---|---|---|
| $v_1 = 99{,}5\ \mathrm{m/s}$ | Strahlgeschwindigkeit, | |
| $\omega = 37{,}7\ \mathrm{s}^{-1}$ | Winkelgeschwindigkeit, | |
| 1. $R = 1{,}320\ \mathrm{m}$ | Strahlkreisradius (Kontrollraumradius) $\rightarrow u = R\,\omega = 49{,}8\ \mathrm{m/s}$, | |
| $A = 0{,}032\ \mathrm{m}^2$ | Strahlfläche und | |
| $\rho = 1000\ \mathrm{kg/m^3}$ | Dichte des Fluids. | |

*Vorausgesetzt*:

Stationäre Strömung,
Verlustfreie Strömung,
Schaufelhöhe $\Delta R \ll R$,

*Gesucht*:

1. Antriebsdrehmoment $M_\mathrm{d}$,
2. Laufradleistung $P$ und
3. Optimale Umfangsgeschwindigkeit $u_\mathrm{opt}$ (im Sinne größter Laufradleistung).

*Lösung*:

**1. Laufradmoment $M_\mathrm{d}$**

Mit Gl. (4.33), $r_2 = r_1 = R$, $v_1 = v_{1.\mathrm{u}}$, $v_2 = v_{2.\mathrm{u}}$ und $\dot{m} = \rho\,A\,v_1$
gilt: $M_\mathrm{d} = \rho\,A\,v_1\,R\,(v_1 - v_2)$. (4.1)

Nur der Betrag wird betrachtet, da ingenieurmäßig keine Verwechselungsgefahr zwischen Aktions- und Reaktionskraft gegeben ist. Nun sollen die zu einer Strecke deformierten Ein- und Austrittsdreiecke anhand von **Bild 4.15** betrachtet werden. Es gelten:
$\underline{u} + \underline{w} = \underline{v}$ und $u_1 = u_2 = u$.

Aus **Bild 4.15** geht hervor, daß ein ruhender Beobachter die Absolutgeschwindigkeiten $\underline{v}$, der mitrotierende Beobachter die Relativgeschwindigkeiten $\underline{w}$ wahrnimmt. In **Bild 4.15** ist $|\underline{w}_1| = |\underline{w}_2|$ dargestellt.

---

[16] PELTON, Lester Allen (1829-1908). Geb. in Vermilion (Ohio), gest. in Oakland (Kalifornien). Amerikanischer Physiker, erfand 1880 die später nach ihm benannte Wasserturbine als „Freistrahlturbine“.

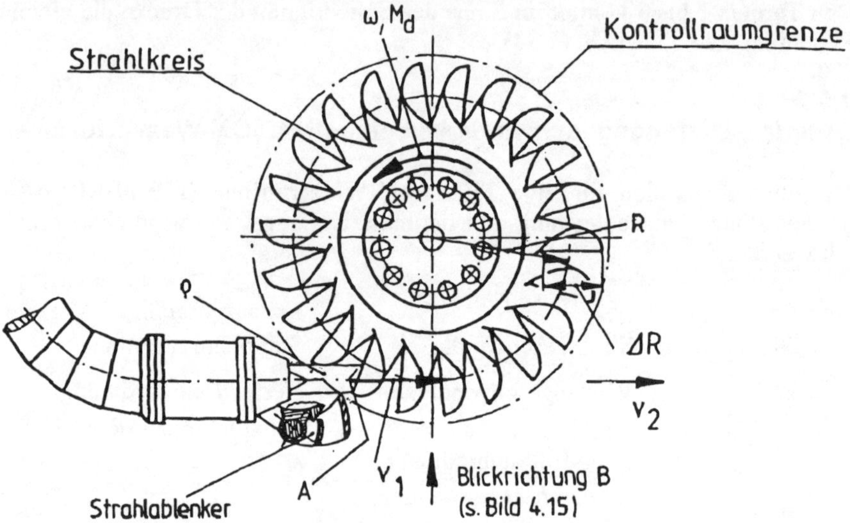


**Bild 4.14.** Vorderansicht des Laufrades einer PELTON-Wasserturbine

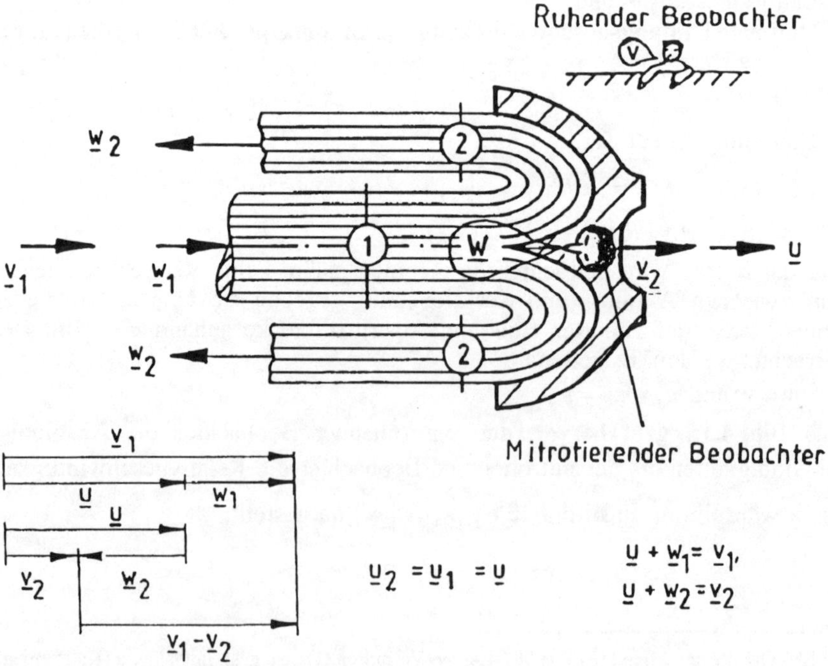


**Bild 4.15.** Schaufel eines PELTON-Turbinenlaufrades in Blickrichtung B (s. Bild 4.14)

Dieser Sonderfall ist für Gleichdruckmaschinen wie folgt nachzuweisen:

a) aus der EULER-Strömungsmaschinenhauptgleichung (4.39) ist zu erkennen, daß die statische Druckhöhe bei der vorliegenden „Gleichdruckbeschaufelung“ nicht absinken darf. Daher ist zu folgern:

$$\frac{w_2^2 - w_1^2}{2\,g} + \frac{u_2^2 - u_1^2}{2\,g} = 0 \rightarrow w_1 = w_2 \text{ mit } u_1 = u_2 \quad \text{q.e.d. oder}$$

b) aus der BERNOULLI-Gleichung für das rotierende System:

$$\frac{p}{\rho} + \frac{w^2 - u^2}{2} = \text{const} \;\; \text{ergibt sich}$$

$$\frac{p_1}{\rho} + \frac{w_1^2 - u_1^2}{2} = \frac{p_2}{\rho} + \frac{w_2^2 - u_2^2}{2} \tag{4.41}$$

und mit $p_1 = p_2$ und $u_1 = u_2 \rightarrow w_1 = w_2$ q.e.d.

Hiermit ist auf zwei Wegen a) und b) gezeigt, daß bei Gleichdruckmaschinen $w_1 = w_2$ gültig ist. Wenden wir diese Tatsache auf das „Geschwindigkeitsdreieck“ in **Bild 4.15** an, so ergibt sich:

$$\boxed{v_1 - v_2 = 2\,w_1 = 2\,(v_1 - u)}\,. \tag{4.42}$$

Setzt man diese Gleichung in Gl. (4.40) ein, so erhält man:

$M_\mathrm{d} = 2\,\rho\,A\,R\,(v_1^2 - v_1\,u)$ und als Zahlenwert $M_\mathrm{d} = 417\,766{,}3$ N m .

**2. Laufradleistung *P***

Sie ergibt sich aus $P = M_\mathrm{d}\,\omega$ .

Mit $P = M_\mathrm{d}\,\omega = 2\,\rho\,A\,R\,\omega\,(v_1^2 - v_1\,u)$ und mit $R\,\omega = u$ folgt die PELTON-Laufradleistung zu:

$$P = 2\,\rho\,A\,(v_1^2 u - v_1\,u^2). \tag{4.43}$$

Diese Gleichung ist in **Bild 4.16** dargestellt.

### 3. Optimale Umfangsgeschwindigkeit $u_{opt}$ für $P_{max}$

Aus Gl. (4.41) soll der Extremwert $P_{max}$ in Abhängigkeit von $u$ gefunden werden. Hierzu ist die Gleichung nach $u$ abzuleiten und Null zu setzen:

$$\frac{\partial P}{\partial u} = 0 = 2\,\rho\,A\left(v_1^2 - 2\,v_1\,u\right) \rightarrow v_1 = 2\,u\,.$$

Hiermit hat man die für $P = P_{max}$ optimale Umfangsgeschwindigkeit $u = u_{opt}$ gefunden:

$$\boxed{u_{opt} = \frac{v_1}{2}}\,. \qquad (4.44)$$

Zahlenmäßig ergibt sich für das vorliegende Beispiel: $u_{opt} = 49{,}8\ \text{m/s}$ .

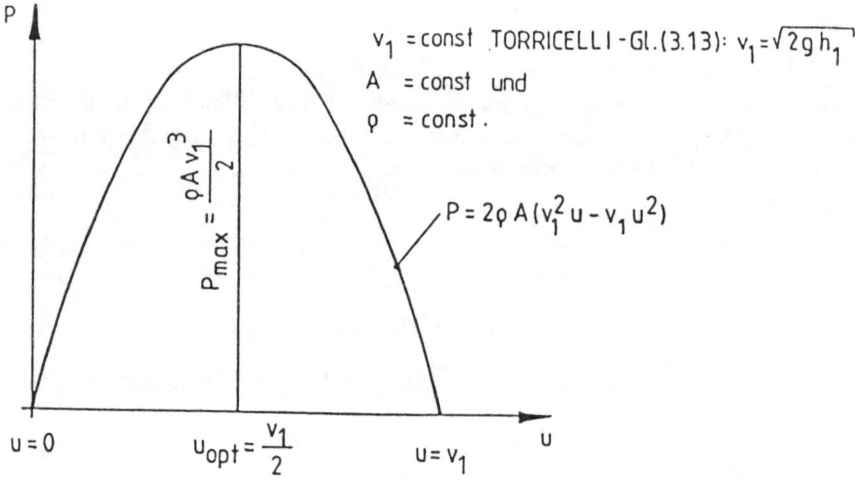


**Bild 4.16.** Verlauf der PELTON-Laufradleistung *P* über der Umfangsgeschwindigkeit *u*

Für $u = v_1/2$ ist aus Gl.(4.42) und **Bild 4.15** $v_2 = 0$ m/s zu erkennen. Es handelt sich also um den Fall, daß die Strahlgeschwindigkeit $v_1$ völlig ausgenutzt wurde. Die maximale Laufradleistung einer PELTON-Turbine ist daher:

$$P_{max} = 2\,\rho\,A\left(\frac{v_1^3}{2} - \frac{v_1^3}{4}\right) = \frac{\rho\,A\,v_1^3}{2} \quad \text{und}$$

$$\boxed{P_{max} = \rho\,A\,v_1^{\,3}/2} \qquad (4.45)$$

zahlenmäßig $P_{max} = 15{,}76\ \text{MW}$ .

# 5 Bewegung kompressibler Fluide (Gasdynamik)

## 5.1 Einführung

Die *Gründe* für eine strömungstechnische Berechnung mit $\rho \neq \text{const}$ können sein:

- Hohe Gasgeschwindigkeit $v$ (i.allg. $Ma = v / a > 0{,}4$, z.B. für Luft von 20°C: $v > 140\ \text{m/s} = 500\ \text{km/h}$ bei $a = 345\ \text{m/s} = 1240\ \text{km/h}$),
- Druckwellen,
- Dichteschichtungen aufgrund von Temperaturunterschieden oder aufgrund des Schwerefeldes (Meteorologie) und
- Dissoziationen ($O_2 \rightarrow 2O$, $H_2 \rightarrow 2H$).

Die *Voraussetzungen* für die Darstellungen dieses Abschnitts sind:

1. Homogenes Fluid,
2. Thermodynamisches Gleichgewicht, d.h. $p = p(\rho, T)$ sei zeitunabhängig,
3. Vernachlässigbar kleine Reibung und
4. **Keine** Extrembedingungen, wie z.B.
   - Hohe Temperatur, hoher Druck → Plasma,
   - Hohe Temperatur, geringer Druck → Dissoziation, Ionisation und
   - Geringe Temperatur, hoher Druck → Gasverflüssigung.

Im Kapitel 5 soll folgende Indizierung gelten:

s → spezifisch,
S → isentrop,
1 → Anfangszustand und
2 → Endzustand.

## 5.2 Thermodynamische Grundgleichungen für thermisch und kalorisch ideale Gase

### 5.2.1 Thermische Zustandsgleichung

Die thermische Zustandsgleichung lautet:

$$\boxed{\frac{p}{\rho} = R\,T} \tag{5.1}$$

mit

- $p$ absoluter statischer Druck in $\mathrm{N/m^2 = Pa}$,
- $\rho$ Dichte in $\mathrm{kg/m^3}$ ,
- $T$ absolute Temperatur in K,
- $R$ spezielle Gaskonstante in $\mathrm{m^2/s^2K}$, z.B. $R_{\mathrm{Luft}} = 287\ \mathrm{m^2/s^2K}$.

Die thermische Zustandsgleichung gilt definfitionsgemäß für „thermisch ideale“ Gase (das sind in ausreichend guter Näherung die meisten technischen Gase in nichtextremen Bedingungen).

### 5.2.2 Kalorische Zustandsgleichung

Die kalorische Zustandsgleichung stellt eine Erweiterung der Gl. (5.1) dar:

$$\boxed{h = u_s + \frac{p}{\rho}} \tag{5.2}$$

mit

$h$ spezifischer Wärmeinhalt (Enthalpie) in $\mathrm{N\,m/kg = m^2/s^2}$ :

$\boxed{h = h_0 + c_p\left(T - T_0\right)}$ mit

- $h_0$ Referenzenthalpie,
- $T_0$ Referenztemperatur,
- $c_\mathrm{p}$ isobar-spezifische Wärmekapazität in $\mathrm{N\,m/kg\,K = m^2/s^2K}$,

$c_\mathrm{p}(T) = \left(\frac{\partial h}{\partial T}\right)_{\mathrm{p=const}}$, z.B. $\boxed{c_{\mathrm{p.Luft}} = 1001\ \mathrm{m^2/s^2K}}$,

$u_s$ spezifische innere Energie in $\mathrm{N\,m/kg = m^2/s^2}$ :

$\boxed{u_\mathrm{s} = u_{\mathrm{s.0}} + c_\mathrm{v}\left(T - T_0\right)}$ mit

$u_{s.0}$ Referenzwert,

$c_v$ isochor-spezifische Wärmekapazität in $\mathrm{N\,m/kg\,K} = \mathrm{m^2/s^2K}$,

$$c_v(T) = \left(\frac{\partial u_s}{\partial T}\right)_{V=\mathrm{const}} \text{, z.B. } \boxed{c_{\mathrm{V.Luft}} = 714 \ \mathrm{m^2/s^2K}}.$$

Für thermisch ideale Gase gilt:

$$\boxed{c_p - c_v = R}.$$

Der „Isentropenexponent" $\kappa$ ist als Quotient aus $c_p$ und $c_v$ definiert und konstant für „kalorisch ideale" Gase :

$$\boxed{\kappa = \frac{c_p}{c_v} = \mathrm{const}}, \tag{5.3}$$

z.B. $\boxed{\kappa_{\mathrm{Luft}} = 1{,}40}$.

In ausreichend guter Näherung sind die meisten technischen Gase in nichtextremen Bedingungen „kalorisch ideale" Gase.

### 5.2.3 GIBBS-Fundamentalgleichung

Die **GIBBS[18]-Fundamentalgleichung** stellt die Definitionsgleichung für die „spezifische Entropie" dar und lautet:

$$\boxed{\mathrm{d}u_s + p\,\mathrm{d}v_s = T\,\mathrm{d}S} \tag{5.4}$$

mit

$v_s$ spezifisches Volumen in m³/kg (Kehrwert der Dichte $\rho$) und

$S$ spezifische Entropie (Zustandsgröße) in $\mathrm{m^2/s^2\,K}$.

Gleichung (5.4) wird **Erster Hauptsatz der Thermodynamik** genannt.
Die Spezialisierung auf ein thermisch ideales Gas ergibt mit Gl. (5.1):

$$p\,v_s = R\,T = \frac{p}{\rho} \;\rightarrow\; v_s = R\,\frac{T}{p} \text{ und nach T abgeleitet:}$$

---

[18] GIBBS, Josiah Willard (1839-1903). Nordamerikanischer Physiker und Mathematiker, geb. in New Haven (Connecticut), gest. ebd., 1871 Professor in Yale für mathematische Physik, begründete die neuzeitliche Thermodynamik und statistische Mechanik in zahlreichen Veröffentlichungen.

$$\mathrm{d}v_{\mathrm{s}} = R\,\frac{\mathrm{d}T\,p - \mathrm{d}p\,T}{p^2} \quad \text{und}$$

$$T\,\mathrm{d}S = c_{\mathrm{v}}\,\mathrm{d}T + R\,p\,\frac{p\,\mathrm{d}T - T\,\mathrm{d}p}{p^2}.$$

Nach Integration über die Zustandsgröße

$$\mathrm{d}S = c_{\mathrm{p}}\,\frac{\mathrm{d}T}{T} - R\,\frac{\mathrm{d}p}{p}\,\mathrm{d}S$$

folgt die **spezifische Entropie** zu:

$$\boxed{S = S_0 + c_{\mathrm{p}}\,\ln\frac{T}{T_0} - R\ln\frac{p}{p_0}} \qquad (5.5)$$

mit $s_0$, $T_0$ und $p_0$ als Referenzgrößen.

Bei stationären Strömungen ohne Wärmeaustausch (adiabate Strömungen) kann $S$ längs eines Stromfadens (1) – (2) nicht abnehmen, d.h.:

$S_2 - S_1 > 0$ adiabate Strömungen,

$S_2 - S_1 = 0$ isentrope Strömungen bzw. adiabat-reversible Strömungen.

So gilt allgemein für diese Strömungsart:

$\boxed{S_2 - S_1 \geq 0}$, auch als **Zweiter Hauptsatz der Thermodynamik** genannt.

Die „Isentropengleichung" fordert $S_1 = S_2$, woraus folgt:

$$\boxed{\frac{p}{\rho^{\kappa}} = \mathrm{const}} \qquad (5.6)$$

oder ensprechend:

$$p\,v_{\mathrm{s}}^{\kappa} = \mathrm{const}\,.$$

Folgen Gase Gl. (5.1), so nennt man sie üblicherweise „thermisch ideal", folgen sie Gl. (5.6) „kalorisch ideal". Die meisten technischen Gase sind thermisch und kalorisch ideale Gase.

# 5.3 Schallausbreitung

## 5.3.1 Schallausbreitung in ruhenden Fluiden

Ein Lautsprecher sendet, wie in **Bild 5.1** gezeigt, Schallwellen in ein Rohr von konstantem Querschnitt $A$. In dem Rohr befinden sich ein Gas des mittleren Drucks $\overline{p}$ und der mittleren Dichte $\overline{\rho}$. Bei $x = 0$ wird eine über $A$ konstante Druckstörung $p'$ erzeugt. $p'$ zieht eine entsprechende Dichtestörung $\rho'$ und Geschwindigkeitsstörung $v'$ nach sich. **Bild 5.1** zeigt exemplarisch, wie sich $p', \rho', v'$ mit der Zeit verhalten könnten.

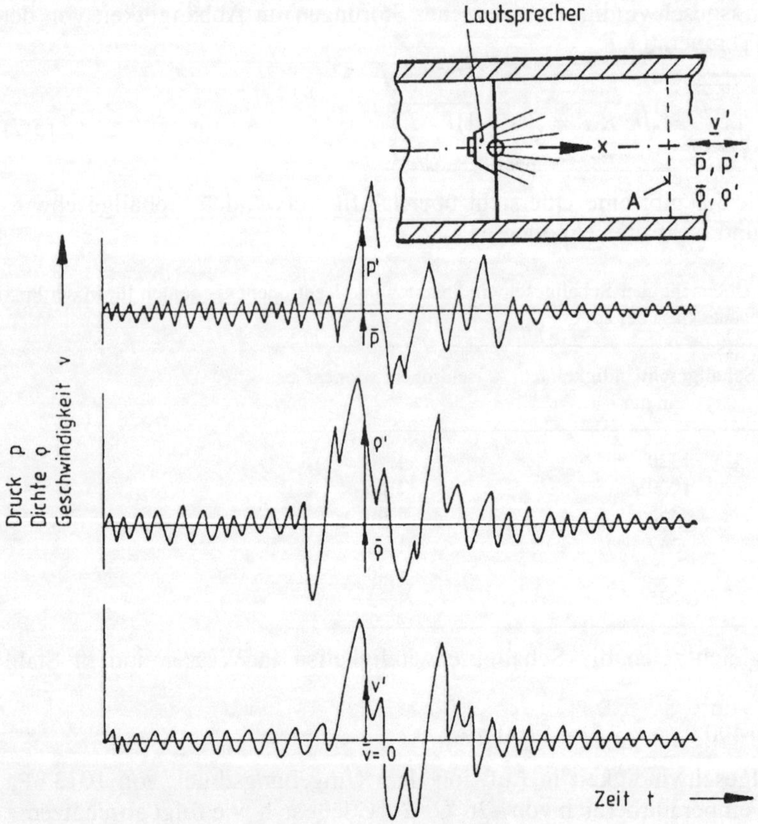


**Bild 5.1.** Zeitliche Druck-, Dichte- und Geschwindigkeitsverteilung in einem Rohr, das von einem Lautsprecher beschallt wird

Druck $p$, Dichte $\rho$ und Geschwindigkeit $v$ werden aufgeteilt in zeitliche Mittelwerte (überstrichen) und in Schwankungsgrößen (apostrophiert):

$$\boxed{\begin{aligned} p(x,t) &= \overline{p} + p'(x,t), & \overline{p} &= \text{const}, \\ \rho(x,t) &= \overline{\rho} + \rho'(x,t), & \overline{\rho} &= \text{const}, \\ v(x,t) &= \overline{v} + v'(x,t), & \overline{v} &= 0. \end{aligned}}$$

Die Schwankungsgrößen seien klein im Vergleich zu den zeitlichen Mittelwerten:

$$\boxed{p' << \overline{p}, \quad \rho' << \overline{p}, \quad v' \approx 0}\,.$$

Diese Zusammenhänge stellen die Definition einer „schwachen Störung" dar. Nach Anwendung der Kontinuitätsgleichung (2.3), der EULER-Bewegungsgleichung (3.1) und der Isentropengleichung (5.6) folgt eine für die Gasdynamik wichtige Beziehung für die **Schallgeschwindigkeit** $a$ (akustisch, isentrope Ausbreitungsgeschwindigkeit schwacher Störungen) in Abhängigkeit von der absoluten Temperatur $T$:

$$\boxed{a(T) = \sqrt{\kappa \frac{\overline{p}}{\rho}} = \sqrt{\kappa\, R\, T} = \sqrt{(\kappa - 1)\, c_{\mathrm{p}}\, T}}\,. \tag{5.7}$$

Die Tabelle 5.1 gibt eine Übersicht über häufig verwendete Schallgeschwindigkeiten und Isentropenexponenten.

**Tabelle 5.1.** Übersicht über Schallgeschwindigkeiten und Isentropenexponenten für in der Praxis häufig verwendete Gase bei 25°C

| Gas | Schallgeschwindigkeit $a$ in m/s | Isentropenexponent $\kappa$ |
|---|---|---|
| $H_2$ | 1320 | 1,40 |
| He | 1020 | 1,66 |
| $N_2$ | 355 | 1,40 |
| Luft | 347 | 1,40 |
| $O_2$ | 322 | 1,40 |
| $CO_2$ | 275 | 1,33 |

Zum Vergleich seien die Schallgeschwindigkeiten in Wasser und in Stahl angegeben:

$a_{\text{Wasser}} = 1400$ m/s, $a_{\text{Stahl}} = 5100$ m/s.

Die Schallgeschwindigkeit in Luft mit dem Umgebungsdruck von 1013 hPa und dem Temperaturbereich von –20°C...20°C läßt sich wie folgt abschätzen:

$$a_{\text{Luft}} = 331{,}3 + 0{,}6\,T$$

mit a in m/s und $T$ in °C.

## 5.3.2
## Schallausbreitung in bewegten Fluiden

In **Bild 5.2** ist, ausgehend von der Schallausbreitung in ruhendem Gas, die kugelförmige Ausbreitung der von einer ortsfesten Störquelle P erzeugten Druckstörung in einer von links nach rechts verlaufenden Luftströmung der Geschwindigkeit $v$ gezeigt. Im Gegensatz zum Ruhefall bilden die Störfronten nichtkonzentrische Kugeln, deren Mittelpunkt mit der Geschwindigkeit $v$ abschwimmen. Aus der Seglersprache stammen die in **Bild 5.2** verwendeten Begriffe Luvseite (dem Wind zugekehrte Seite) und Leeseite (dem Wind abgekehrte Seite). Das **Bild 5.2** zeigt außer dem Ruhefall drei charakteristische Strömungsfälle der Gasdynamik:

1. Die **Unterschallströmung** (subsonische Strömung) ist der häufigste technische Anwendungsfall. Auf der Luvseite der Störquelle liegen die Störfronten dichter als auf der Leeseite. Ein hieraus resultierender Effekt ist unter dem Namen DOPPLER[19]-Effekt bekannt. Hierzu seien folgende Beispiele gegeben:
   - Der Hupton eines herannahenden Autos erscheint höher als der Hupton des sich entfernenden Autos.
   - Die Laser-DOPPLER-Velozimetrie (LDV) und Ultraschall-Velozimetrie nutzen diesen Effekt zur Geschwindigkeitsmessung mit Laserstrahlen bzw. Schall. Auch verschiedene Navigationsverfahren nutzen den DOPPLER-Effekt mit Laser und Ultraschall.
2. Die **schallnahe** (transsonische) Strömung ist in der Regel ein schnell zu durchfahrender Strömungszustand, da er u.U. durch Vibrationen Schäden an Bauteilen hervorruft. Es ist wichtig festzustellen, daß sich keine Druckstörungen stromauf fortpflanzen.
3. Die **Überschallströmung** (supersonische bzw. hypersonische Strömung) zeigt die interessante Erscheinung, daß sich die Störfronten nur innerhalb eines Kegels, des sogenannten MACH[20]-Kegels, ausbreiten.

Für den MACH-Kegel lassen sich folgende Beziehungen herstellen:

$$\boxed{\sin\alpha = \frac{a\,t}{v\,t} = \frac{a}{v} = \frac{1}{Ma}}$$ mit der sogenannten **MACH-Zahl**:

$$\boxed{Ma = \frac{v}{a} = \frac{1}{\sin\alpha}} \,. \tag{5.8}$$

[19] DOPPLER, Christian Johann (1803-1853), geb. in Salzburg, gest. in Venedig. Der österreichische Physiker und Mathematiker war Dozent und später Professor in Prag, Chemnitz und Wien. 1842 formulierte er den an sich nähernden und sich entfernenden Lokomotiven akustisch nachgewiesenen Effekt der Frequenzanhebung bzw. Frequenzabsenkung. 1846 erweiterte er diese Theorie auch auf die Optik.

[20] MACH, s.S.113

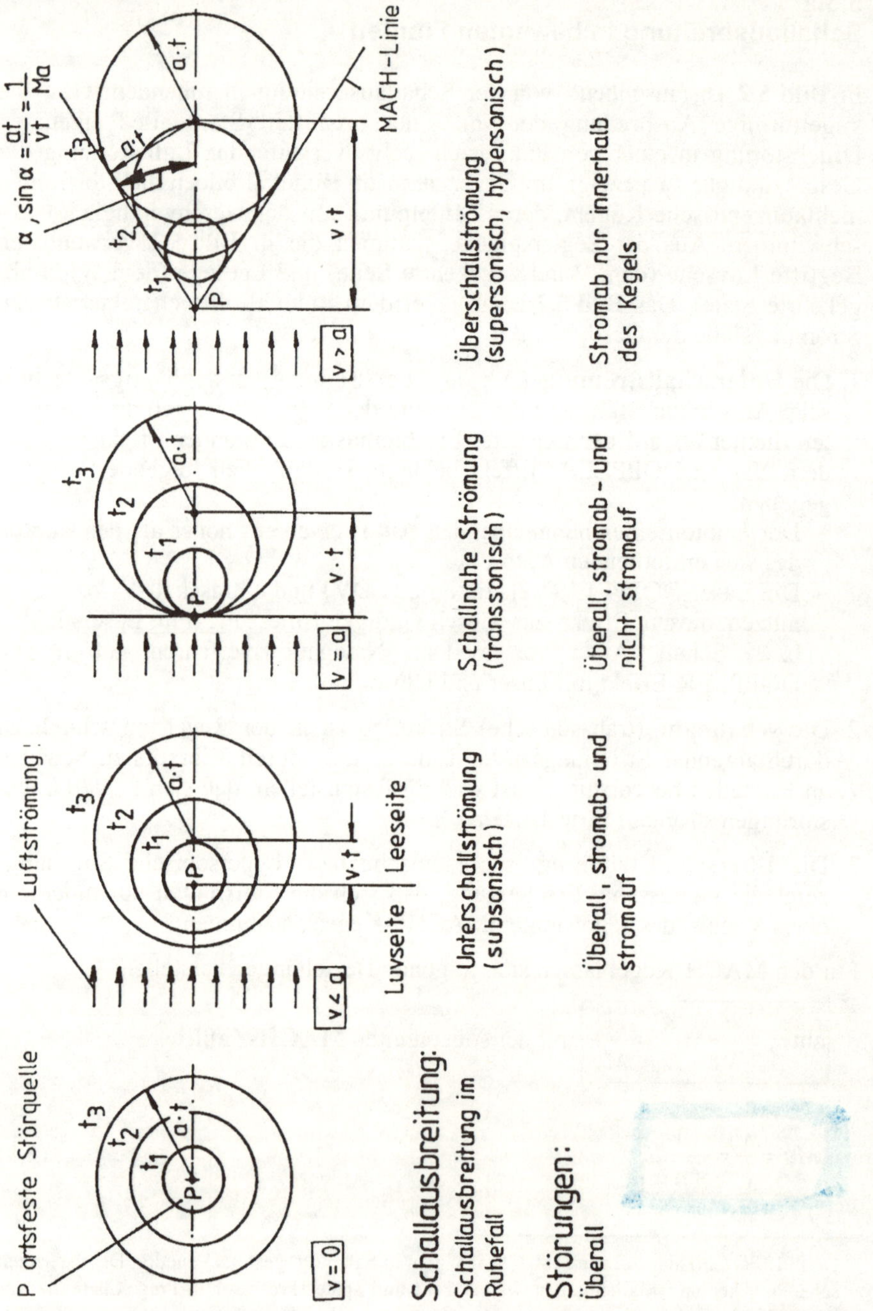


**Bild 5.2.** Zur Schallausbreitung im Ruhefall, subsonischen, transsonischen und supersonischen (hypersonischen) Fall

Die MACH-Zahl ist definiert als die dimensionslose Strömungsgeschwindigkeit, relativiert mit der örtlichen Schallgeschwindigkeit Gl. (5.7). So können die im **Bild 5.2** angegebenen Strömungszustände auch wie folgt definiert werden:

- Ruhendes Gas $Ma = 0$,
- Unterschallströmung $Ma < 1$,
- Schallnahe Strömung $Ma = 1$ und
- Überschallströmung $Ma > 1$.

Die Kegelmantellinien des MACH-Kegels heißen **MACH-Linien**. Hier muß noch eine Bemerkung zur Versuchstechnik zur Erzeugung der MACH-Linien angefügt werden: das Bild des MACH-Kegels ergibt sich auch, wenn das Gas ruht und die Störquelle P mit der Geschwindigkeit $v$ von rechts nach links bewegt wird. Es kommt offensichtlich nur auf die Relativbewegung zwischen dem Gas und der Störquelle an. Für kleine Werte der MACH-Zahl (in der Technik üblicherweise $Ma < 0{,}4$) ist der Einfluß der Gaskompressibilität vernachlässigbar klein. Man kann solche Strömungen wie für ein inkompressibles Fluid berechnen (Windturbinenströmungen, Ventilatorströmungen, etc.).

Die MACH-Zahl spielt auch eine große Rolle in der Versuchstechnik. Reibungsfreie Strömungen kompressibler Fluide können dynamisch ähnlich abgebildet werden, wenn die MACH-Zahl $Ma$ und der Isentropenkoeffizient $\kappa$ in der Großausführung (G) und in der Modellausführung (M) übereinstimmen. Die Modellähnlichkeit für Strömungen reibungsfreier, kompressibler Fluide lautet also:

$$M_G = M_M \text{ und } \kappa_G = \kappa_M .$$

Im folgenden soll das unangenehme Phänomen des Überschallknalls von supersonischen Flugzeugen kurz gestreift werden. Wie aus **Bild 5.3** ersichtlich, wird die betroffene Person von den MACH-Linien eines mit Überschall (v > a) fliegenden Flugzeugs mit der Fluggeschwindigkeit $v$ überstrichen. Die Doppelwelle erscheint aufgrund der Strömungsverhältnisse am Flugzeugbug und –heck. Das Ohr registriert hierbei etwa den im **Bild 5.3** angedeuteten Druckverlauf mit Spitzen von teilweise mehr als 1 mbar (Fensterscheiben-Berstdruck). Die Krümmung der Druckwellen ist auf Beugungseffekte an Dichteschichtungen zurückzuführen. Der Überschallknall wird sich in der angegebenen Form zeigen, wenn die Druckwellen unter einem Winkel von nahezu 90° auf die Erde treffen. Dieser Fall ist immer gegeben, wenn das Flugzeug die Schallgeschwindigkeit überschreitet (Durchstoßen der Schallmauer). Es ist bekannt, daß das Passagierflugzeug Concorde aus diesem Grund erst über unbewohntem Gebiet, z.B. über dem Atlantik, die Überschallgeschwindigkeit erreichen darf.

---

[20] MACH, Ernst (1838-1916), geb. in Chirlitz bei Brünn, gest. in Vaterstetten bei Wien. Der österreichische Mathematiker, Physiker und Philosoph war Professor für Mathematik und Physik in Graz und Prag, ab 1895 für Philosophie in Wien. Er arbeitete über Wellentheorie (DOPPLER-

Effekt), Kurzzeitphotographie, Überschallströmungen, Optik und Sinnesphysiologie. SeinEmpiriokritizismus beeinflußte stark die damalige Philosophie.

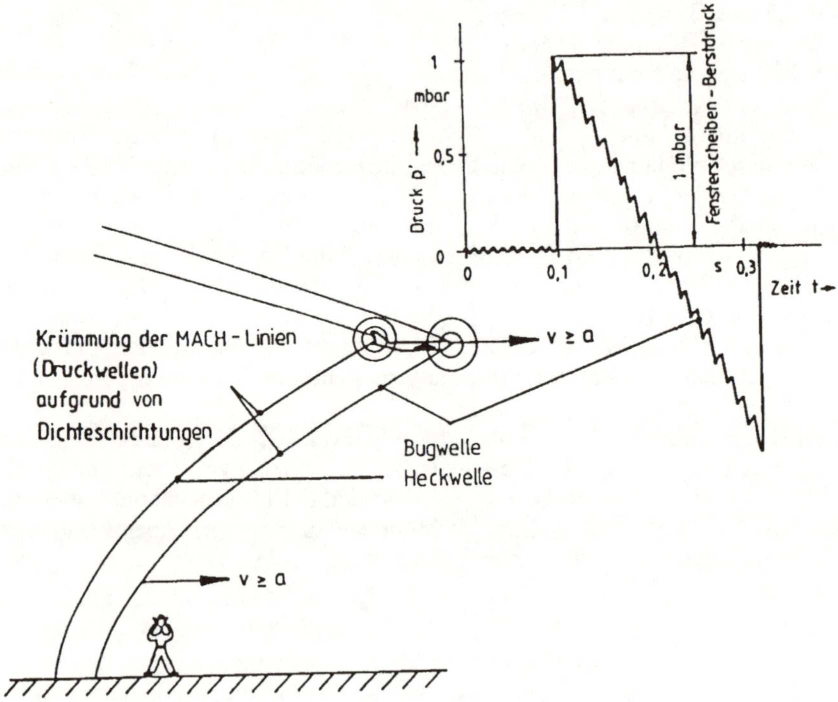


**Bild 5.3.** Zeitlicher Druckverlauf beim Passieren einer Druckwelle

## 5.4 Erster Hauptsatz der Thermodynamik für einen Stromfaden

Im **Bild 5.4** ist der Stromfaden in der Strömung eines kompressiblen Fluids dargestellt. Die Bezeichnungen entsprechen denen in den vorhergehenden Kapiteln 3 und 4. Im folgenden sollen sechs Formulierungen des ersten Hauptsatzes der Thermodynamik, angepaßt an den Stromfaden, vorgestellt werden. Geht man von der Grundformulierung aus, die besagt, daß die zeitliche Änderung der inneren und kinetischen Energie der zugeführten Leistung und dem zugeführten Wärmestrom entspricht, so lautet die erste Formulierung:

$$\frac{d(U+K)}{dt} = P + \dot{Q}_{zu} \tag{5.9}$$

mit

| | |
|---|---|
| $U$ | innere Energie, |
| $K$ | kinetische Energie, |
| $P$ | Leistung der äußeren Kräfte auf den Stromfaden, |
| $\dot{Q}_{zu}$ | Wärmestrom, von außen dem Stromfaden zugeführt und |
| $\frac{d(U+K)}{dt}$ | zeitliche Änderung von $(U+K)$ des Stromfadens mit: |

$$U = \int_{(V)} \rho \, u_s \, dV \quad \text{in N m und}$$

$$K = \int_{(V)} \rho \frac{v^2}{2} \, dV \quad \text{in N m.}$$

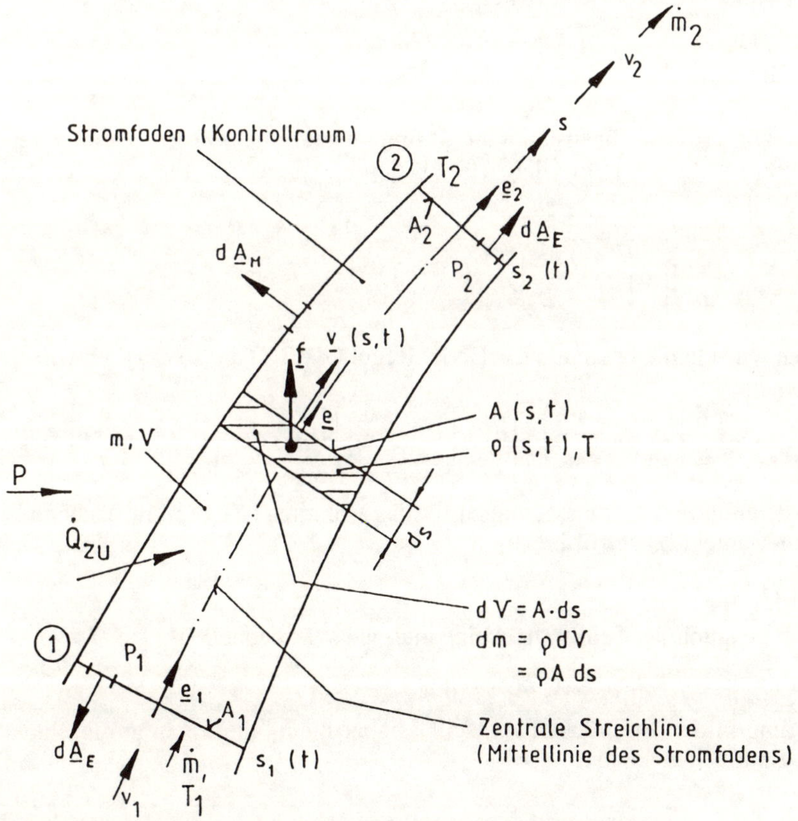


**Bild 5.4.** Zum ersten Hauptsatz der Thermodynamik für einen Stromfaden

Hieraus ergibt sich durch Einsetzen sofort die **zweite Formulierung**:

$$\underbrace{\frac{\mathrm{d}}{\mathrm{d}t}\int\limits_{(V)}\rho\left(u_s+\frac{v^2}{2}\right)\mathrm{d}V}_{1}=\underbrace{\int\limits_{(V)}\underline{v}\,\rho\,\underline{f}\,\mathrm{d}V}_{2}-\underbrace{\int\limits_{(A_{M,E})}\underline{v}\,p\,\mathrm{d}V}_{3}+\underbrace{\dot{Q}_{\mathrm{zu}}}_{4} \tag{5.10}$$

mit

$$\frac{\mathrm{d}}{\mathrm{d}t}\int\limits_{(V)}\rho\left(u_s+\frac{v^2}{2}\right)\mathrm{d}V=\frac{\mathrm{d}(U+K)}{\mathrm{d}t}\quad\text{und}$$

$$\int\limits_{(V)}\underline{v}\,\rho\,\underline{f}\,\mathrm{d}V-\int\limits_{(A_{\mathrm{M,E}})}\underline{v}\,p\,\mathrm{d}\underline{A}_{\mathrm{M,E}}=P\,.$$

Den einzelnen Termen kommt folgende Bedeutung zu:

1 Zeitliche Zunahme an innerer und kinetischer Energie im Stromfaden,
2 Leistung der Feldkräfte (Volumenkräfte),
3 Leistung der Druckkräfte (negativ wegen der Richtung von $\mathrm{d}\underline{A}_{\mathrm{M}}$ und $\mathrm{d}\underline{A}_{\mathrm{E}}$) und
4 Wärmestrom über die Oberfläche des Stromfadens.

Gleichung (5.10) gilt für instationäre Strömungen kompressibler, reibungsfreier Fluide. Ersetzen wir in Gl. (5.10) $\mathrm{d}V$ durch $A\,\mathrm{d}s$, so erhalten wir für den Stromfaden:

$$P+\dot{Q}_{\mathrm{zu}}=\frac{\mathrm{d}}{\mathrm{d}t}\int\limits_{s_1}^{s_2}\left[\rho\left(u_s+\frac{v^2}{2}\right)A\right]\mathrm{d}s\,.$$

Wenden wir nun die bekannte LEIBNIZ-Regel Gl. (3.8) an, so erhalten wir

$$P+\dot{Q}_{\mathrm{zu}}=\int\limits_{s_1}^{s_2}\frac{\partial}{\partial t}\left[\rho\left(u_s+\frac{v^2}{2}\right)A\right]\mathrm{d}s+\left(u_{s.2}+\frac{v_2^2}{2}\right)\rho_2 A_2 v_2-\left(u_{s.1}+\frac{v_1^2}{2}\right)\rho_1 A_1 v_1\,.$$

Es werden nun drei Voraussetzungen für das Volumen ($V$), die Endflächen ($E$) und den Mantel ($M$) getroffen:

1. $\left(P+\dot{Q}_{\mathrm{zu}}\right)_{\mathrm{V}}=0$, d.h.
   keine Leistung der Feldkräfte, keine internen Wärmequellen,
2. $\left(P+\dot{Q}_{\mathrm{zu}}\right)_{\mathrm{E}}=p_1\,A_1\,v_1-p_2\,A_2\,v_2$, d.h.
   Reibung in den Endflächen vernachlässigbar klein, aber nicht ausgeschlossen, Endflächen adiabat,

3. $\left(P + \dot{Q}_{\text{zu}}\right)_{\text{M}} = 0$, d.h.
kein Leistungs- und Wärmeaustausch über den Mantel (Mantel adiabat). So ergibt sich:

$$0 = P + \dot{Q}_{\text{zu}} = p_1\, A_1\, v_1\, \frac{\rho_1}{\rho_1} - p_2\, A_2\, v_2\, \frac{\rho_2}{\rho_2} = \dot{m}_1 \left(\frac{p}{\rho}\right)_1 - \dot{m}_2 \left(\frac{p}{\rho}\right)_2$$

$$= \dot{m}_1 \left(h_1 - u_{\text{s}.1}\right) - \dot{m}_2 \left(h_2 - u_{\text{s}.2}\right)$$

$$= \int_{s_1}^{s_2} \frac{\partial}{\partial t}\left[\rho\left(u_{\text{s}} + \frac{v^2}{2}\right) A\right] \text{d}s + \dot{m}_2 \left(u_{\text{s}.2} + \frac{v_2^2}{2}\right) - \dot{m}_1 \left(u_{\text{s}.1} + \frac{v_1^2}{2}\right).$$

Aus der letzten Gleichung folgt schließlich die **dritte Formulierung**:

$$\boxed{\int_{s_1}^{s_2} \frac{\partial}{\partial t}\left[\rho\left(u_{\text{s}} + \frac{v^2}{2}\right) A\right] \text{d}s + \dot{m}_2 \left(h_2 + \frac{v_2^2}{2}\right) - \dot{m}_1 \left(h_1 + \frac{v_1^2}{2}\right) = 0}\,. \tag{5.11}$$

Führen wir eine weitere Voraussetzung ein, daß die Strömung stationär sei, $\dot{m}_1 = \dot{m}_2 = \dot{m}$, so ergibt sich die **vierte Formulierung**:

$$\boxed{h_1 - h_2 = \frac{v_2^2}{2} - \frac{v_1^2}{2}} \tag{5.12}$$

und die **fünfte Formulierung** unter der Voraussetzung, daß es sich um ein thermisch und kalorisch ideales Gas handelt:

$$h_1 - h_2 = c_{\text{p}}\left(T_1 - T_2\right) = \frac{c_{\text{p}}}{\text{R}}\left(\frac{p_1}{\rho_1} - \frac{p_2}{\rho_2}\right) = \frac{c_{\text{p}}}{c_{\text{p}} - c_{\text{v}}}\left(\frac{p_1}{\rho_1} - \frac{p_2}{\rho_2}\right)$$

$$= \frac{\kappa}{\kappa - 1}\left(\frac{p_1}{\rho_1} - \frac{p_2}{\rho_2}\right) = \frac{v_2^2}{2} - \frac{v_1^2}{2}, \text{ woraus folgt}$$

$$\boxed{\frac{\kappa}{\kappa - 1}\,\frac{p_1}{\rho_1} + \frac{v_1^2}{2} = \frac{\kappa}{\kappa - 1}\,\frac{p_2}{\rho_2} + \frac{v_2^2}{2}}\,. \tag{5.13}$$

Gleichung (5.13) stellt die sogenannte **BERNOULLI-Gleichung der Gasdynamik** dar. Schließlich soll unter Verwendung folgender bekannter Beziehungen für die Schallgeschwindigkeit $a$, s. Gl. (5.7):

$$a^2 = \kappa\, \frac{p}{\rho}$$

die **sechste Formulierung** des ersten Hauptsatzes angegeben werden:

$$\boxed{\frac{a_1^2}{\kappa-1}+\frac{v_1^2}{2}=\frac{a_2^2}{\kappa-1}+\frac{v_2^2}{2}}. \tag{5.14}$$

Auch diese Gleichung ist unter dem Namen **BERNOULLI-Gleichung der Gasdynamik** bekannt. Zusammenfassend sollen die **Voraussetzungen** für die BERNOULLI-Gleichung der Gasdynamik angegeben werden:

1. Stromfadentheorie,
2. Thermisch und kalorisch ideales Gas,
3. Stationäre Strömung,
4. Adiabates System,
5. Reibleistungen zulässig, jedoch in vernachlässigbar kleiner Größenordnung gegenüber den Leistungen der Druckkräfte und
6. Keine Leistung der Feldkräfte.

Man beachte, daß keine Vorschrift über die Zustandänderung des Gases von der Eintrittsfläche (1) bis zur Austrittsfläche (2) des Stromfadens gemacht wird. Solche Zustandsänderungen können sein: isotherm, isochor, isobar oder isentrop.

## 5.5 Definition der Ruhegrößen und kritischen Größen

### 5.5.1 Ruhegrößen und Energieellipse

Unter Ruhegrößen versteht man die Zustandsgrößen des Gases im Stromfaden an einer Stelle (0), an der absolute Ruhe herrscht: $v_0 = 0\,\mathrm{m/s}$. Diese Stelle liegt, wie im **Bild 5.5** gezeigt, z.B. im Staupunkt eines Profils oder in einem Kessel.

Setzt man wieder voraus:

1. Stromfadentheorie,
2. Thermisch und kalorisch ideales Gas,
3. Stationäre Strömung,
4. Adiabates System

und wendet die BERNOULLI-Gleichung (5.14) auf den Stromfaden in Bild 5.5b an, so erhält man:

$$\frac{a_0^2}{\kappa-1}+\frac{v_0^2}{2}=\frac{a^2}{\kappa-1}+\frac{v^2}{2}. \tag{5.15}$$

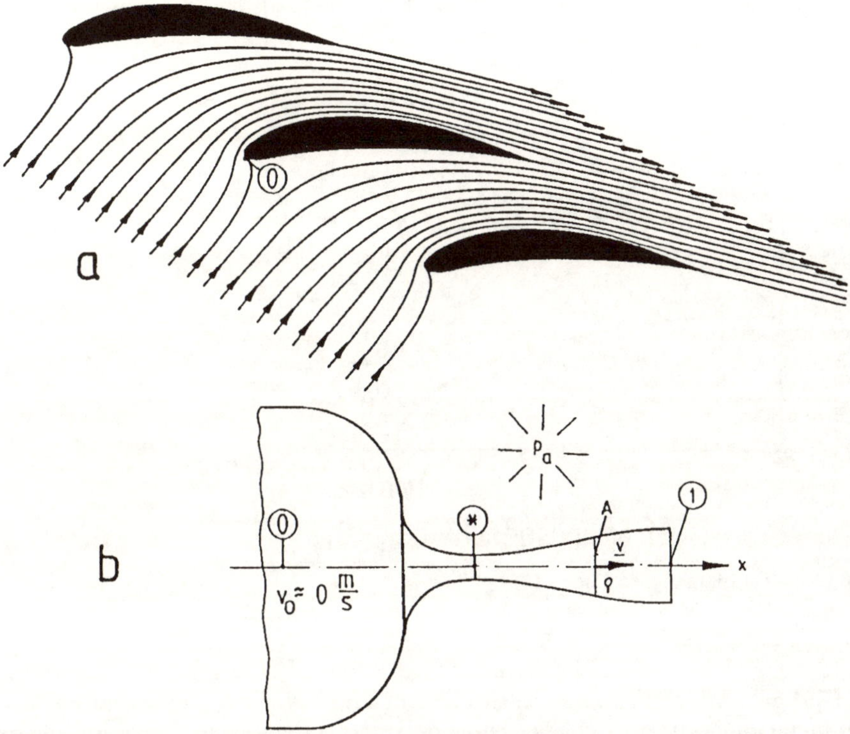


**Bild 5.5.** Auftreten von Ruhegrößen. a im Staupunkt eines Profils; b in einem Kessel

Gleichnung (5.15) wird in die Form der Ellipsengleichung wie folgt umgeformt:

$$\boxed{\frac{a^2}{a_0^2} + \frac{v^2}{\dfrac{2\,a_0^2}{\kappa - 1}} = 1} \tag{5.16}$$

vgl. Ellipsengleichung in **Bild 5.6**,

$$\boxed{\frac{a^2}{a_0^2} + \frac{v^2}{v_{max}^2} = 1}\;. \tag{5.17}$$

Der in Gl. (5.17) auftretende Wert

$$\boxed{v_{max}^2 = \frac{2\,a_0^2}{\kappa - 1}}$$

stellt das Quadrat der Geschwindigkeit dar, die maximal aus dem bestehenden Ruhezustand erzeugt werden kann. Es ist leicht zu zeigen, daß in diesem Falle die Temperatur bis auf den absoluten Nullpunkt und der Druck bis auf das absolute Vakuum absinken müssen.

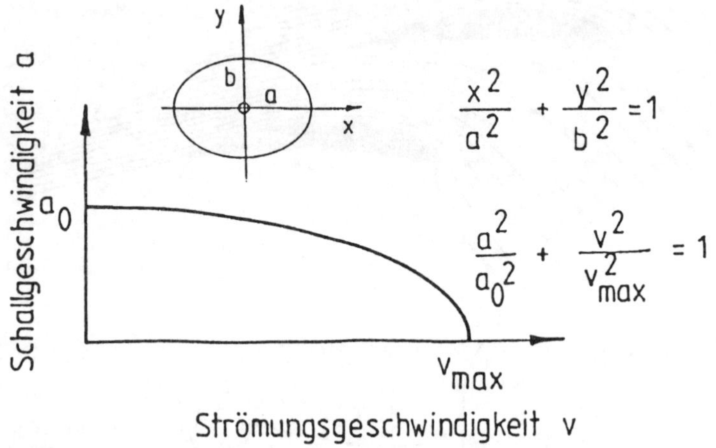


**Bild 5.6.** Zur Ellipsengleichung (5.16)

Gleichung (5.17) läßt sich anschaulich als sog. „Energieellipse" darstellen, s. **Bild 5.7**. Auf der Abzisse ist die Strömungsgeschwindigkeit $v$ und auf der Ordinate die örtliche Schallgeschwindigkeit $a$ aufgetragen. Die Ellipsenabschnitte sind auf der Abzisse $v_{max}$ und auf der Ordinate $a_0$.

Der Bereich $Ma < 1$ stellt die Unterschallströmung (subsonische Strömung) dar. Wie bekannt ist für $Ma < 0{,}4$ in der Technik das Fluid als inkompressibel anzusehen; der hieraus resultierende Fehler nimmt eine Größenordnung von maximal 8% an. Im Bereich um $Ma = 1$ spricht man von schallnaher (transsonischer) Strömung.

Schließlich teilt sich der Bereich von $Ma > 1$ in die Überschallströmung (supersonische Strömung) und in die Hyperschallströmung (hypersonische Strömung) auf. Letztgenannte Strömung findet sich nur im Bereich sehr hoher MACH-Zahlen (Ma > 5), wie sie z.B. beim Wiedereintreten von Raumflugkörpern in die Atmosphäre auftreten.

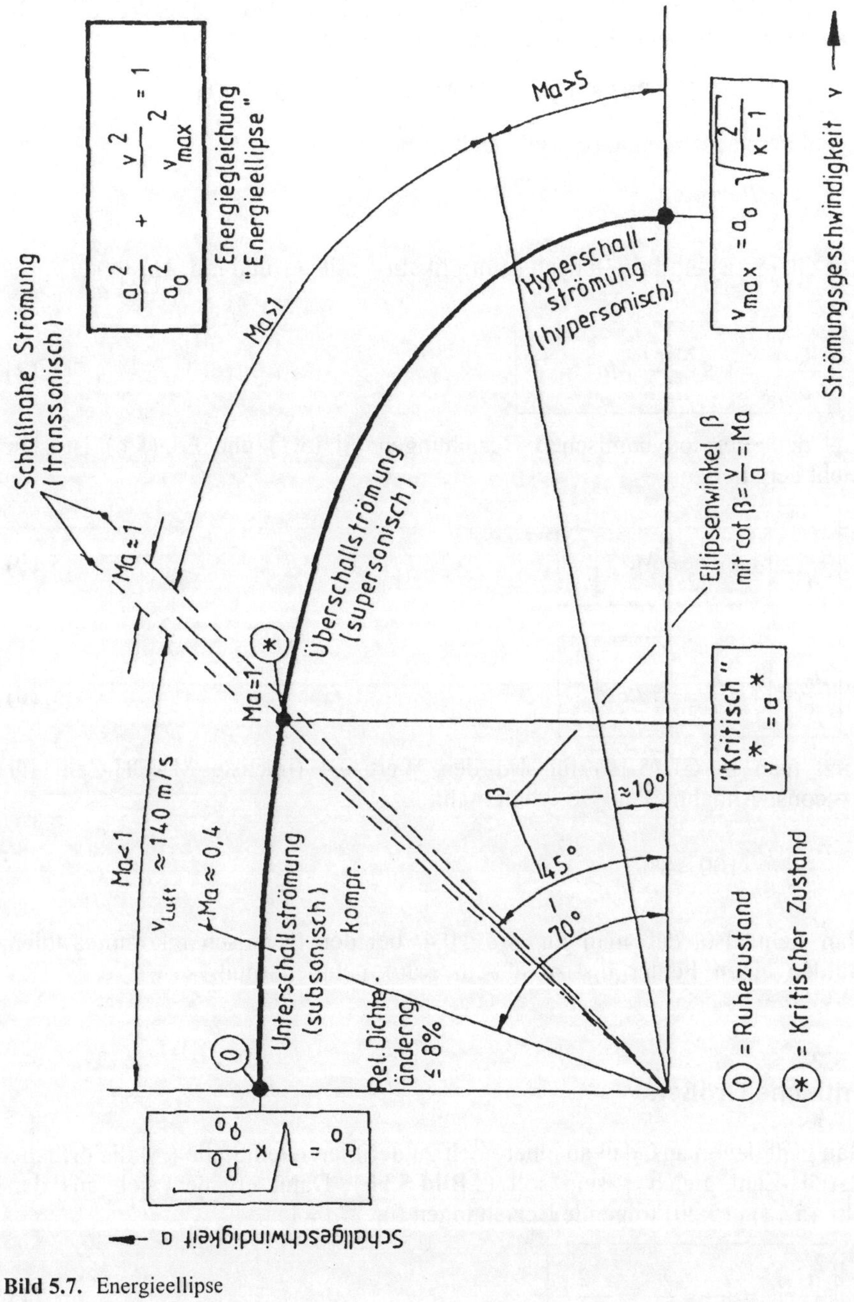


**Bild 5.7.** Energieellipse

Es ist festzustellen, daß $v_{max}$ je nach Ruhezustand relativ hohe Werte annehmen kann. Läßt man z.B. Luft mit den Ruhegrößen

$$p_0 = 1\,\text{bar}\,,\ T_0 = 293\,\text{K}\,,\ \rho_0 = 1{,}189\,\text{kg/m}^3\,,\ a_0 = 243\,\text{m/s}$$

in Vakuum ausströmen, so ergibt sich

$$v_{max} = 760\,\text{m/s}\,.$$

Aus Gl. (5.16) ergibt sich nach Multiplikation mit $a_0^2$ und mit $Ma = \frac{v}{a}$:

$$\boxed{\left(\frac{a_0}{a}\right)^2 = 1 + \frac{\kappa - 1}{2} Ma^2 = \frac{T_0}{T}}\,. \tag{5.18}$$

Aus den thermodynamischen Beziehungen Gl. (5.1) und Gl. (5.6) ist sehr leicht herzuleiten:

$$\boxed{\frac{\rho_0}{\rho} = \left[1 + \frac{\kappa - 1}{2} Ma^2\right]^{\frac{1}{\kappa - 1}}}\,, \tag{5.19}$$

$$\boxed{\frac{p_0}{p} = \left[1 + \frac{\kappa - 1}{2} Ma^2\right]^{\frac{\kappa}{\kappa - 1}}}\,. \tag{5.20}$$

Setzt man in Gl. (5.19) für $Ma$ den Wert 0,4 (höchste MACH-Zahl für $\rho$ = const-Annahme) ein, so erhält man:

$$\frac{\rho_0 - \rho}{\rho} \cdot 100 \approx 8\%\,.$$

Man sieht also, daß man für $Ma \le 0{,}4$ bei den technisch inkompressiblen Fluiden einen Fehler bis zu 8% in Kauf nehmen muß.

## 5.5.2 Kritische Größen

Man geht davon aus, daß an einer noch zu definierenden Stelle ( $*$ ) die örtliche MACH-Zahl gleich 1 sein soll (s. **Bild 5.5b**). Dann ergeben sich aus den Gln. (5.18)...(5.20) folgende Beziehungen für $Ma = 1$:

$$\boxed{\left(\frac{a^*}{a_0}\right)^2 = \frac{T^*}{T_0} = \frac{h^*}{h_0} = \frac{2}{\kappa + 1}}\,, \tag{5.21}$$

$$\boxed{\frac{\rho^*}{\rho_0} = \left(\frac{2}{\kappa+1}\right)^{\frac{1}{\kappa-1}}}, \tag{5.22}$$

$$\boxed{\frac{p^*}{p_0} = \left(\frac{2}{\kappa+1}\right)^{\frac{\kappa}{\kappa-1}}}. \tag{5.23}$$

Es fällt auf, daß die kritischen Größen nur noch eine Funktion des Isentropenexponenten $\kappa$ sind. Für das technische wichtigste gasdynamische Fluid, die Luft, sollen die Werte für $\kappa = 1{,}4$ angegeben werden:

$$\boxed{\frac{p^*}{p_0} = 0{,}528}, \quad \frac{\rho^*}{\rho_0} = 0{,}634, \quad \frac{a^*}{a_0} = \sqrt{0{,}833} = 0{,}913.$$

## 5.6 Isentropes Ausströmen aus einem Druckkessel

Wie im **Bild 5.8** gezeigt, soll ein Gas aus der Öffnung (1) eines kugeligen Druckbehälters entweichen. Die Öffnung habe eine sehr kleine Größenordnung und es befinde sich **kein** Mündungsrohr an dieser Öffnung; so wird das Gas nach Verlassen des Öffnungsquerschnitts (1) sofort den Umgebungsdruck $p_a$ annehmen.
Im folgenden soll ein Beispiel analytisch behandelt werden.

**Analytisches Beispiel**:
*Gegeben*:
1. Ruhedruck $p_0$,
2. Druck im Öffnungsquerschnitt $p_1 = p_a$,
3. Ruheschallgeschwindigkeit $a_0$ und
4. Isentropenexponent $\kappa$.

*Vorausgesetzt*:
1. Stationäre Strömung,
2. Isentrope Strömung,
3. Thermisch und kalorisch ideales Gas,
4. Feldkräfte vernachlässigbar klein und
5. $v_0 = 0$ m/s.

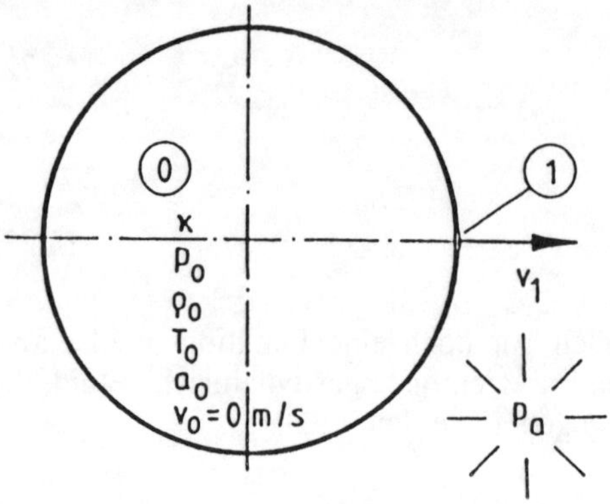


**Bild 5.8.** Isentropes Ausstömen aus einem Druckkessel. (0) Druckkessel; (1) Ausströmöffnung

*Gesucht*:
Auströmgeschwindigkeit $v_1$ für
1. Quasi-inkompressibles Fluid ( $Ma \leq 0{,}4$ ) und
2. Kompressibles Fluid ( $Ma > 0{,}4$ ).

*Lösung*:
Anwendung der BERNOULLI-Gleichungen (3.3) und (5.13).

1. **Quasi-inkompressibles Fluid.** Die Anwendung der Gl. (3.3), jedoch ohne die Glieder für die instationäre Strömung und den Einfluß des Erdschwerefeldes, liefert:

$$\frac{p_0}{\rho} = \frac{p_1}{\rho} + \frac{v_1^2}{2}.$$

Für $\rho = \rho_0$ folgt:

$$v_1 = \sqrt{2\,\frac{p_0 - p_1}{\rho_0}} = \sqrt{2\,\frac{p_0}{\rho_0}\left(1 - \frac{p_1}{p_0}\right)}$$

und mit $a_0^2 = \kappa\,\dfrac{p_0}{\rho_0}$

$$\boxed{\left(\frac{v_1}{a_0}\right)_{\text{inkompr}} = \sqrt{\frac{2}{\kappa}}\sqrt{1 - \frac{p_1}{p_0}}}\,. \qquad (5.24)$$

**2. Kompressibles Fluid**. Die Gl. (5.13) liefert:

$$\frac{\kappa}{\kappa-1}\frac{p_0}{\rho_0}=\frac{\kappa}{\kappa-1}\frac{p_1}{\rho_1}+\frac{v_1^2}{2}\ .$$

Für $\frac{p_0}{\rho_0^\kappa}=\frac{p_1}{\rho_1^\kappa}$ folgt die Gleichung von SAINT-VENANT und WANTZEL:

$$\boxed{\left(\frac{v_1}{a_0}\right)_{kompr}=\sqrt{\frac{2}{\kappa-1}}\sqrt{1-\left(\frac{p_1}{p_0}\right)^{\frac{\kappa-1}{\kappa}}}}\ . \tag{5.25}$$

Der Verlauf der Funktionen $\frac{v_1}{a_1},\left(\frac{v_1}{a_1}\right)_{\text{kompr}}$ und $\left(\frac{v_1}{a_0}\right)_{\text{inkompr}}$ in Abhängigkeit von $p_a\,/\,p_0$ ist im **Bild 5.9** dargestellt.

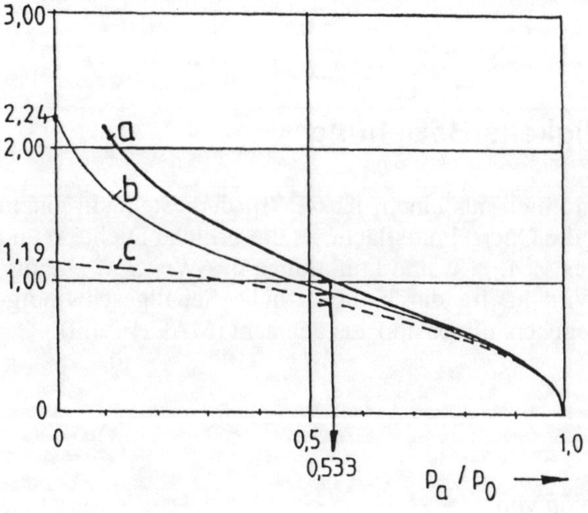


**Bild 5.9.** Geschwindigkeitsverläufe über dem Druckverhältnis $\frac{p_a}{p_0}$ für verschiedene Randbedingungen. a $Ma_1=\frac{v_1}{a_1}$; b $\left(\frac{v_1}{a_0}\right)_{\text{kompr}}$; c $\left(\frac{v_1}{a_0}\right)_{\text{inkompr}}$

**Zahlenbeispiel**:

Mit→ $\frac{p_1}{p_0}=0{,}533$, $\kappa=1{,}4$, $R=287\ \text{m}^2/\text{s}^2\text{K}$ und $T_0=293\ \text{K}$ folgt:

$$a_0 = \sqrt{\kappa\, R\, T_0} = 343\ \mathrm{m/s}\,.$$

Weiter ergibt sich:

$$\left(\frac{v_1}{a_0}\right)_{\mathrm{inkompr}} = 0{,}817 \text{ und } \left(\frac{v_1}{a_0}\right)_{\mathrm{kompr}} = 0{,}907\,, \text{ woraus folgt } v_1 = 311\ \mathrm{m/s}\,.$$

Gleichung. (5.15) liefert $a_1 = 314\ \mathrm{m/s}$ und schließlich

$$Ma_1 = \frac{v_1}{a_1} = 0{,}981\,.$$

Beim Ausströmen ins Vakuum, Gl. (5.25) mit $\dfrac{p_a}{p_0} = 0$ folgt:

$$\left(v_{1.\max}\right)_{\mathrm{kompr}} = a_0\,\sqrt{\frac{2}{\kappa - 1}} = 768\ \mathrm{m/s} \text{ und}$$

$$\left(v_{1.\max}\right)_{\mathrm{inkompr}} = a_0\,\sqrt{\frac{2}{\kappa}} = 410\ \mathrm{m/s}\,.$$

## 5.7 Flächen-Geschwindigkeits-Beziehung

Im **Bild 5.10** ist der Ausströmteil aus einem Kessel (0) dargestellt. In einem beliebigen Querschnitt sei die Querschnittsfläche $A$, die örtliche Dichte $\rho$ und die örtliche Geschwindigkeit $v$. $A$, $\rho$, $v$ sind Funktionen des Weges $x$. Die örtliche Geschwindigkeit $v$ wird häufig durch die örtliche Schallgeschwindigkeit $a$, wie in Gl. (5.7) angegeben, dimensionslos gemacht (MACH-Zahl):

$$\boxed{Ma = \frac{v}{a}}\,.$$

$Ma$ ist ebenfalls eine Funktion von $x$.

Im folgenden soll die Flächen-Geschwindigkeits-Beziehung hergeleitet werden.

*Gegeben*:

$A(x),\ Ma(x)$.

*Vorausgesetzt*:

1. Stationäre Strömung,
2. Isentrope Strömung,
3. Thermisch und kalorisch ideales Gas und
4. Gewichtskraft gegenüber Druckkraft vernachlässigbar klein.

*Gesucht*:
Flächen-Geschwindigkeits-Beziehung

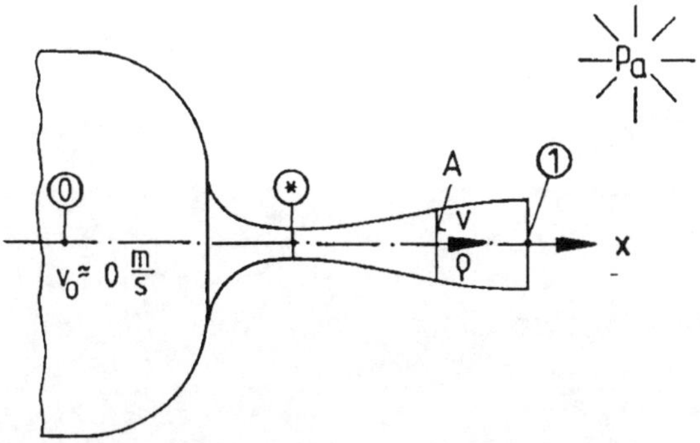


**Bild 5.10.** Stromfaden zur Herleitung der Flächen-Geschwindigkeits-Beziehung

*Lösung*:

1) Kontinuitätsgleichung, Gl (3.9):

$\boxed{\dot{m} = \rho\, A\, v = \text{const}}$, $\rho(x)\, A(x)\, v(x) = \text{const}$. Diese Gleichung wird logarithmiert und nach x differenziert, woraus folgt:

$\ln \rho(x) + \ln A(x) + \ln v(x) = \text{const}$, $\frac{1}{\rho}\frac{\mathrm{d}\rho}{\mathrm{d}x} + \frac{1}{A}\frac{\mathrm{d}A}{\mathrm{d}x} + \frac{1}{v}\frac{\mathrm{d}v}{\mathrm{d}x} = 0 \mid \cdot \mathrm{d}x$ und

$$\boxed{\frac{\mathrm{d}\rho}{\rho} + \frac{\mathrm{d}A}{A} + \frac{\mathrm{d}v}{v} = 0}\,. \tag{5.26}$$

2) BERNOULLI-Gleichung der Gasdynamik, Gl. (5.13):

$\frac{\kappa}{\kappa - 1}\frac{p}{\rho} + \frac{v^2}{2} = \text{const}$. Diese Gleichung wird differenziert:

$\frac{\kappa}{\kappa - 1}\frac{\frac{\mathrm{d}p}{\mathrm{d}x}\rho - \frac{\mathrm{d}\rho}{\mathrm{d}x}p}{\rho^2} + \frac{2\,v}{2}\frac{\mathrm{d}v}{\mathrm{d}x} = 0$. Umformungen ergeben:

$\frac{\kappa}{\kappa - 1}\frac{\mathrm{d}p\,\rho - \mathrm{d}\rho\, p}{\rho^2} + v\,\mathrm{d}v = 0$ ,

$\frac{\kappa}{\kappa - 1}\left(\frac{\kappa\, p}{\rho}\frac{\mathrm{d}p}{p} - \frac{\kappa\, p}{\rho}\frac{\mathrm{d}\rho}{\rho}\right) + v^2\,\frac{\mathrm{d}v}{v} = 0$ und mit $a^2 = \frac{\kappa\, p}{\rho}$:

$\frac{a^2}{\kappa - 1}\left(\frac{dp}{p} - \frac{d\rho}{\rho}\right) + v^2 \frac{dv}{v} = 0$. Diese Gleichung wird mit $\frac{1}{v^2}$ multipliziert,

und es folgt mit $Ma = \frac{v}{a}$:

$$\boxed{\frac{1}{Ma^2(\kappa - 1)}\left(\frac{dp}{p} - \frac{d\rho}{\rho}\right) + \frac{dv}{v} = 0} . \tag{5.27}$$

3) Isentropengleichung, Gl. (5.6):

$\frac{p}{\rho^\kappa} = \text{const}$. Die Logarithmierung liefert: $\ln p - \kappa \ln \rho = \text{const}$, die Differentiation nach x:

$\frac{1}{p}\frac{dp}{dx} - \kappa \frac{1}{\rho}\frac{d\rho}{dx} = 0$, $\frac{dp}{p} - \kappa \frac{d\rho}{\rho} = 0$ und

$$\boxed{\frac{dp}{p} = \kappa \frac{d\rho}{\rho}} . \tag{5.28}$$

Mit steigender Dichte $\rho$ steigt der Druck $p$, kurz:

$\rho \uparrow, p \uparrow$, Verstärkungsfaktor $\kappa$.

4) Gl. (5.28) in Gl. (5.27) eingesetzt ergibt:

$\frac{1}{Ma^2(\kappa - 1)} \frac{d\rho}{\rho}(\kappa - 1) = -\frac{dv}{v}$ und damit:

$$\boxed{\frac{d\rho}{\rho} = -Ma^2 \frac{dv}{v}} . \tag{5.29}$$

Mit steigender Geschwindigkeit $v$ fällt die Dichte $\rho$, kurz:

$v \uparrow, \rho \downarrow$, Verstärkungsfaktor $Ma^2$.

5) Gl. (5.29) in Gl. (5.26) eingesetzt ergibt schließlich:

$$\boxed{\frac{dA}{A} = \left(Ma^2 - 1\right) \frac{dv}{v}} . \tag{5.30}$$

Gleichung (5.30) trägt den Namen **Flächen-Geschwindigkeits-Beziehung**. Die bisher entwickelten Formeln lassen einige interessante Schlüsse auf die Temperaturentwicklung bei Geschwindigkeits- und Druckänderungen zu. Setzt man Gl. (5.28) in Gl. (5.29) ein, so folgt:

$$\boxed{\frac{\mathrm{d}p}{p} = -\kappa\, Ma^2\, \frac{\mathrm{d}v}{v}}\,. \tag{5.31}$$

Mit steigender Geschwindigkeit $v$ fällt der Druck $p$, kurz:

$v\uparrow, p\downarrow$ , Verstärkungsfaktor $\kappa\, Ma^2$.

Mit der thermischen Zustandsgleichung (5.1) folgt:

$\frac{p}{\rho T} = R$ und logarithmiert: $\ln p - \ln \rho - \ln T = \text{const}$ . Diese Gleichung wird differenziert, woraus folgt:

$$\frac{1}{p}\frac{\mathrm{d}p}{\mathrm{d}x} - \frac{1}{\rho}\frac{\mathrm{d}\rho}{\mathrm{d}x} - \frac{1}{T}\frac{\mathrm{d}T}{\mathrm{d}x} = 0\,, \quad \frac{\mathrm{d}p}{p} - \frac{\mathrm{d}\rho}{\rho} - \frac{\mathrm{d}T}{T} = 0 \text{ und mit Gl. (5.28):}$$

$$\frac{\mathrm{d}T}{T} = \frac{\mathrm{d}\rho}{\rho}(\kappa - 1) \text{ und mit Gl. (5.29):}$$

$$\boxed{\frac{\mathrm{d}T}{T} = -(\kappa - 1)\, Ma^2\, \frac{\mathrm{d}v}{v}}\,. \tag{5.32}$$

Mit steigender Geschwindigkeit $v$ fällt die Temperatur $T$, kurz:

$v\uparrow, T\downarrow$ , Verstärkungsfaktor $(\kappa - 1)\, Ma^2$.

Aus Gl. (5.32) ist leicht zu erkennen, daß mit einer Geschwindigkeitserhöhung im Überschallbereich $Ma > 1$ eine erhebliche Temperatursenkung verbunden sein kann; u.U. kondensiert bei diesem Vorgang Feuchtigkeit aus, die in Eis übergeht. Umgekehrt kann bei Geschwindigkeitsverringerung eine erhebliche Temperaturerhöhung eintreten, ein Vorgang, der bei Wiedereintrittsphasen von Raumflugkörpern in der Nähe des Staupunkts zu Werkstoffproblemen aufgrund sehr hoher Temperaturen führen kann (Schutzkacheln).
Bei der Diskussion der Gl. (5.30) müssen zwei Fälle unterschieden werden:

**1. Fall: Unterschallströmung** $Ma < 1$ **überall, VENTURI[21]-Rohr,** (s.**Bild 5.11**)

Mit $Ma < 1$ wird aus Gl. (5.30):

$$\boxed{\frac{\mathrm{d}A}{A} = -\left(1 - Ma^2\right)\frac{\mathrm{d}v}{v}}\,.$$

Mit steigender Geschwindigkeit $v$ verringert sich die Fläche $A$, kurz:

$v\uparrow, A\downarrow$ , Verstärkungsfaktor $\left(1 - Ma^2\right)$ .

---

[21] VENTURI, Giovanni Battista (1746-1822). Italienischer Physiker

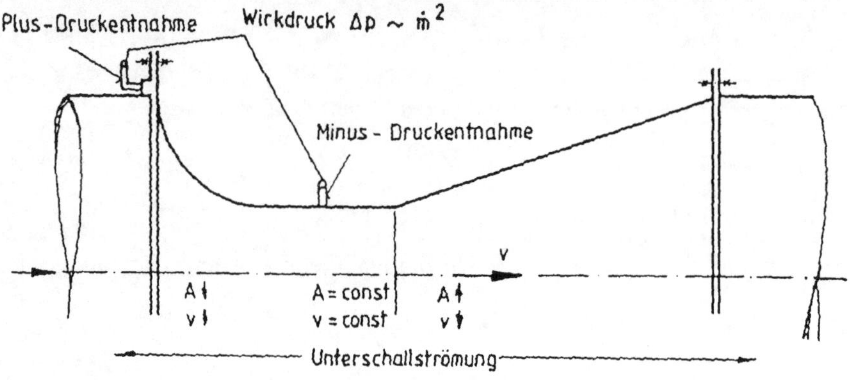


**Bild 5.11.** VENTURI-Rohr nach DIN 1952

**2. Fall: Überschallströmung $Ma > 1$ ab engstem Querschnitt (∗), LAVAL[22]-Düse, s. Bild 5.12 und Kap 5.9**

Mit $Ma > 1$ ist aus Gl. (5.30) ersichtlich: mit steigender Geschwindigkeit $v$ vergrößert sich die Fläche $A$, kurz:

$$v\uparrow, A\uparrow \text{ , Verstärkungsfaktor } \left(Ma^2 - 1\right).$$

Im **Bild 5.12** sind die Strömungsverhältnisse in einer LAVAL-Düse schematisch dargestellt. Links befindet sich der Kessel (0), in dem sich das Gas im Ruhezustand befindet. Das Gas strömt durch einen konvergenten (düsenförmigen) Teil im Zustand der Unterschallströmung aus. Es wird angenommen, daß sich der düsenförmige Teil derart verengt, daß sich die kritischen Größen des Gases nach Gl. (5.21) bis (5.23) im engsten Querschnitt (∗) einstellen. Ab hier herrscht Überschallströmung.

[22] LAVAL, Carl Gustaf Patrik de (1845-1913).Geb. in Orscha (Weißrußland), gest. in Stockholm, schwedischer Dampfturbinenkonstrukteur. Er konstruierte 1889 eine Gleichdruckdampfturbine aufgrund der von ihm entwickelten Düse.

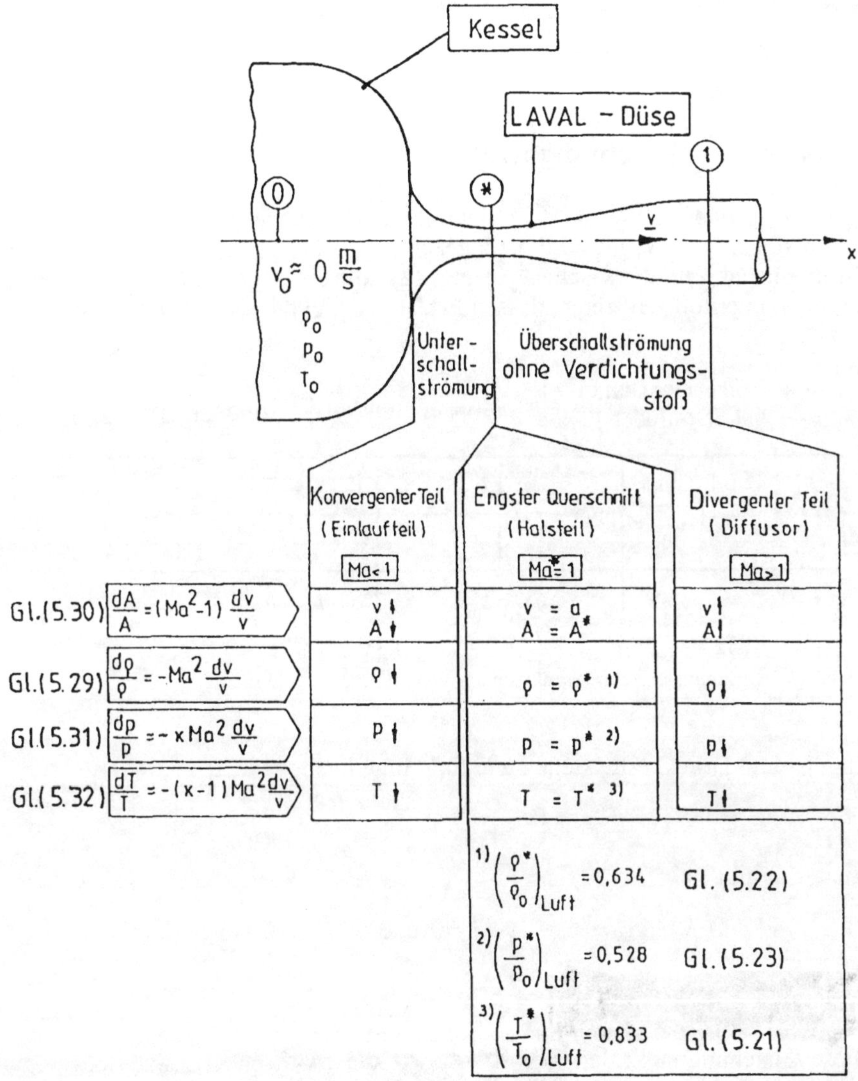


**Bild 5.12.** LAVAL-Düse mit Geschwindigkeits-, Flächen-, Dichte-, Druck- und Temperatur-Verteilung längs der *x*-Achse

# 5.8 Verdichtungsstöße

## 5.8.1 Senkrechter Verdichtungsstoß

Wir nehmen an, daß ein Gas in einem Strömungskanal mit konstanter Querschnittsfläche $A$, wie im **Bild 5.13** gezeigt, von links nach rechts strömt. Im Stromfadenabschnitt zwischen (1) und (2) soll ein sogenannter „senkrechter Verdichtungsstoß" auftreten, dessen Erklärung Ziel dieses Abschnitts ist.

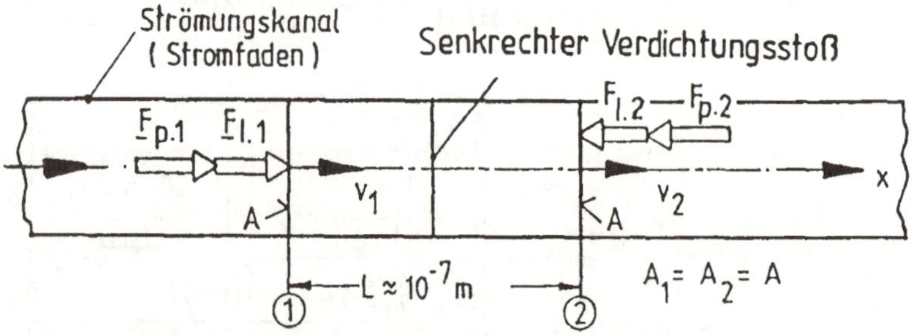


**Bild 5.13.** Strömungskanal mit senkrechtem Verdichtungsstoß

Impuls- und Druckkräfte stehen wie folgt im Gleichgewicht:

$$\underline{F}_{\mathrm{I.1}} + \underline{F}_{\mathrm{p.1}} + \underline{F}_{\mathrm{I.2}} + \underline{F}_{\mathrm{p.2}} = \underline{0}\,.$$

Hieraus ergibt sich:

$$A\,\rho_1\,v_1^2 + A\,p_1 - A\,\rho_2\,v_2^2 - A\,p_2 = 0 \quad \text{und}$$

$$\boxed{\rho_1\,v_1^2 + p_1 = \rho_2\,v_2^2 - p_2}\,. \tag{5.33}$$

Diese Gleichung stellt den **Impulssatz für den senkrechten Verdichtungsstoß** dar.

Mit $A$ = const und stationärer Strömung folgt aus Gl. (3.9):

$$\boxed{\rho_1\,v_1 = \rho_2\,v_2}\,. \tag{5.34}$$

Dies ist die **Kontinuitätsgleichung für den senkrechten Verdichtungsstoß.**

Im folgenden sollen die Gleichungen für Druck, Dichte, Geschwindigkeit, Temperatur, Schallgeschwindigkeit und Entropie für den senkrechten Verdichtungsstoß hergeleitet werden.

*Gegeben*:

$\kappa$ Isentropenexponent,

$Ma_1$ MACH-Zahl der Strömung im Eintrittsquerschnitt und

R spezielle Gaskonstante.

*Vorausgesetzt*:

1. Stromfadentheorie, Stromfaden mit $A$ = const,
2. Thermisch und kalorisch ideales Gas, $p / \rho = R\,T$, $\kappa$ = const,
3. Adiabates System (keine Wärmezufuhr oder Wärmeabfuhr),
4. Reibungsfreiheit,
5. Vernachlässigbare Feldkräfte,
6. Stationäre Strömung und
7. Eintrittsquerschnitt (1) und Austrittsquerschnitt (2) liegen in der Größenordnung weniger freier Molekül-Weglängen auseinander (für Luft bei 20°C und 1 bar ist die freie Weglänge $L \approx 10^{-7}$ m ).

*Gesucht*:

für inkompressibles Fluid und kompressibles Fluid:

$$\frac{p_2}{p_1},\ \frac{\rho_2}{\rho_1},\ \frac{v_2}{v_1},\ \frac{T_2}{T_1},\ \frac{a_2}{a_1},\ s_2 - s_1 .$$

*Lösung*:

Anwendung von Impulssatz, Gl. (5.33), BERNOULLI-Gleichung (5.13), Kontinuitätsgleichung (5.34), thermischen Zustandsgleichung (5.1), MACH-Zahl, Gl. (5.8) und Schallgeschwindigkeit, Gl. (5.7).

**Inkompressibles Fluid**

Das unter Lösung angegebene Gleichungsystem, Gln. (5.1), (5.7), (5.8), (5.13), (5.33) und (5.34), wird über $L \approx 10^{-7}$ m durch

$$\frac{p_2}{p_1} = 1,\ \frac{\rho_2}{\rho_1} = 1,\ \frac{v_2}{v_1} = 1,\ \frac{T_2}{T_1} = 1 \text{ und } \frac{a_2}{a_1} = 1 \text{ erfüllt.}$$

Das ist eine triviale Lösung, die besagt, daß in diesem Falle kein Druckstoß möglich ist.

**Kompressibles Fluid**

Die im folgenden angeführten Gleichungen („Stoßbeziehungen“) erfüllen zusammen das unter „Lösung“ angegebene Gleichungssystem. Für $Ma > 1$ (Überschallströmung) sind innerhalb $L \approx 10^{-7}$ m die folgenden Fälle (1) bis (6) möglich:

$$(1)\ \boxed{\frac{p_2}{p_1} = 1 + \frac{2\kappa}{\kappa+1}\left(Ma_1^2 - 1\right)}, \tag{5.35}$$

d.h. für $Ma_1 > 1$ ist $\frac{p_2}{p_1} > 1$: Druckstoß nach oben ≡ Verdichtungsstoß.

*Anmerkung*: $Ma_1 < 1$ in Gl. (5.35) erfüllt das Gleichungssystem nicht wegen Verletzung von Gl. (5.40).

Aus den Gln. (5.13) und (5.34...5.36) erhält man:

$$(2)\ \boxed{\frac{v_2}{v_1} = 1 - \frac{2}{\kappa+1}\frac{Ma_1^2 - 1}{Ma_1^2}}, \tag{5.36}$$

d.h. für $Ma > 1$ ist $v_2 / v_1 < 1$ gilt: Geschwindigkeitssprung nach unten, Überschall → Unterschall.
Aus Gl. (5.34) folgt:

$$(3)\ \boxed{\frac{\rho_2}{\rho_1} = \frac{v_1}{v_2}}, \tag{5.37}$$

d.h. für $v_1 / v_2 < 1$ gilt: Dichtesprung nach oben ≡ Verdichtungsstoß.

Aus Gl. (5.1) ergibt sich:

$$(4)\ \boxed{\frac{T_2}{T_1} = \left[1 + \frac{2}{\kappa+1}\left(Ma_1^2 - 1\right)\right]\left[1 - \frac{2}{\kappa+1}\frac{Ma_1^2 - 1}{Ma_1^2}\right]}, \tag{5.38}$$

d.h. für $Ma_1 > 1$ ist $T_2 / T_1 > 1$: Temperatursprung nach oben, Erwärmung durch Verdichtungsstoß.

Aus Gl.(5.7) läßt sich herleiten:

$$(5)\ \boxed{\frac{a_2}{a_1} = \sqrt{\frac{T_2}{T_1}}}, \tag{5.39}$$

d.h. für für $Ma_1 > 1$ und damit $\frac{T_2}{T_1} > 1$ ist $\frac{a_2}{a_1} > 1$: Schallgeschwindigkeit nach unten, oder $\frac{Ma_2}{Ma_1} = \frac{v_2}{a_2}\frac{a_1}{v_1} < 1$.

Vor dem Stoß herrscht Überschallströmung, hinter dem Stoß Unterschallströmung.

Aus Gl. (5.5) folgt die Entropieänderung zu:

$$(6)\quad \boxed{S_2 - S_1 = R\left(\frac{\kappa}{\kappa - 1}\ln\frac{T_2}{T_1} - \ln\frac{p_2}{p_1}\right) \geq 0}\,. \qquad (5.40)$$

Nach dem zweiten Hauptsatz der Thermodynamik darf diese Entropieänderung nicht negativ sein. Hiermit folgt:

$$\boxed{\frac{p_2}{p_1} > 1 \text{ und } \frac{T_2}{T_1} > 1}\,.$$

Eine andere Formulierung lautet:
**Der senkrechte Stoß kann nur ein Verdichtungsstoß sein.**

In der Tabelle 5.1 ist der Vergleich der wichtigsten Strömungsgrößen der Überschallströmung vor dem Verdichtungsstoß (Index 1) und Unterschallströmung (Index 2) hinter dem Verdichtungsstoß dargestellt. Man beachte, daß die Ruhetemperatur über den Stoßvorgang hinweg konstant bleibt.

**Tabelle 5.1.** Vergleich von Strömungsgrößen vor und hinter dem Verdichtungsstoß

| Physikalische Größe | Überschallströmung vor dem Verdichtungsstoß | Unterschallströmung hinter dem Verdichtungsstoß |
|---|---|---|
| Geschwindigkeit | $v_1 > v_2$ | |
| Druck | $p_1 < p_2$ | |
| Dichte | $\rho_1 < \rho_2$ | |
| Temperatur | $T_1 < T_2$ | |
| Entropie | $S_1 < S_2$ | |
| Ruhedichte | $p_{0.1} > p_{0.2}$ | |
| Ruhedruck | $\rho_{0.1} > \rho_{0.2}$ | |
| Ruhetemperatur | $T_{0.1} = T_{0.2}$ | |

Der sprunghafte Übergang von $Ma_1 > 1$ auf $Ma_2 < 1$ hat ein Analogon in der Flachwasser-Hydrodynamik, s. **Bild 5.14**. Hierbei handelt es sich um den sprunghaften Übergang von schießender Strömung (FROUDE-Zahl $Fr_1 > 1$) in fließende Strömung ($Fr_2 < 1$).

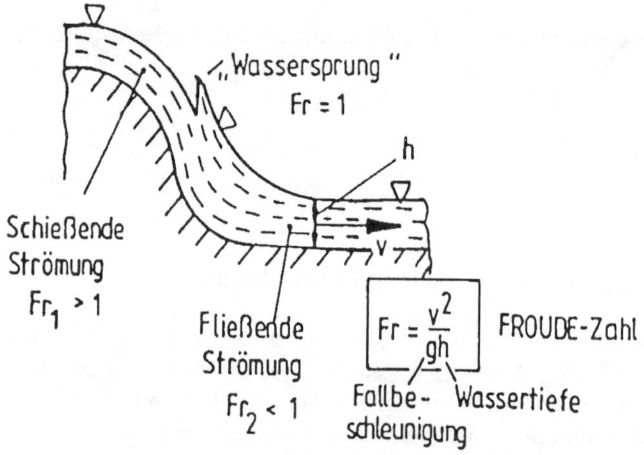


**Bild 5.14.** Wassersprung als Analogon zum senkrechten Verdichtungsstoß aus der Flachwasser-Hydrodynamik

## 5.8.2 Schiefer Verdichtungsstoß

Die sogenannten schiefen Verdichtungsstöße entstehen in umgelenkten Überschallströmungen, wie sie z.B. in den folgenden Fällen auftreten:

- Umströmung eines Keils (Stoßwinkel $\alpha$, Keilwinkel $\beta$), s.**Bild 5.15a**,
- Umlenkung in einem Kanal (Stoßwinkel $\alpha$, Umlenkwinkel $\beta$), s.**Bild 5.15b**,
- Flugkörper mit $\beta > \alpha$, s.**Bild 5.15c** und
- LAVAL-Düsen-Freistrahl, s.**Bild 5.19e**.

Mit den bekannten Beziehungen für den senkrechten Verdichtungsstoß lassen sich auch die Zustandsänderungen für den schiefen Verdichtungsstoß berechnen, wenn man als charakteristische Geschwindigkeit nur die Normalkomponente zur Stoßfront berücksichtigt. Im folgenden soll anhand des **Bildes 5.16** die BERNOULLI-Gleichung für den schiefen Verdichtungsstoß hergeleitet werden.

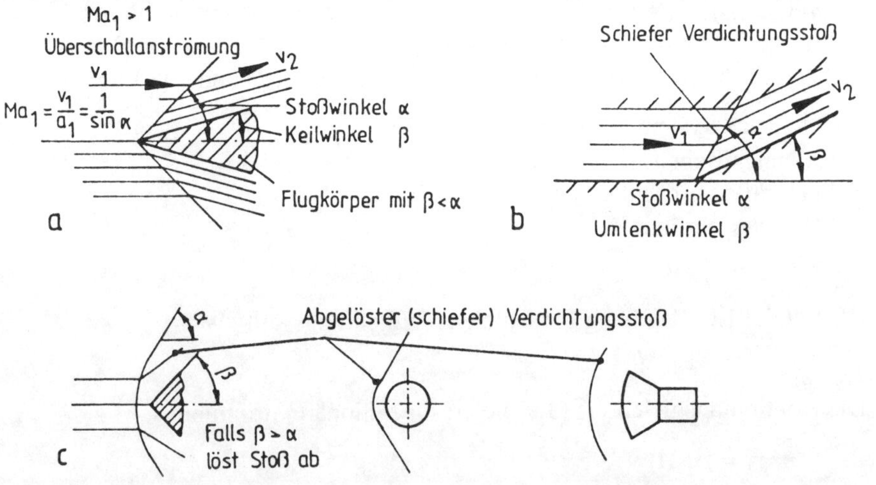


**Bild 5.15.** Beispiele zu schiefen Verdichtungsstößen in umgelenkten Überschallströmungen. a Umströmung eines Keils; b Umlenkung in einem Kanal; c Abgelöste schiefe Verdichtungsstöße an Keil, Kugel und Reentry-Flugkörper

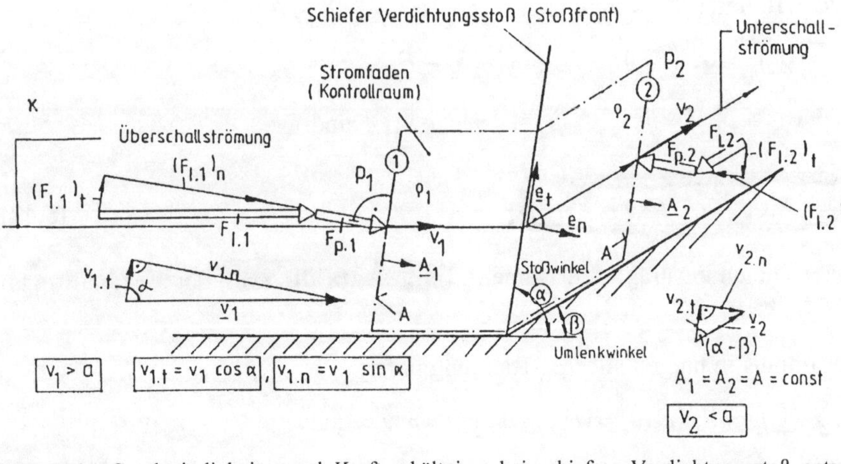


**Bild 5.16.** Geschwindigkeits- und Kraftverhältnisse bei schiefem Verdichtungsstoß entsprechend Bild 5.15 b

*Gegeben*:

$$\underline{v}_1 = (v_{1.n}, v_{1.t}),\ \underline{v}_2 = (v_{2.n}, v_{2.t}),\ \rho_1, \rho_2,\ p_1, p_2,\ \alpha\,\text{(Stoßwinkel)},\ \kappa$$

*Vorausgesetzt*:
1. Stromfadentheorie mit $A_1 = A_2 = A$,
2. Thermisch und kalorisch ideales Gas mit $p/\rho = R\,T$ und $\kappa(T) = \text{const}$,
3. Adiabates System mit $p/\rho^{\kappa} = \text{const}$,
4. Reibungsfreiheit,
5. Feldkräfte vernachlässigbar und
6. Stationäre Strömung.

*Gesucht*:
BERNOULLI-Gleichung für schiefen Verdichtungsstoß

*Lösung*:
Die Kontinuitätsgleichung (3.9) liefert für stationäre Strömung:

$$\rho_1\, A_1\, v_1 = \rho_2\, A_2\, v_2\,.$$

Daraus folgt die **Kontinuitätsgleichung für schiefen Verdichtungsstoß**:

$$\boxed{\rho_1\, v_{1.n} = \rho_2\, v_{2.n}}\,. \tag{5.41}$$

Die Betrachtung des Kräftegleichgewichts in $\underline{e}_n$-Richtung liefert anhand von **Bild 5.16** unter Verwendung des Impulssatzes Gl.(4.20):

$$\sum(\underline{F})_n = \underline{0}\,,\ (F_{r.1})_n + F_{p.1} = (F_{r.2})_n + F_{p.2}\,,$$

$$\dot{m}\, v_{1.n} + p_1\, A = \dot{m}\, v_{2.n} + p_2\, A\,,\ \dot{m} = \rho\, v_n\, A \text{ und}$$

$$\boxed{\rho_1\, v_{1.n}^2 + p_1 = \rho_2\, v_{2.n}^2 + p_2}\,. \tag{5.42}$$

Diese Gleichung trägt den Namen „**Impulssatz für schiefen Verdichtungsstoß**".

Der Impuls in tangentialer $\underline{e}_t$-Richtung liefert:

$$\sum(\underline{F})_t = \underline{0}\,,\ (F_{r.1})_t = (F_{r.2})_t\,,\ \dot{m}\, v_{1.t} = \dot{m}\, v_{2.t} \text{ und}$$

$$\boxed{v_{1.t} = v_{2.t}}\,. \tag{5.43}$$

Die Tangentialkomponente bleibt also durch den schiefen Verdichtungsstoß unberührt.

Mit den aus **Bild 5.16** ableitbaren Beziehungen

$$v_1^2 = v_{1.t}^2 + v_{1.n}^2 \quad \text{und} \quad v_2^2 = v_{2.t}^2 + v_{2.n}^2$$

lautet die **BERNOULLI-Gleichung für den schiefen Verdichtungsstoß**:

$$\boxed{\frac{v_{1.n}^2}{2} + \frac{\kappa}{\kappa - 1}\frac{p_1}{\rho_1} = \frac{v_{2.n}^2}{2} + \frac{\kappa}{\kappa - 1}\frac{p_2}{\rho_2}} . \tag{5.44}$$

Mit der Kontinuitätsgleichung (5.41) und der Beziehung

$$v_{1.t} = v_{2.t} = v_1 \cos\alpha$$

erhalten wir die Geschwindigkeit nach dem schiefen Verdichtungsstoß zu:

$$v_2 = \sqrt{v_{2.t}^2 + v_{2.n}^2} = v_1 \sqrt{\left(\frac{\rho_1}{\rho_2}\sin\alpha\right)^2 + (\cos\alpha)^2} . \tag{5.45}$$

## 5.9 LAVAL-Düse

LAVAL-Düsen dienen zur Erzeugung von Überschallströmungen. Die Hauptanwendungen finden sich bei

- LAVAL-Turbinen (erfunden 1889), auch Freistrahldampfturbinen genannt,
- Raketenschubdüsen,
- Überschallwindkanälen und bei der
- Meßtechnik (Einrichtungen zur Konstanthaltung des Massenstroms).

Im folgenden soll der allgemeine Fall der LAVAL-Düsenströmung behandelt werden, s. **Bild 5.18**.

Energetisch mögliche Lagen der senkrechten Verdichtungsstöße befinden sich in der punktiert dargestellten Fläche, u. zw. je nach $p_a$ und Konstruktion des divergenten Düsenteils. „Energetisch möglich" heißt: nicht-isentroper Stoß nach Gl. (5.40) und Gl. (5.35) und isentrope Unterschallströmung entsprechend Gl. (5.13) im divergenten Düsenteil zusammen ermöglichen, den Umgebungsdruck $p_a$ zu erreichen. Nun sollen für verschiedene Umgebungsdrücke $p_a$ die Druckverläufe p(x) dargestellt werden.

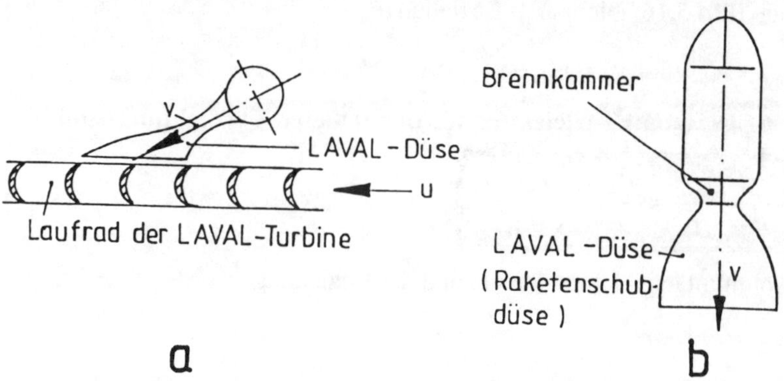


**Bild 5.17.** Anwendung von LAVAL-Düsen. a LAVAL-Turbinen; b Raketenschubdüsen

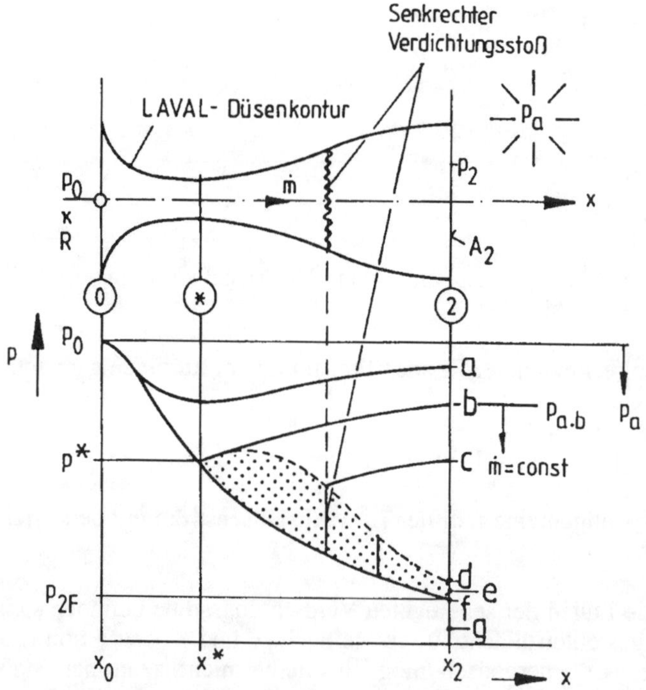


**Bild 5.18.** Druckverläufe über der Länge $x$ einer LAVAL-Düse. a Unterschallströmung; b Unterschallströmung mit $Ma^{*} = 1$; c Strömung mit senkrechtem Verdichtungsstoß; d Strömung mit senkrechtem Verdichtungsstoß in $A_2$; e Strömung mit schiefem Verdichtungsstoß hinter $A_2$; f Auslegungsströmung; g Strömung mit Expansion im Freistrahl

*Gegeben*:
Düsenkontur (Geometrie), Ruhegrößen (Kesselgrößen), Isentropenexponent $\kappa$ (Luft: $\kappa = 1{,}4$), spezielle Gaskonstante $R$ (Luft: $R = 287\,m^2/s^2K$), variabler Umgebungsdruck $p_a$ im Austritt.

*Vorausgesetzt*:
1. Stromfadentheorie,
2. Thermisch und kalorisch ideales Gas,
3. Adiabates System,
4. Stationäre Strömung und
5. Isentropie außerhalb von Stößen.

*Gesucht*:
Druckverlauf über der Länge $x$ der LAVAL-Düse

*Lösung:*
In den **Bildern 5.19a...g** sind die einzelnen Druckverläufe entsprechend Gln. (5.13) und (5.35) dargestellt. Es sind dies:

Unterschallströmung, Strömung mit senkrechtem Verdichtungsstoß, Strömung mit schiefem Verdichtungsstoß, Auslegungsströmung, Strömung mit Expansion im Freistrahl und im einzelnen:

Fall a: Es handelt sich um eine reine Unterschallströmung in einem VENTURI-Rohr.

Fall b: Hier herrscht ebenfalls Unterschallströmung in einem VENTURI-Rohr vor, jedoch wird wegen des Grenzaußendrucks $p_{a.b}$ gerade Ma=1 erreicht, ohne jedoch weiter in die Überschallströmung vorzustoßen. Wichtig ist, daß für alle kleineren Außendrücke $p_a$ der Massenstrom $\dot{m}$ konstant bleibt.

Fall c: Im divergenten Teil tritt ein senkrechter Verdichtungsstoß auf, hinter dem wieder Unterschallströmung herrscht. Im **Bild 5.19c** sind unter dem senkrechten Verdichtungsstoß folgende Phänomene erkennbar:
-Druck $p$ steigt, s.Gl.(5.35),
-MACH-Zahl Ma fällt, s.Gln.(5.36) und (5.39),
-Temperatur T steigt, s.Gl.(5.38) und
-Entropie S steigt, s.Gl.(5.40).

Fall d: Hier tritt der senkrechte Verdichtungsstoß im Endquerschnitt (2) auf.

Fall e: Es handelt sich hier um schiefe Verdichtungsstöße (s.Abschn.5.8.2) im Freistrahl. Die Geschwindigkeiten vor dem Stoß werden mit $v'$ und nach dem Stoß mit $v''$ bezeichnet.

Fall f: Dies ist der stoßfreie Strömungsfall entsprechend der Auslegung einer LAVAL-Düse, vergl. **Bild 5.17**. Die Strömung mit Auslegungsaußendruck $p_{a.f}$ ist in allen Teilen isentrop.

Fall g: Fällt der Außendruck unter den Auslegungsaußendruck $p_{a.f}$, so platzt der Strahl in einem sogenannten „Expansionsfächer" auf. Der Strahl neigt zu Pulsationen , unter denen Bauteile zu Schwingungen angeregt werden.

Für den Fall c (**Bild 5.18c**) erhebt sich die Frage: woher weiß die Strömung, daß der Gegendruck nicht erreicht werden kann und sie daher sprunghaft ihre Zustandsgrößen ändern muß? Die Frage kann so beantwortet werden, daß die Information „falscher Gegendruck" nur über die Unterschall-Grenzschichtströmung an den Ort c gelangen kann.

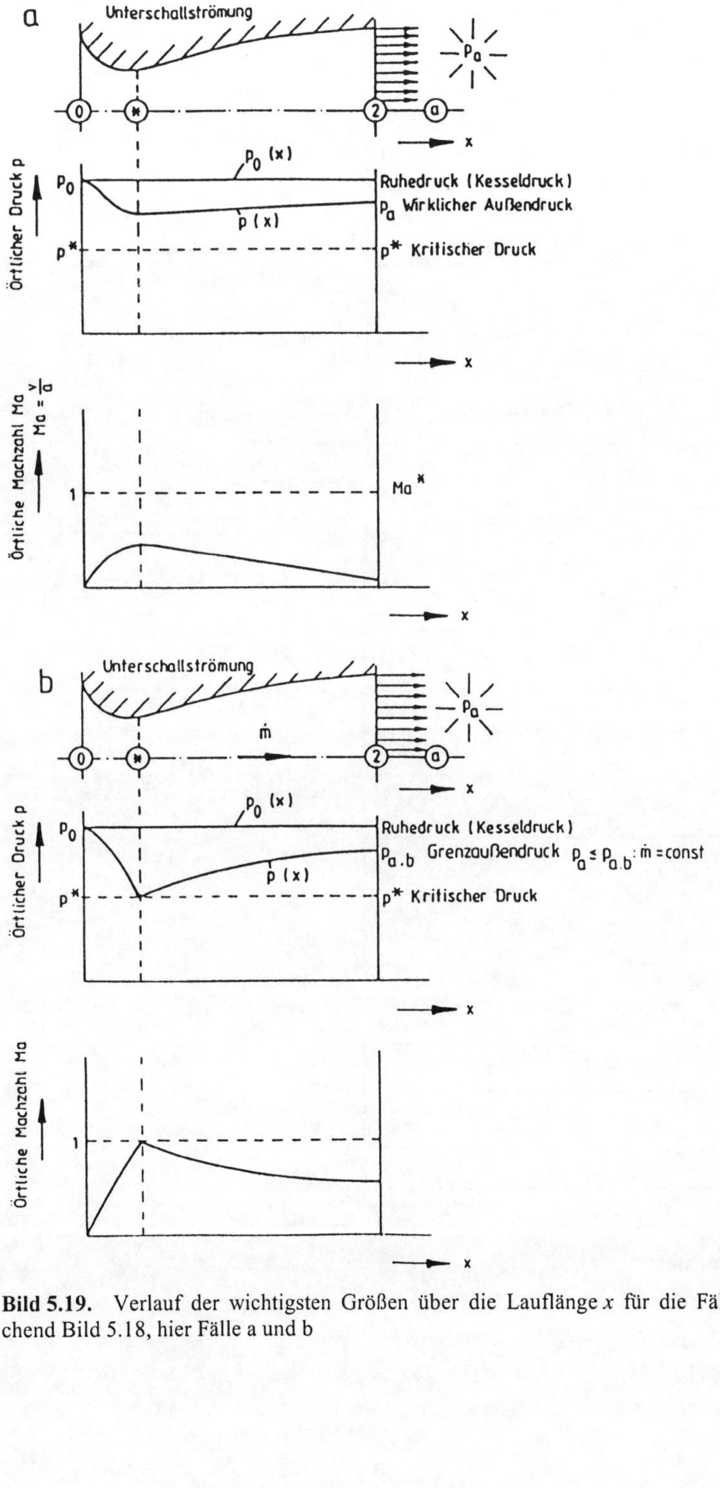


**Bild 5.19.** Verlauf der wichtigsten Größen über die Lauflänge $x$ für die Fälle a...g, entsprechend Bild 5.18, hier Fälle a und b

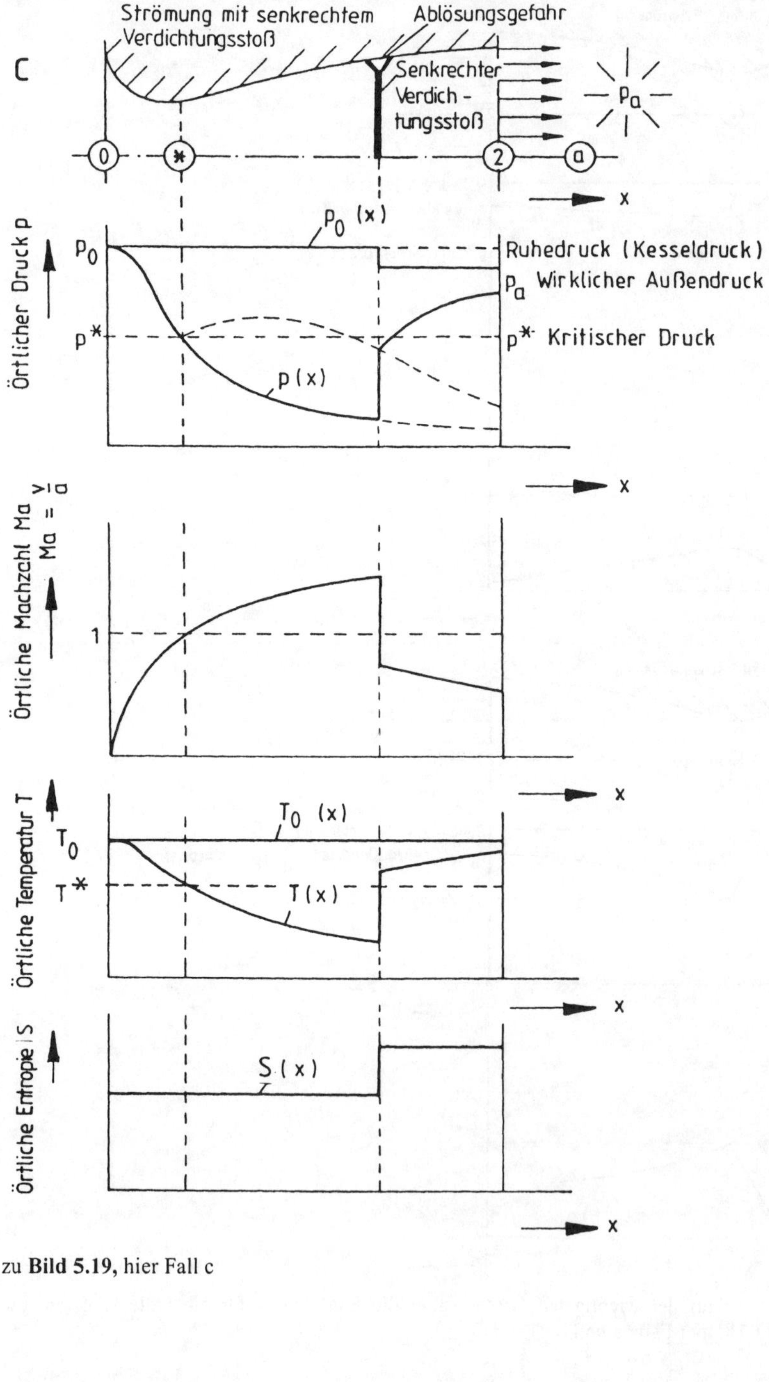


zu **Bild 5.19,** hier Fall c

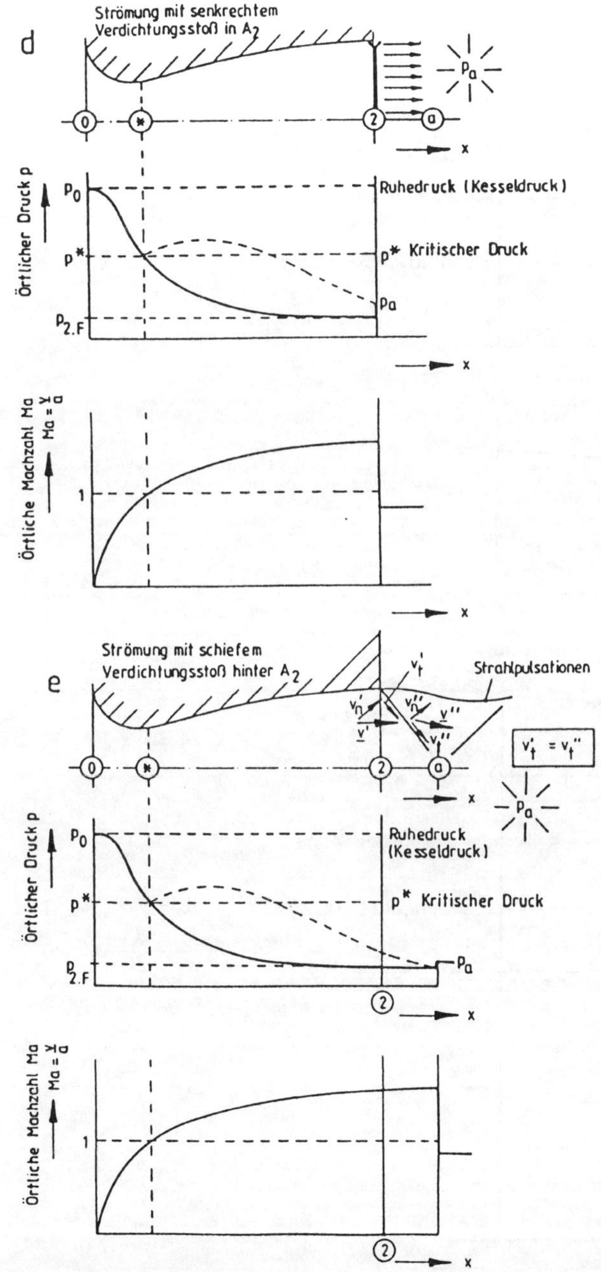
d
Strömung mit senkrechtem
Verdichtungsstoß in A2
pa
0
*
2
a
x
Örtlicher Druck p
p0
Ruhedruck (Kesseldruck)
p*
p* Kritischer Druck
pa
p2.F
x
Örtliche Machzahl Ma
Ma = v/a
1
x
e
Strömung mit schiefem
Verdichtungsstoß hinter A2
Strahlpulsationen
v't = v"t
pa
Ruhedruck
(Kesseldruck)
p* Kritischer Druck
pa
p2.F
2
x
Örtliche Machzahl Ma
1
2
x

zu **Bild 5.19**, hier Fälle d und e

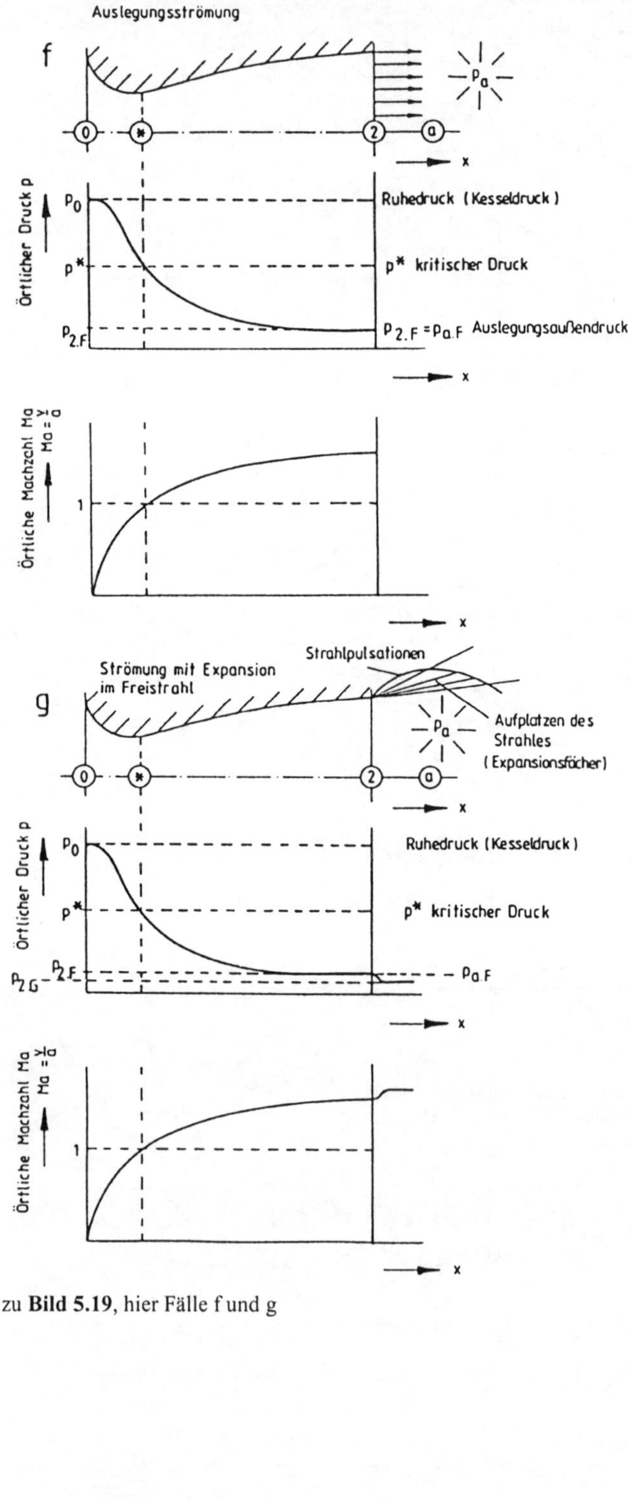


zu **Bild 5.19**, hier Fälle f und g

# 6 NAVIER-STOKES-Bewegungsgleichung

## 6.1 Molekulartheoretische Erklärung der Viskosität

**Bild 6.1** zeigt eine feste Platte, über der sich eine andere Platte mit der Geschwindigkeit $v_{X.0}$ bewegt. Das Fluid zwischen beiden Platten befindet sich in einer Scherströmung. Unter Viskosität (Zähigkeit) soll die Eigenschaft eines Fluids verstanden werden, scherende Verformungskräfte aufzunehmen. Die Verformungskraft als das Produkt aus Schubspannung und Kontaktfläche eines Fluidelements macht sich somit durch Schubspannungen bemerkbar (s. **Bild 6.1**).

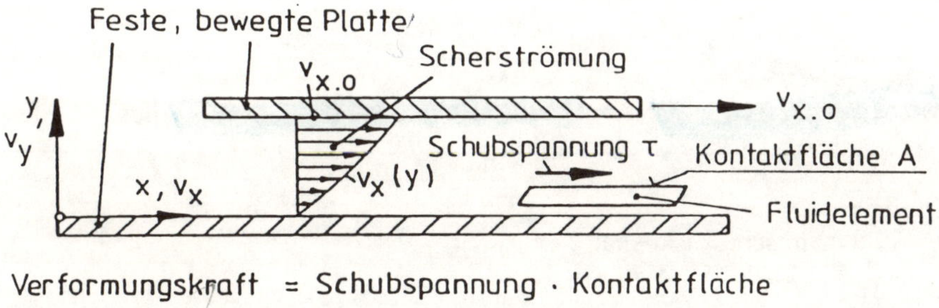


**Bild 6.1.** Fluidelement mit Schubspannung $\tau$ in einer Scherströmung $v_x(y)$

Am Beispiel einer Strömung mit ungleichmäßiger Geschwindigkeitsverteilung $v_x(y)$ soll der Impulsaustausch durch Molekülquerbewegungen theoretisch untersucht werden, s. **Bild 6.2**.

*Gegeben*:

$v_x$ Mittlere Geschwindigkeit in $x$-Richtung (zeitlich gemittelt),

$v_y$ Mittlere Geschwindigkeit in $y$-Richtung (zeitlich gemittelt),

$N$ Molekülanzahl pro Volumen (vgl. LOSCHMIDT[23]-Konstante $L$: $L = 6{,}023 \cdot 10^{26}$ Moleküle pro kmol, d.h. pro 22,4 m$^3$ bei Gasen von 0°C und 1,013 bar),

[23] LOSCHMIDT, Joseph (1821-1895). Geb. inPutschirn (Karlsbad), gest. in Wien, österr. Physiker, Professor in Wien, 1856 erstmalige Berechnung der Luftmolekülzahl pro Volumeneinheit.

$A$ Kontaktfläche,
$m$ Masse der einzelnen Moleküle,
$\lambda$ Mittlere freie Weglänge.

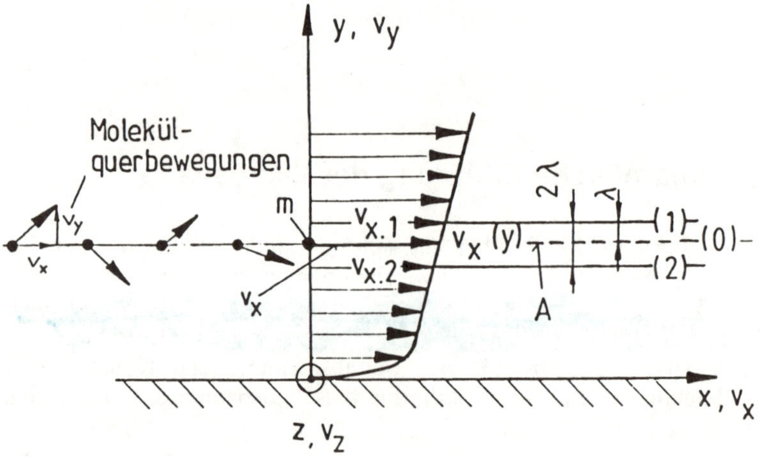


**Bild 6.2.** Zum Impulsaustausch durch Molekülquerbewegungen (Molekulare Querdiffusion)

bei Gase wichtig bei Flüssigkeiten wichtig

*Vorausgesetzt*:
Molekulare Impulskräfte >> intermolekulare Kohäsionskräfte, diese Voraussetzung ist bei Gasen sehr gut erfüllt.

*Gesucht*:
$\eta$ dynamische Viskosität

*Lösung*:
Bei einer Betrachtung (s. **Bild 6.2**) der schichtwechselnden Teilchen pro Zeiteinheit von (0)→(1) und (0)→(2) ergibt sich ihre Anzahl zu:

$$\text{Molekülzahl } (0)\rightarrow(1) \text{ / Zeiteinheit} = \frac{N\, v_y\, A}{6},$$

$$\text{Molekülzahl } (0)\rightarrow(2) \text{ / Zeiteinheit} = \frac{N\, v_y\, A}{6}.$$

Der Nenner 6 setzt sich wie folgt zusammen: gehen wir von einer gleichmäßigen Belegung mit Molekülen in allen drei Koordinatenrichtungen $x, y, z$ aus, so ist bei drei positiven Koordinatenrichtungen und drei negativen Koordinatenrichtungen je ein Sechstel in jeder Koordinatenrichtung vertreten.

Der mittlere $x$-Impuls eines einzelnen Moleküls beträgt $m\, v_x$. So ist der

$x$-Impulsaustausch (0)→(1) / Zeit = $\dfrac{N\,v_y\,A}{6}\,m\left(v_{x.1} - v_x\right)$ und der

$x$-Impulsaustausch (0)→(2) / Zeit = $\dfrac{N\,v_y\,A}{6}\,m\left(v_{x.2} - v_x\right)$.

Die Differenz beider Impulsströme ergibt sich zu:

$$\Delta \dot{I} = \frac{N\,v_y\,A}{6}\,m\left(v_{x.1} - v_{x.2}\right) = \tau\,A \ .$$

Mit $v_{x.1} = v_x + \lambda\,\dfrac{dv_x}{dy}$, $v_{x.2} = v_x - \lambda\,\dfrac{dv_x}{dy}$ und Dichte $\rho = N\,m$ folgt:

$$\Delta \dot{I} = \frac{\rho\,v_y\,A\left(v_{x.1} - v_{x.2}\right)}{6} = \tau\,A \text{ (Kraft) und}$$

$$\Delta \dot{I} = \frac{1}{6}\,\rho\,v_y\,A\,2\,\lambda\,\frac{dv_x}{dy} = \frac{1}{3}\,\rho\,v_y\,A\,\lambda\,\frac{dv_x}{dy} = \tau\,A \ .$$

Daraus folgt schließlich:

$$\boxed{\tau = \left(\rho\,v_y\,\frac{\lambda}{3}\right)\frac{dv_x}{dy}}\ .$$

NEWTON hat den hier auftretenden Klammerausdruck „dynamic viscosity η" genannt. Der Name „Dynamische Viskosität" leitet sich von dem griechischen Ausdruck **dynamis**, die Kraft, ab, da in der Größe $\eta = \rho\,v_y\,\lambda/3$ in N s/m² eine **Kraft**einheit enthalten ist. Hingegen ist die „Kinematische Viskosität", von griechisch **kinema**, die Bewegung, wie folgt definiert:

$$\nu = \frac{\eta}{\rho} = v_y\,\frac{\lambda}{3} \text{ in m²/s mit nur } \textbf{kinematischen}\text{ Größen für Länge und Zeit in}$$
der Einheit.

## 6.2
## NEWTON-Schubspannungsansatz

Der molekulartheorethische Ansatz für die Viskosität ist bei Gasen gut erfüllt. So ist z.B. bei Luft von 20°C und 1 bar:

$$\lambda = 10^{-7}\ \text{m}, \ v_y = 500\ \text{m/s} \ .$$

$\nu_{Luft} = 15{,}1 \cdot 10^{-6}\,\dfrac{m^2}{s}$

Somit würde sich nach dem molekulartheoretischen Ansatz ergeben:

$$\nu = \eta / \rho = v_y \; \lambda / 3 = 500 \cdot 10^{-7} / 3 = 16{,}67 \cdot 10^{-6} \text{ m}^2/\text{s},$$

gemessen wird aber $\nu = 15{,}10 \cdot 10^{-6} \text{ m}^2/\text{s}$.

Der molekulartheoretische Ansatz ist bei Flüssigkeiten schlecht erfüllt, da die intermolekularen Kohäsionskräfte wegen höherer Moleküldichte wesentlich stärker als die molekularen Impulskräfte sind. Die Viskosität eines Fluids ist also die Auswirkung mehrerer Kräfte, nämlich der molekularen Impulsaustauschkräfte aufgrund der Molekularbewegung (überwiegend bei Gasen) und der Kohäsionskräfte zwischen den Molekülen (überwiegend bei Flüssigkeiten).

So führt trotz der erwähnten Unvollkommenheit der molekulartheoretische Ansatz für alle sogenannten „NEWTON-Fluide" (z.B. Luft, Wasser) zum

**NEWTON-Schubspannungsansatz:**

$$\boxed{\tau = \eta \frac{dv_x}{dy}}, \qquad (6.1)$$

d.h., die Schubspannung τ ist das Produkt aus dynamischer Viskosität η und dem Geschwindigkeitsquergradienten $dv_x / dy$. Zum Einfluß der Temperatur auf die dynamische Viskosität ist folgendes festzustellen:

Bei Gasen nimmt mit steigender Temperatur T die molekulare Querdiffusionsgeschwindigkeit $v_y$ und damit auch die dynamische Viskosität η zu. Bei Flüssigkeiten nehmen mit steigender Temperatur T die intermolekularen Kohäsionskräfte und damit auch die dynamische Viskosität η ab.

Zusammenfassend stellen wir fest:

Gas: $T\uparrow,\; v_y \sim \sqrt{T}\uparrow,\; \eta\uparrow$, und

Flüssigkeit: $T\uparrow$, Intermolekulare Kohäsionskraft $\downarrow, \eta\downarrow$.

Die Abhängigkeit der Viskosität von der Temperatur ist für die wichtigsten technischen Fluide in **Tabelle 6.1** zahlenmäßig und im **Bild 6.3** schematisch dargestellt.

**Tabelle 6.1**. Dichte, Dampfdruck und Viskosität von Wasser in Abhängigkeit von der Temperatur

| Temperatur T in °C | Dichte $\rho$ in kg/m³ | Dampfdruck $p_v$ in N/m² | Dynamische Viskosität $\eta$ in $10^{-6}$ N s/m² | Kinematische Viskosität $\nu$ in $10^{-6}$ m²/s |
|---|---|---|---|---|
| 0 | 999,8 | 611 | 1787 | 1,787 |
| 2 | 999,9 | 706 | 1671 | 1,671 |
| 4 | 1000,0 | 813 | 1562 | 1,562 |
| 6 | 999,9 | 935 | 1464 | 1,464 |
| 8 | 999,8 | 1073 | 1376 | 1,375 |
| 10 | 999,7 | 1228 | 1305 | 1,307 |
| 12 | 999,4 | 1402 | 1226 | 1,227 |
| 14 | 999,2 | 1598 | 1161 | 1,163 |
| 16 | 998,9 | 1817 | 1104 | 1,106 |
| 18 | 998,5 | 2063 | 1052 | 1,053 |
| 20 | 998,2 | 2337 | 1002 | 1,004 |
| 22 | 997,7 | 2643 | 955 | 0,957 |
| 24 | 997,2 | 2982 | 911 | 0,914 |
| 26 | 996,6 | 3360 | 872 | 0,875 |
| 28 | 996,1 | 3778 | 834 | 0,837 |
| 30 | 995,7 | 4241 | 797 | 0,801 |
| 32 | 994,9 | 4753 | 764 | 0,768 |
| 34 | 994,2 | 5318 | 741 | 0,745 |
| 36 | 993,4 | 5939 | 700 | 0,705 |
| 38 | 992,8 | 6623 | 680 | 0,685 |
| 40 | 992,2 | 7374 | 653 | 0,658 |
| 45 | 990,2 | 9581 | 598 | 0,604 |
| 50 | 988,0 | 12334 | 548 | 0,554 |
| 55 | 958,7 | 15740 | 505 | 0,512 |
| 60 | 983,2 | 19920 | 467 | 0,475 |
| 65 | 980,6 | 25010 | 434 | 0,443 |
| 70 | 977,7 | 31160 | 404 | 0,413 |
| 75 | 974,8 | 38550 | 378 | 0,388 |
| 80 | 971,8 | 47360 | 355 | 0,365 |
| 85 | 968,6 | 57800 | 334 | 0,345 |
| 90 | 965,3 | 70110 | 315 | 0,326 |
| 95 | 961,8 | 84530 | 298 | 0,310 |
| 100 | 958,4 | 101320 | 282 | 0,295 |
| 150 | 916,9 | 476000 | 186 | 0,205 |
| 200 | 864,6 | 1555100 | 136 | 0,161 |
| 250 | 799,2 | 3978000 | 109 | 0,140 |
| 300 | 712,4 | 8592000 | 89 | 0,132 |

**Tabelle 6.2.** Dynamische Viskosität von thermisch relevanten Flüssigkeiten und Gasen in Abhängigkeit von der Temperatur (Wasser s. Tab.6.1)

| Stoff | Temperatur T in °C | Dichte ρ in kg/m³ | Dynamische Viskosität η in $10^{-6}$ N s/m² |
|---|---|---|---|
| Quecksilber Hg | 20 | 13600 | 1550 |
| Natrium Na | 100 | 927 | 710 |
| Thermoöl S | 20<br>80<br>150 | 887<br>835<br>822 | 426<br>27<br>18 |
| Methan $CH_4$ (flüssig) | -150<br>-75 | | 9<br>1 |
| Benzol $C_6H_6$ (flüssig) | 20<br>50<br>100 | | 65<br>44<br>26 |
| Buttersäure $C_4H_2O_2$ | 20<br>100 | | 154<br>55 |
| Aceton $C_3H_6O$ | 20<br>50 | | 33<br>25 |
| Luft (1 bar) | -20<br>0<br>20<br>100<br>200<br>300 | 1,377<br>1,275<br>1,188<br>0,933<br>0,726<br>0,607 | 16,2<br>17,2<br>18,0<br>21,6<br>25,7<br>29,2 |
| Wasserdampf (1 bar) | 100<br>300 | 0,590<br>0,379 | 12,3<br>20,3 |
| Stickstoff (1 bar) | 0<br>100 | | 16,6<br>20,9 |
| Sauerstoff (1 bar) | 0<br>100 | | 19,2<br>24,3 |
| Wasserstoff (1 bar) | 0<br>100 | | 8,4<br>10,4 |
| Stickstoffdioxid $NO_2$ (1 bar) | 0<br>100 | | 13,7<br>18,4 |
| Kohlendioxid $CO_2$ (1 bar) | 0<br>100 | | 13,7<br>18,2 |
| Methan $CH_4$ (1 bar) | 0<br>100 | | 10,2<br>13,3 |
| Acetylen $C_2H_2$ (1 bar) | 0<br>100 | | 9,6<br>12,8 |
| Benzol $C_6H_6$ (1 bar) | 0<br>100 | | 7,0<br>9,5 |

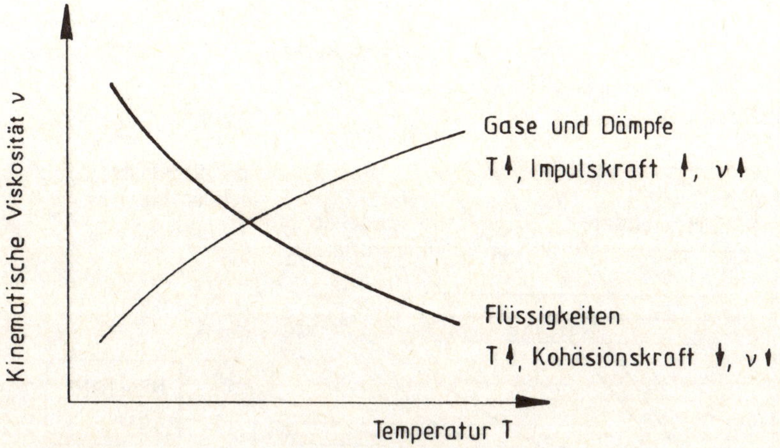


**Bild 6.3.** Kinematische Viskosität $\nu$ in Abhängigkeit von der Temperatur $T$ für Flüssigkeiten, Gase und Dämpfe

## 6.3 NEWTON-Fluide

– Es gilt $\tau = \eta \frac{dv_x}{dy}$

Ein NEWTON-Fluid ist ein Fluid, bei dem die Schubspannung $\tau$ linear mit dem Geschwindigkeitsquergradienten $dv_x / dy$ verknüpft ist, d.h. für $T = \text{const}$, $\eta = \text{const}$ gilt: $\tau \sim dv_x / dy$ .NEWTON-Fluide folgen also dem NEWTON-Schubspannungsansatz Gl.(6.1): $\tau = \eta \, dv_x / dy$ .

Das **Bild 6.4** zeigt in Abhängigkeit vom Geschwindigkeitsquergradienten einmal den Verlauf der Schubspannung und zum anderen den Verlauf der dynamischen Viskosität für verschiedene Temperaturen in qualitativer Darstellung.

Rheologie – Lehre vom Fließen

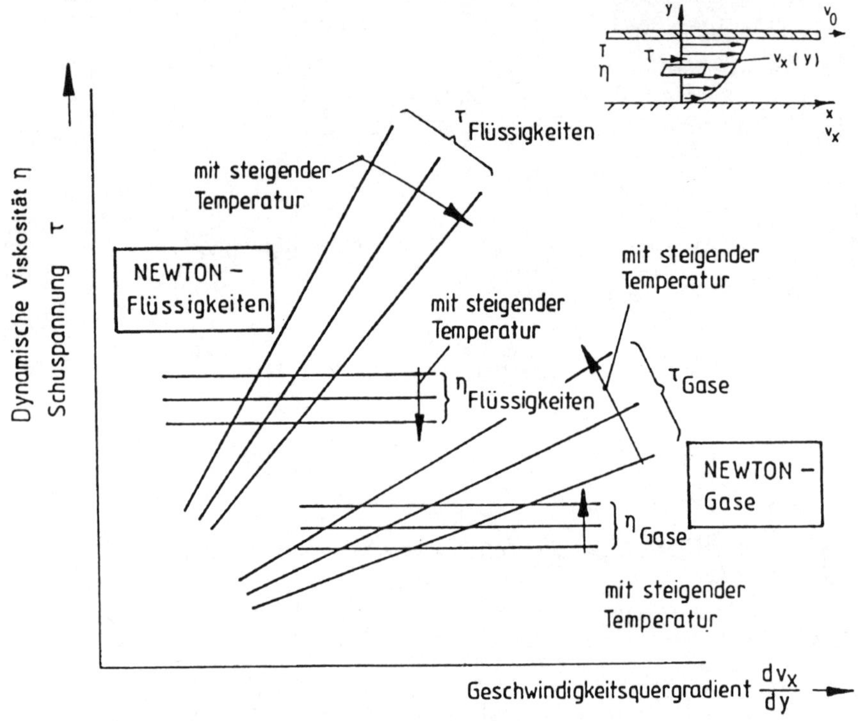


**Bild 6.4.** Dynamische Viskosität $\eta$ und Schubspannung $\tau$ in Abhängigkeit vom Geschwindigkeitsquergradienten $\frac{dv_x}{dy}$ für NEWTON-Flüssigkeiten und NEWTON-Gase (qualitative Darstellung)

## 6.4 Nicht-NEWTON-Fluide

Alle Fluide, die ein abweichendes Verhalten von den im **Bild 6.4** dargestellten Kurven zeigen, heißen Nicht-NEWTON-Fluide. Mit den dabei auftretenden strömungstechnischen Zusamenhängen beschäftigt sich die **Rheologie** (griech. „Fließlehre"), die im Rahmen dieses Lehrbuches nur gestreift werden kann. Rheologie kann als Lehre von den Nicht-NEWTON-Fluiden mit den Grenzfällen „Festkörper" und „NEWTON-Fluide" (s. **Bild 1.1**) aufgefaßt werden.

Alle Fluide lassen sich in vier Klassen einteilen:

1. Rein zähe Fluide,
2. Fluide mit zeitabhängigem Verhalten,
3. Viskoelastische Fluide und
4. Komplexe rheologische Fluide.

## 1. Rein zähe Fluide

**1.1 NEWTON-Fluide** (Kap. 6.3):
- Gase (die meisten technischen Gase, z.B. Luft),
- Anorganische Flüssigkeiten (die meisten technischen Flüssigkeiten, z.B. Wasser) und
- Niedermolekulare organische Flüssigkeiten( z.B. Hydraulik-Mineralöl).

**1.2 Nicht-NEWTON-Fluide mit einem Potenzgesetzverhalten:**

$$\tau = \left( k \left| \frac{\mathrm{d}v_x}{\mathrm{d}y} \right|^{m} \right) \frac{\mathrm{d}v_x}{\mathrm{d}y} \tag{6.2}$$

mit:

$m > 0$ **Dilatante**[24] **Nicht-NEWTON-Fluide** wie
- Polyvinylchlorid (PVC),
- Silikone,
- Dispersionsfarben und
- Körnige Suspensionen, z.B: nasser Sand,

$m < 0$ **Strukturviskose Nicht-NEWTON-Fluide** wie
- Polymere[25] und
- Spinnlösungen und

$k > 0$ fluidabhängiger Faktor.

Der Klammerausdruck in Gl.(6.2) stellt einen vorzeichenunabhängigen Faktor wie die dynamische Viskosität $\eta$ in Gl.(6.1) dar.

Eine andere Gruppe zeigt folgendes Potenzgesetzverhalten:

$$\tau = \tau_F + \left( k \left| \frac{\mathrm{d}v_x}{\mathrm{d}y} \right|^{m} \right) \frac{\mathrm{d}v_x}{\mathrm{d}y} \tag{6.3}$$

mit $\tau_F$ als Fließgrenze. Diese Gruppe heißt **BINGHAM**[26]**-Fluide**:
- Abwasserschlämme,
- Zahnpasten und
- Ketchup.

Oberhalb der Fließgrenze $\tau_F$ können BINGHAM-Fluide neben dem NEWTON-Fluid-Verhalten ein dilatantes bis strukturviskoses Verhalten zeigen.

---

[24] Dilatare (lat.) ausbreiten. Auf die Volumenvergrößerung dieser Fluide bei Scherung hat REYNOLDS bereits 1885 hingewiesen.

[25] Polymere, Verbindung aus organischen Makromolekülen mit ständig wiederkehrenden Bausteinen (Monomeren) zu großen Fäden, Ketten oder 3D-Gittern. Beispiele: Cellulose, Stärke, Buttersäure, Synthesekautschuk.

[26] BINGHAM, Eugene Cook (1878-1945). Amerikanischer Chemiker, bekannteste Veröffentlichung: Fluidity and Plasticidy, McGRAW-HILL, New York 1922

Das **Bild 6.5** zeigt in Abhängigkeit vom Geschwindigkeitsquergradienten $dv_x/d_y$ den Verlauf der Schubspannung $\tau$ für verschiedene Nicht-NEWTON-Fluide aus der Klasse der rein zähen Fluide in qualitativer Darstellung. Zum Vergleich ist auch das Schubspannungsverhalten eines NEWTON-Fluids eingezeichnet. Ebenso stellen die **Bilder 6.6 und 6.7** zwei Phänomene (ungewöhnliche Laminarprofile und WEISSENBERG[27]-Quelleffekt) für diese Klasse von Fluiden dar.

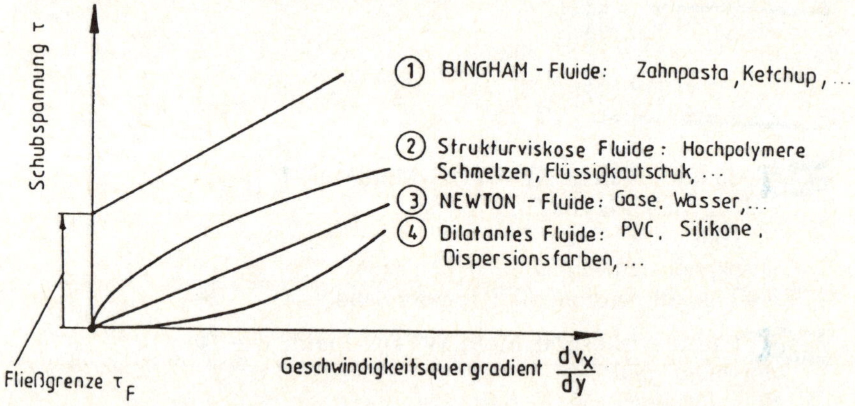


**Bild 6.5.** Verlauf der Schubspannung $\tau$ über dem Geschwindigkeitsquergradienten $dv_x/d_y$ für vier verschiedene Fluid-Gruppen in qualitativer Darstellung

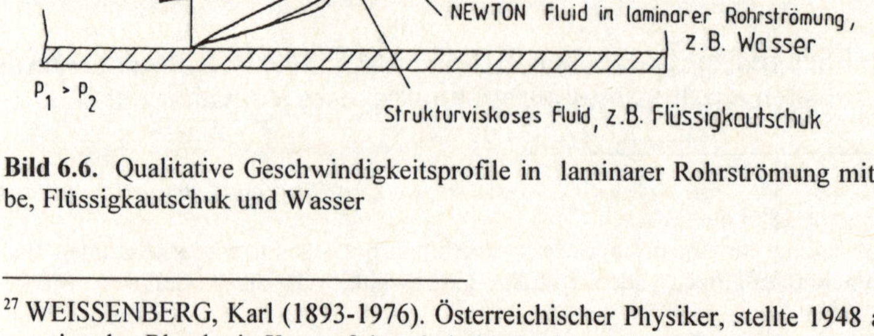

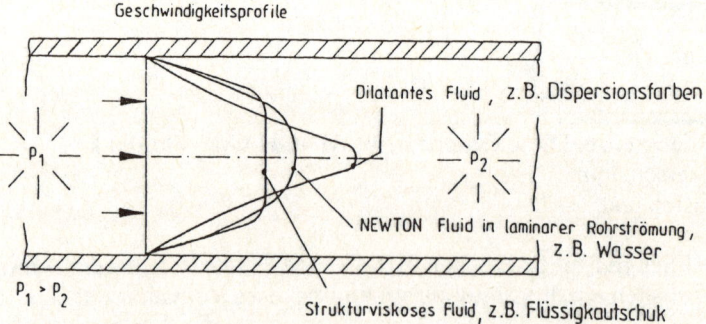

**Bild 6.6.** Qualitative Geschwindigkeitsprofile in laminarer Rohrströmung mit Dispersionsfarbe, Flüssigkautschuk und Wasser

---

[27] WEISSENBERG, Karl (1893-1976). Österreichischer Physiker, stellte 1948 auf dem 1. Internationalen Rheologie-Kongreß im niederländischen Scheveningen das Phänomen der Oberflächenaufwölbung rund um rotierende Teile in viskoelastischen Flüssigkeiten erstmals vor.

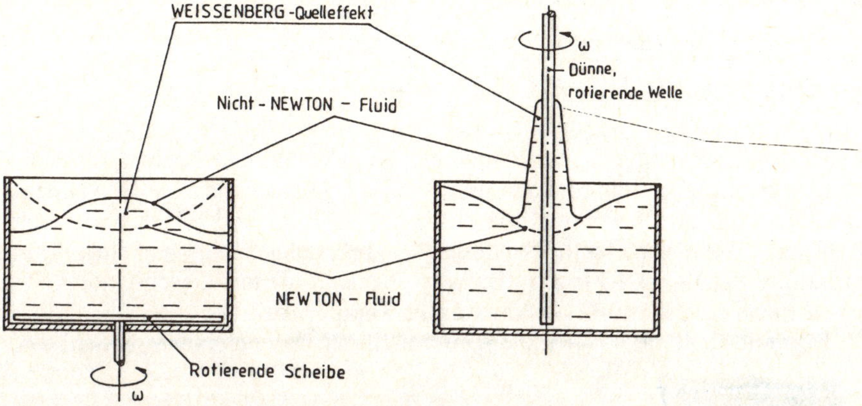


**Bild 6.7.** Der WEISSENBERG-Quelleffekt bei Nicht-NEWTON-Fluiden im Gegensatz zu NEWTON-Fluiden für rotierende Scheibe und Welle

2 **Fluide mit zeitabhängigem Verhalten:** $\tau = \tau\left(\dfrac{dv_x}{dy}, t\right)$

**2.1 Thixotrope Nicht-NEWTON-Fluide** werden mit der Rührzeit dünnflüssiger, wie z.B. Lack,

**2.2 Rheopexe Nicht-NEWTON-Fluide** werden mit der Rührzeit dickflüssiger, wie z.B.Gipsbrei und

**2.3 Viskoelastische Fluide** mit dem Verhalten $\tau = \tau\left(\dfrac{dv_x}{dy}, \dot{\tau}\right)$.

Dies sind kriechende Fluide, die langzeitig unter Druck- und Erdschwereeinfluß zerfließen, doch bei kurzzeitigen (stoßartigen) Beanspruchungen ein sprödes Verhalten zeigen. Zu ihnen gehören:

- Glas (z.B. Kathedralgläser, mit dem Alter unten dicker werdend, zerbersten bei einer Explosion),
- Bitumen (z.B. ein Teerblock, langzeitig auch bei niedrigsten Temperaturen zerfließend, zerspringt mit einem Hammerschlag sprödbrüchig in viele Stücke) und
- Spezialkitt (z.B. „bouncing putty“, das Spielzeug „hüpfender Kitt“).

**2.4 Komplex rheologische Fluide.** Sie lassen sich in keine dieser Klassen genau einordnen, da sie je nach Größe des Geschwindigkeitsquergradienten unterschiedliches Verhalten zeigen.

## 6.5 NAVIER-STOKES-Bewegungsgleichung für inkompressible NEWTON-Fluide

Nachdem das Phänomen Viskosität bei NEWTON- und Nicht-NEWTON-Fluiden beschrieben wurde, kann nun für ein viskoses Fluid eine Bewegungsgleichung aufgestellt werden, wie sie von NAVIER[28] und STOKES[29] bereits 1827 bzw. 1845 veröffentlicht wurde. Wir beschränken uns auf ein **inkompressibles NEWTON-Fluid** (z.B. Wasser oder Luft mit Geschwindigkeiten von weniger als Ma = 0,4) **bei konstanter Temperatur**.
Im folgenden soll das Kräftegleichgewicht eines Massenelements, s. **Bild 6.8**,

$$\mathrm{d}m = \rho \,\mathrm{d}x \,\mathrm{d}y \,\mathrm{d}z$$

in der Strömung eines NEWTON-Fluids betrachtet werden mit dem Ziel, eine Bewegungsgleichung (NAVIER-STOKES-Bewegungsgleichung) ähnlich der EULER-Bewegungsgleichung (3.1), aber hier unter Berücksichtigung der Viskosität, zu erhalten. So soll das Problem anhand folgender Aufgabe erläutert werden.

*Gegeben*:

| | |
|---|---|
| $\rho$ | Dichte (Konstante), |
| $\nu$ | Kinematische Viskosität (Konstante), |
| $\underline{v}(x, y, z, t)$ | Dreidimensionales, instationäres Geschwindigkeitsfeld mit den Komponenten $v_x(x, y, z, t)$, $v_y(x, y, z, t)$, $v_z(x, y, z, t)$, |
| $\underline{f}(x, y, z)$ | Dreidimensionale Feldkraft mit den Komponenten $f_x(x, y, z)$, $f_y(x, y, z)$, $f_z(x, y, z)$ und |
| $p(x, y, z, t)$ | Druck (orts- und zeitabhängig). |

*Vorausgesetzt*:

$$\begin{array}{l} \text{Dichte } \rho \quad = \text{const (inkompressibles Fluid)}, \\ \text{Viskosität } \nu = \text{const (isothermes Fluid) und} \\ \text{NEWTON} - \text{Fluid.} \end{array}$$

*Gesucht*:
NAVIER-STOKES-Bewegungsgleichung, d.h. die Verknüpfung von

| | |
|---|---|
| Geschwindigkeitsfeld | $\underline{v}(x, y, z, t)$, |
| Druckfeld | $p\,(x, y, z, t)$, |
| Kraftfeld | $\underline{f}\,(x, y, z)$, |

[28] NAVIER, Claude Louis Marie Henri (1785-1836). Geb. in Dijon, gest. in Paris. Französischer Physiker, Professor in Paris, leistete zahlreiche Beiträge zur Mechanik und Hydrodynamik

[29] STOKES, George Gabriel (1819-1903). Geb. in Skreen, gest. in Cambridge, britischer Mathematiker und Physiker, Professor in Cambridge, leistete bedeutende Beiträge zur Analysis und Hydrodynamik

Dichte $\rho$ und
Kinematischer Viskosität $\nu$.

*Lösung*:
Anhand von **Bild 6.8** soll das Kräftegleichgewicht in $x$-, $y$- und $z$-Richtung getrennt zu einem beliebigen Zeitpunkt $t$ betrachtet werden. Flächennormalspannungen werden mit $\sigma$ bezeichnet, Flächenschubspannungen mit $\tau$.

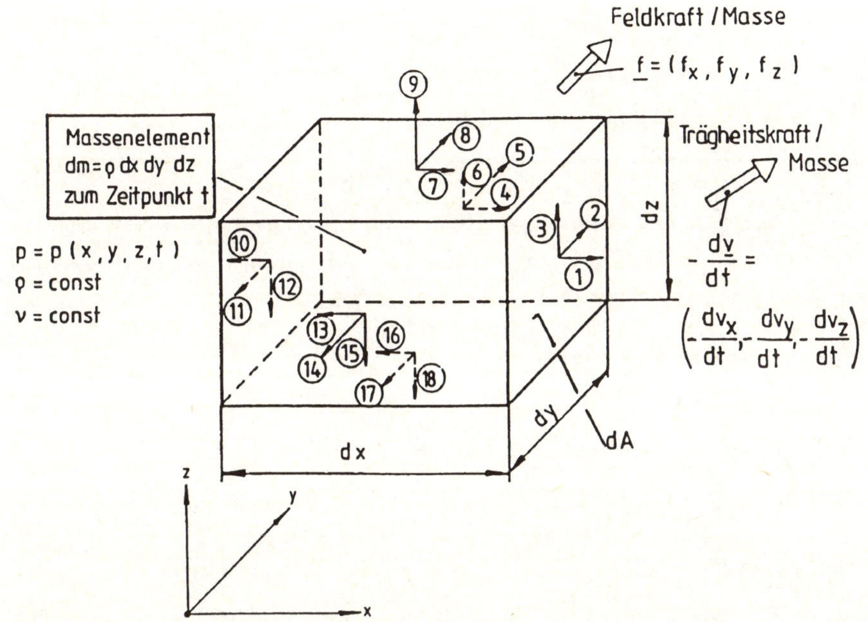


**Bild 6.8.** Zur Herleitung der NAVIER-STOKES-Bewegungsgleichung anhand eines Massenelements d$m$ zum Zeitpunkt $t$.

## Legende zu den eingetragenen Spannungen in Bild 6.8:

Einzelindex zeigt Flächennormalen-Richtung an,
Doppelindex zuerst Flächennormalen-, dann Schubspannungs-Richtung. Die Spannungen lauten im einzelnen:

$$(1) = \sigma_x + \frac{\partial \sigma_x}{\partial x} dx, \qquad (2) = \tau_{xy} + \frac{\partial \tau_{xy}}{\partial x} dx, \qquad (3) = \tau_{xz} + \frac{\partial \tau_{xz}}{\partial x} dx$$

$$(4) = \tau_{yx} + \frac{\partial \tau_{yx}}{\partial y} dy, \qquad (5) = \sigma_y + \frac{\partial \sigma_y}{\partial y} dy, \qquad (6) = \tau_{yz} + \frac{\partial \tau_{yz}}{\partial y} dy,$$

$$(7) = \tau_{zx} + \frac{\partial \tau_{zx}}{\partial z} dz\,, \qquad (8) = \tau_{zy} + \frac{\partial \tau_{zy}}{\partial z} dz\,, \qquad (9) = \sigma_z + \frac{\partial \sigma_z}{\partial z} dz\,,$$

$$(10) = \sigma_x\,, \qquad (11) = \tau_{xy}\,, \qquad (12) = \tau_{xz}\,,$$

$$(13) = \tau_{yx}\,, \qquad (14) = \sigma_y\,, \qquad (15) = \tau_{yz}\,,$$

$$(16) = \tau_{zx}\,, \qquad (17) = \tau_{zy}\,, \qquad (18) = \sigma_z\,.$$

In jeder der sechs Oberflächen des Massenelements existieren eine Normalspannung $\sigma$ (in Richtung der Flächennormalen, nach außen weisend) und zwei Schubspannungen $\tau$ (in Richtung der beiden noch verbleibenden kartesischen Koordinaten, in positiver oder negativer Richtung). $\sigma$ und $\tau$ repräsentieren die Spannungen aufgrund von Druck- und Zähigkeitskräften. Das sich mit der Geschwindigkeit $\underline{v}$ im Strömungsfeld bewegende Massenelement d$m$ steht im Kräftegleichgewicht der

**Druck- und Zähigkeitskräfte**:

$\sigma\, dA$ und $\tau\, dA$,

**Feldkräfte**:

$(f_x, f_y, f_z)\, dm$ und

**Trägheitskräfte**:

$\left(-\frac{dv_x}{dt}, -\frac{dv_y}{dt}, -\frac{dv_z}{dt}\right) dm$ mit den substantiellen Beschleunigungen,

s.Gl.(2.20): $dv_x / dt, dv_y / dt, dv_z / dt$.

So lautet das Kräftegleichgewicht in $x$-Richtung:

$$((1) - (10)\, dy\, dz + (4) - (13)\, dx\, dz + (7) - (16)\, dx\, dy) +$$

$$f_x\, \rho\, dx\, dy\, dz - \rho\, dx\, dy\, dz \frac{dv_x}{dt} = 0 \qquad \Big|: \rho\, dx\, dy\, dz$$

Daraus folgt:

$$\frac{dv_x}{dt} = f_x + \frac{1}{\rho}\left(\frac{\partial \sigma_x}{\partial x} + \frac{\partial \tau_{yx}}{\partial y} + \frac{\partial \tau_{zx}}{\partial z}\right). \tag{6.4}$$

Aufgrund des BOLTZMANN[30]-Axioms („Forderung" aufgrund des Momentengleichgewichts)

$$\tau_{yx} = \tau_{xy}, \; \tau_{zx} = \tau_{xz} \text{ und } \tau_{zy} = \tau_{yz}$$

ist Gl. (6.4) auch zu schreiben als:

$$\boxed{\frac{dv_x}{dt} = f_x + \frac{1}{\rho}\left(\frac{\partial \sigma_x}{\partial x} + \frac{\partial \tau_{xy}}{\partial y} + \frac{\partial \tau_{xz}}{\partial z}\right)}. \tag{6.5}$$

Entsprechend ergibt sich aus dem Kräftegleichgewicht in $y$- und $z$-Richtung:

$$\boxed{\frac{dv_y}{dt} = f_y + \frac{1}{\rho}\left(\frac{\partial \tau_{yx}}{\partial x} + \frac{\partial \sigma_y}{\partial y} + \frac{\partial \tau_{yz}}{\partial z}\right)} \text{ und} \tag{6.6}$$

$$\boxed{\frac{dv_z}{dt} = f_z + \frac{1}{\rho}\left(\frac{\partial \tau_{zx}}{\partial x} + \frac{\partial \tau_{zy}}{\partial y} + \frac{\partial \sigma_z}{\partial z}\right)}. \tag{6.7}$$

Für die Schubspannungen $\tau$ gilt der NEWTON-Schubspannungsansatz Gl. (6.1), hier jedoch in der Form, die zwei Geschwindigkeitsquergradienten (s. **Bild 6.9**) berücksichtigt:

$$\boxed{\tau_{yx} = \tau_{xy} = \eta\left(\frac{\partial v_y}{\partial x} + \frac{\partial v_x}{\partial y}\right)}, \tag{6.8}$$

$$\boxed{\tau_{zy} = \tau_{yz} = \eta\left(\frac{\partial v_z}{\partial y} + \frac{\partial v_y}{\partial z}\right)} \text{ und} \tag{6.9}$$

$$\boxed{\tau_{xz} = \tau_{zx} = \eta\left(\frac{\partial v_x}{\partial z} + \frac{\partial v_z}{\partial x}\right)}. \tag{6.10}$$

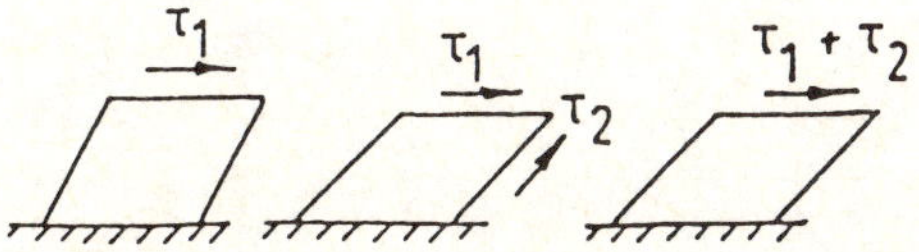


**Bild 6.9.** Zur Erläuterung des NEWTON-Schubspannungsansatzes mit zwei Geschwindigkeitsquergradienten zu $\tau_1$ und $\tau_2$

[30] BOLTZMANN, Ludwig (1844-1906). Geb. in Wien, durch Selbstmord gest. bei Triest. Der österreichische Physiker schuf hervorragende Arbeiten über theoretische Physik (Kinematische Gastheorie, Statistische Mechanik, Strahlung des schwarzen Körpers, Entropie, Elektrodynamik).

Für die Normalspannungen σ gelten die sogenannten „Stoffgesetze", die zusammen mit der Kontinuitätsgleichung (2.9) und der sogenannten „STOKES-Hypothese" („Unterstellung" im Sinne einer unbewiesenen Vermutung) folgende Beziehungen ergeben, die sich experimentell nachweisen lassen:

$$\boxed{\sigma_x = -p + 2\,\eta\,\frac{\partial v_x}{\partial x}}\,, \tag{6.11}$$

$$\boxed{\sigma_y = -p + 2\,\eta\,\frac{\partial v_y}{\partial y}} \quad \text{und} \tag{6.12}$$

$$\boxed{\sigma_z = -p + 2\,\eta\,\frac{\partial v_z}{\partial z}}\,. \tag{6.13}$$

Gleichungen (6.8 ... 6.13) eingesetzt in Gln. (6.5 ... 6.7) ergeben die

**NAVIER-STOKES-Bewegungsgleichungen:**

$$\boxed{\frac{\mathrm{d}v_x}{\mathrm{d}t} = f_x - \frac{1}{\rho}\frac{\partial p}{\partial x} + \nu\left(\frac{\partial^2 v_x}{\partial x^2} + \frac{\partial^2 v_x}{\partial y^2} + \frac{\partial^2 v_x}{\partial z^2}\right)}\,, \tag{6.14}$$

$$\boxed{\frac{\mathrm{d}v_y}{\mathrm{d}t} = f_y - \frac{1}{\rho}\frac{\partial p}{\partial y} + \nu\left(\frac{\partial^2 v_y}{\partial x^2} + \frac{\partial^2 v_y}{\partial y^2} + \frac{\partial^2 v_y}{\partial z^2}\right)} \quad \text{und} \tag{6.15}$$

$$\boxed{\frac{\mathrm{d}v_z}{\mathrm{d}t} = f_z - \frac{1}{\rho}\frac{\partial p}{\partial z} + \nu\left(\frac{\partial^2 v_z}{\partial x^2} + \frac{\partial^2 v_z}{\partial y^2} + \frac{\partial^2 v_z}{\partial z^2}\right)} \tag{6.16}$$

für die *x*-, *y*- und *z*-Richtung, oder nur in einer einzelnen Vektorgleichung:

$$\boxed{\frac{\mathrm{d}\underline{v}}{\mathrm{d}t} = \underline{f} - \frac{1}{\rho}\,\underline{\nabla} p + \nu\,\Delta\underline{v}} \tag{6.17}$$

mit

$\underline{\nabla}$ Nabla[31]-Operator, s.Gl.(1.2) und

$\Delta$ LAPLACE[32]-Operator in $\Delta\underline{v} = \frac{\partial^2 \underline{v}}{\partial x^2} + \frac{\partial^2 \underline{v}}{\partial y^2} + \frac{\partial^2 \underline{v}}{\partial z^2}$.

---

[31] Nabla, griechisch nablas, phönizisches Saiteninstrument in der Art einer kleinen Harfe, Instrumentalfunde aus der Zeit ca. 1000 v.Chr. im Mittelmeerraum (Libanon)

[32] LAPLACE, Pierre Simon (1749-1827). Geb. in Beaumont (Calvados), gest. in Paris. Seit 1817 Marquis de LAPLACE, großer französischer Mathematiker und Physiker, Professor in Paris, beschäftigte sich mit Himmelsmechanik, Wahrscheinlichkeitstheorie, Differential- und Integralrechnung.

Die Herleitung von Gl. (6.14) aus Gl.(6.5) soll zum besseren Verständnis im folgenden nachvollzogen werden. Gln. (6.8) und (6.11) werden in Gl. (6.5) eingesetzt:

$$\frac{\mathrm{d}v_x}{\mathrm{d}t} = f_x + \frac{1}{\rho}\left\{-\frac{\partial p}{\partial x} + 2\frac{\partial}{\partial x}\left[\eta\,\frac{\partial v_x}{\partial x}\right] + \frac{\partial}{\partial y}\left[\eta\left(\frac{\partial v_x}{\partial y} + \frac{\partial v_y}{\partial x}\right)\right] + \frac{\partial}{\partial z}\left[\eta\left(\frac{\partial v_x}{\partial z} + \frac{\partial v_z}{\partial x}\right)\right]\right\}$$

$$= f_x - \frac{1}{\rho}\frac{\partial p}{\partial x} + \nu\left\{\frac{\partial^2 v_x}{\partial x^2} + \frac{\partial^2 v_x}{\partial y^2} + \frac{\partial^2 v_x}{\partial z^2} + \frac{\partial}{\partial x}\left(\frac{\partial v_x}{\partial x} + \frac{\partial v_y}{\partial y} + \frac{\partial v_z}{\partial z}\right)\right\}.$$

Mit dem LAPLACE-Operator in

$$\Delta v_x = \frac{\partial^2 v_x}{\partial x^2} + \frac{\partial^2 v_x}{\partial y^2} + \frac{\partial^2 v_x}{\partial z^2}.$$

und der Kontinuitätsgleichung (2.9): $\partial v_x / \partial x + \partial v_y / \partial y + \partial v_z / \partial z = 0$ folgt schließlich Gl.(6.14). Wie bereits aus Kap. 3 bekannt, läßt sich die substantielle Beschleunigung $\mathrm{d}\underline{v} / \mathrm{d}t$ des Massenelements $\mathrm{d}m$ aus einer lokalen und einer konvektiven Beschleunigung zusammensetzen, s.Gl.(2.20):

$$\frac{\mathrm{d}\underline{v}}{\mathrm{d}t} = \frac{\partial \underline{v}}{\partial t} + (\underline{v}\cdot\underline{\nabla})\,\underline{v},$$

$$\frac{\mathrm{d}v_x}{\mathrm{d}t} = \frac{\partial v_x}{\partial t} + v_x\frac{\partial v_x}{\partial x} + v_y\frac{\partial v_x}{\partial y} + v_z\frac{\partial v_x}{\partial z},$$

$$\frac{\mathrm{d}v_y}{\mathrm{d}t} = \frac{\partial v_y}{\partial t} + v_x\frac{\partial v_y}{\partial x} + v_y\frac{\partial v_y}{\partial y} + v_z\frac{\partial v_y}{\partial z} \quad \text{und}$$

$$\frac{\mathrm{d}v_z}{\mathrm{d}t} = \frac{\partial v_z}{\partial t} + v_x\frac{\partial v_z}{\partial x} + v_y\frac{\partial v_z}{\partial y} + v_z\frac{\partial v_z}{\partial z},$$

so daß sich Gl. (6.17) auch wie folgt angeben läßt:

$$\boxed{\frac{\partial \underline{v}}{\partial t} + (\underline{v}\cdot\underline{\nabla})\,\underline{v} = \underline{f} - \frac{1}{\rho}\underline{\nabla} p + \nu\,\Delta\underline{v}}\,. \tag{6.18}$$

Schließlich kann Gl. (6.18), nach den Regeln der Vektorrechnung umgewandelt, auch geschrieben werden als:

$$\boxed{\frac{\partial \underline{v}}{\partial t} + \underline{\nabla}\left(\frac{v_2^2}{2} + \frac{p}{\rho}\right) - \underline{v}\times \mathrm{rot}\,\underline{v} = \underline{f} - \nu\,\mathrm{rot}\,(\mathrm{rot}\,\underline{v})}\,. \tag{6.19}$$

So erscheinen die NAVIER-STOKES-Bewegungsgleichungen in vielfältigen Formen, wie in Gln.(6.14)...(6.19) angegeben:

Allen Formulierungen liegen die Voraussetzungen zugrunde:

$\rho = \text{const}$,
$\nu = \text{const}$ und
NEWTON-Fluid.

Die Gln (6.14) ... (6.16) können aus kartesischen Koordinaten $x, y, z$ in Zylinderkoordinaten $r, \Theta, x$ umgerechnet werden, ähnlich wie es mit der Kontinuitätsgleichung (2.3), in Gl.(2.21) umgewandelt, geschehen ist (s.a. **Bild 2.8b**). Die NAVIER-STOKES-Bewegungsgleichung in den Formulierungen Gln.(6.14)...(6.16) lauten in **Zylinderkoordinaten**:

$$\frac{\partial v_r}{\partial t} + v_r \frac{\partial v_r}{\partial r} + \frac{v_\Theta}{r}\frac{\partial v_r}{\partial \Theta} + v_x \frac{\partial v_r}{\partial x} - \frac{v_\Theta^2}{r} =$$

$$f_r - \frac{1}{\rho}\frac{\partial p}{\partial r} + \nu\left[\frac{\partial}{r\,\partial r}\left(\frac{r\,\partial v_r}{\partial r}\right) + \frac{\partial^2 v_r}{r^2\,\partial \Theta^2} + \frac{\partial^2 v_r}{\partial x^2} - \frac{v_r}{r^2} - \frac{2\,\partial v_\Theta}{r^2\,\partial \Theta}\right], \tag{6.20}$$

$$\frac{\partial v_\Theta}{\partial t} + v_r \frac{\partial v_\Theta}{\partial r} + \frac{v_\Theta}{r}\frac{\partial v_\Theta}{\partial \Theta} + v_x \frac{\partial v_\Theta}{\partial x} + \frac{v_r\, v_\Theta}{r} =$$

$$f_\Theta - \frac{1}{\rho}\frac{\partial p}{r\,\partial \Theta} + \nu\left[\frac{\partial}{r\,\partial r}\left(\frac{r\,\partial v_\Theta}{\partial r}\right) + \frac{\partial^2 v_\Theta}{r^2\,\partial \Theta^2} + \frac{\partial^2 v_\Theta}{\partial x^2} - \frac{v_\Theta}{r^2} + \frac{2\,\partial v_r}{r^2\,\partial \Theta}\right], \tag{6.21}$$

$$\frac{\partial v_x}{\partial t} + v_r \frac{\partial v_x}{\partial r} + \frac{v_\Theta}{r}\frac{\partial v_x}{\partial \Theta} + v_x \frac{\partial v_x}{\partial x} =$$

$$f_x - \frac{1}{\rho}\frac{\partial p}{\partial x} + \nu\left[\frac{\partial}{r\,\partial r}\left(\frac{r\,\partial v_x}{\partial r}\right) + \frac{\partial^2 v_x}{r^2\,\partial \Theta^2} + \frac{\partial^2 v_x}{\partial x^2}\right]. \tag{6.22}$$

Die gleiche Prozedur für die Kontinuitätsgleichung (2.9) ergibt:

$$\frac{\partial v_r}{\partial r} + \frac{v_r}{r} + \frac{\partial v_\Theta}{r\,\partial \Theta} + \frac{\partial v_x}{\partial x} = 0\,. \tag{6.23}$$

Diese Gleichung sei hier auch angegeben, da in technischen Anwendungen die NAVIER-STOKES-Bewegungsgleichung (6.20)...(6.22) oft in Kombination mit dem Massenerhaltungssatz Gl.(6.23) benutzt wird.

# 7 Potentialströmung inkompressibler Fluide

## 7.1 Definition der Potentialströmung

Auf dem Mathematiker-Kongreß 1904 in Heidelberg stellte Ludwig PRANDTL[33] die Hypothese auf, daß in der Nähe von Wänden zwei getrennte Strömungen auftreten:

(1) **Grenzschichtströmung** in einer sehr dünnen Schicht in Wandnähe mit dominanter Rolle der Reibung und

(2) **Außenströmung** mit vernachlässigbarer Reibung.

Er schlug damit die Brücke zwischen den damals stark divergierenden Richtungen der physikalisch-theoretischen und der praxisorientierten Strömungslehre.

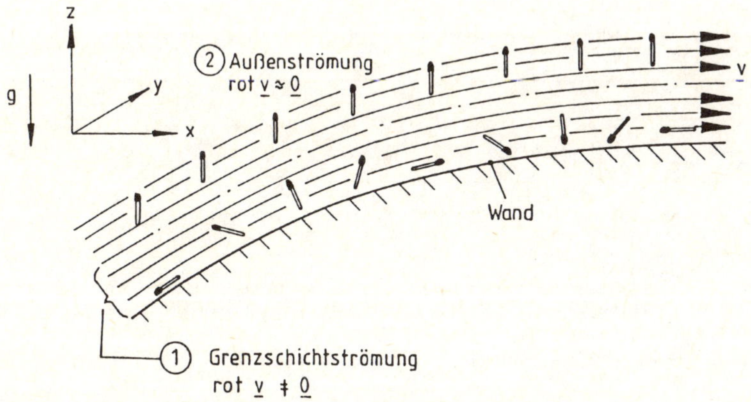


**Bild 7.1.** Grenzschichtströmung und Außenströmung an einer Wand

---

[33] PRANDTL, Ludwig, *1875 Freiburg, gest. 1953 Göttingen. Physiker, einer der größten Strömungsforscher der angewandten Aero- und Hydrodynamik, Prof. in Göttingen, Direktor des Kaiser-Wilhelm-Instituts für Strömungsforschung (heute Deutsche Forschungs- und Versuchsanstalt für Luft- und Raumfahrt, DLR, Göttingen). Gesammelte Abhandlungen zur angewandten Mechanik, Hydrodynamik und Aerodynamik (Hrsg. SCHLICHTING, TOLLMIEN, GÖRTLER), Springer 1961

Das **Bild 7.1** zeigt: In der Grenzschichtströmung drehen sich die Fluidteilchen, hier simuliert durch Zündhölzer; die Drehung ist Ausdruck erheblicher Energiedissipation (Reibung). In der Außenströmung drehen sich die Teilchen nicht; ist dort die Drehung exakt Null, d.h. rot $\underline{v} = \underline{0}$, so nennen wir die Außenströmung eine **Potentialströmung**. Es gilt also:

Potentialströmung rot $\underline{v} = \underline{0}$,
Grenzschichtströmung rot $\underline{v} \neq \underline{0}$.

Der Name Potentialströmung rührt daher, daß man, wie in Abschn. 7.2 ausgeführt, das Geschwindigkeitsfeld stets durch Ableitung einer skalaren Potentialfunktion $\Phi$ darstellen kann.
Die Potentialströmung ist gleichbedeutend mit **drehungsfreier Strömung**; man hebt hiermit auf die mathematische Bedingung rot $\underline{v} = \underline{0}$ ab und nicht unbedingt auf $\nu = 0$ (reibungsfreie Strömung). Es ist üblich, die Vektorgröße rot $\underline{v}$ mit **Wirbelstärkevektor** $\underline{\Omega}$ zu bezeichnen, so daß die Potentialströmung allgemein wie folgt definiert werden kann:

$$\boxed{\underline{\Omega} = \text{rot}\,\underline{v} = \underline{0}} \tag{7.1}$$

mit

$$\underline{\Omega} = \text{rot}\,\underline{v} = \begin{vmatrix} \underline{e}_x & \underline{e}_y & \underline{e}_z \\ \dfrac{\partial}{\partial x} & \dfrac{\partial}{\partial y} & \dfrac{\partial}{\partial z} \\ v_x & v_y & v_z \end{vmatrix} = \underline{0}\ ,$$

$$\Omega_x = \left(\frac{\partial v_z}{\partial y} - \frac{\partial v_y}{\partial z}\right) = 0\ , \tag{7.2}$$

$$\Omega_y = \left(\frac{\partial v_x}{\partial z} - \frac{\partial v_z}{\partial x}\right) = 0 \text{ und} \tag{7.3}$$

$$\Omega_z = \left(\frac{\partial v_y}{\partial x} - \frac{\partial v_x}{\partial y}\right) = 0\ . \tag{7.4}$$

Ersetzen wir nun in der NAVIER-STOKES-Bewegungsgleichung (6.19)

$$\frac{\partial \underline{v}}{\partial t} + \underline{\nabla}\left(\frac{v^2}{2} + \frac{p}{\rho}\right) - \underline{v}\ x\ \text{rot}\,\underline{v} = \underline{f} - \nu\ \text{rot}\,(\text{rot}\,\underline{v})$$

$\underline{f}$ durch $\underline{f} = -\underline{\nabla}U$ mit $U = g\,z + \text{const}$ (konservatives Kraftfeld mit $f_z = -g$), so folgt aus Gl.(6.19) mit rot $\underline{v} = \underline{0}$:

$$\frac{\partial \underline{v}}{\partial t} + \underline{\nabla}\left(\frac{v^2}{2} + \frac{p}{\rho} + g\,z\right) = \underline{0} \tag{7.5}$$

und nach Integration über den beliebigen Weg $s$ (auch schräg zu den Stromlinien):

$$\boxed{\frac{v_1^2}{2} + \frac{p_1}{\rho} + g\,z_1 = \frac{v_2^2}{2} + \frac{p_2}{\rho} + g\,z_2 + \int_{s_1}^{s_2} \frac{\partial v}{\partial t}\,ds} \,. \tag{7.6}$$

Gleichung (7.6) stellt die **BERNOULLI-Gleichung für instationäre Potentialströmungen** dar. Die sog. „BERNOULLI-Konstante“, die linke Seite der Gl. (7.6), gilt für das gesamte Strömungsfeld.

Ein weiterer wichtiger Begriff aus der Potentialströmungstheorie ist die Zirkulation. Das unten stehende Bild erläutert den Begriff der Zirkulation $\Gamma$ eines Tragflügelprofils in ebener Potentialströmung. **Die Definitionsgleichung für die Zirkulation** lautet:

$$\boxed{\Gamma = \oint_{(K)} \underline{v}\,d\underline{s}} \tag{7.7}$$

mit

$\underline{v} = (v_x, v_y)$, $d\underline{s} = (dx, dy)$. Die Einheit von $\Gamma$ ist m²/s .

Gleichung (7.7) kann unter Beachtung des skalaren Produkts $\underline{v}\,d\underline{s}$ wie folgt umgeschrieben werden:

$$\Gamma = \oint_K (v_x\,dx + v_y\,dy) = \oint_K v_x\,dx + \oint_K v_y\,dy\,. \tag{7.8}$$

**Bild 7.2** zeigt eine ebene Potentialströmung als Tragflügelprofil-Umströmung. Um den Begriff „Zirkulation“ nach Gl.(7.7) zu erläutern, ist in dem Bild eine Randkurve mit mathematisch positiver Umlaufrichtung um das Tragflügelprofil gelegt, und zwar derart, daß K parallel oder senkrecht zu den Stromlinien verläuft. Hiermit wird das in Gl.(7.7) auftretende skalare Produkt $\underline{v}\,d\underline{s}$ anschaulich vereinfacht: auf den Stromlinien werden $\underline{v}$ und $d\underline{s}$ betragsmäßig multipliziert, auf den K-Linienebschnitten senkrecht zu den Stromlinien ist $\underline{v}\,d\underline{s} = 0$. Die so ermittelte Zirkulation Γ steht im engen Zusammenhang mit dem Auftrieb $F_A$ je m Flügelbreite b des mit $v_\infty$ angeströmten Tragflügelprofils.

Nach dem Satz von KUTTA[34] und JOUKOWSKI[35] gilt:

$$\frac{F_A}{b} = \rho \, v_\infty \Gamma \tag{7.9}$$

mit $\rho$ Dichte des anströmenden Fluids.

Betrachten wir nun ein beliebiges Flächenelement dA in der ebenen Potentialströmung in **Bild 7.2**. Das **Bild 7.3** gibt dieses Flächenelement dA wieder. Die Zirkulation $d\Gamma$ für dieses Flächenelement beträgt nach Gl.(7.8):

$$d\Gamma = v_x \, dx + \left( v_y + \frac{\partial v_y}{\partial x} dx \right) dy - \left( v_x + \frac{\partial v_x}{\partial y} dy \right) dx - v_y \, dy$$

$$= \underbrace{\left( \frac{\partial v_y}{\partial x} - \frac{\partial v_x}{\partial y} \right)}_{\Omega_Z} \underbrace{dx \, dy}_{dA_Z} = \text{rot} \, \underline{v} \, d\underline{A} = \underline{\Omega} \, d\underline{A} \, .$$

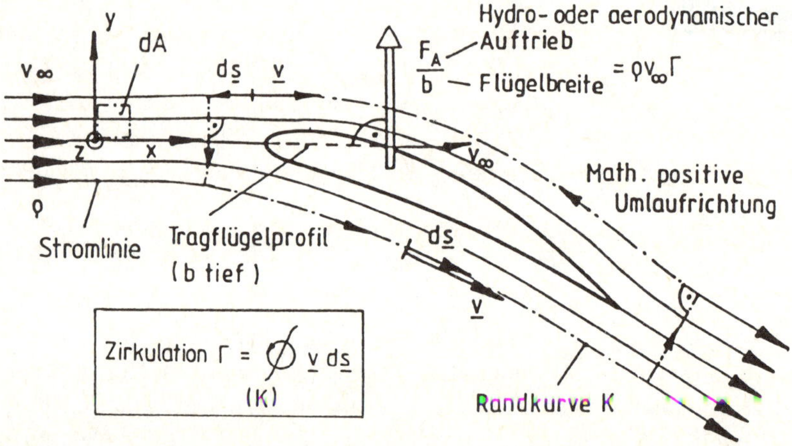


**Bild 7.2.** Randkurve $K$ bei einer Tragflügelprofil-Umströmung zur Definition der Zirkulation $\Gamma$

Hieraus folgen nach Integration über die Fläche A eine einfache Formulierung des Integralsatzes von STOKES (Überführung eines Linienintegrals in ein Flächenintegral) und eine **zusammenfassende Formulierung der Zirkulation:**

[34] KUTTA, W.: Auftriebskräfte in strömenden Flüssigkeiten. Illustr. Aeron. Mitt. 6 (1902), S.133...135

[35] JOUKOWSKI, N.E.: Über die Konturen der Tragflächen der Drachenflieger. Z.Flugtechn. Motorluftsch. 1 (1910), S.261...284

$$\Gamma = \oint_{(K)} \underline{v}\, d\underline{s} = \int_{(A)} \text{rot}\underline{v}\, d\underline{A} = \int_{(A)} \underline{\Omega}\, d\underline{A}. \tag{7.10}$$

mit Linienintegral, Flächenintegral und Wirbelstärkevektor $\underline{\Omega}$.

Der Integralatz von STOKES hat in der Strömungslehre eine wichtige Bedeutung insofern, als ein Linienintegral durch die Operation $\underline{v} \to \text{rot}\,\underline{v}$ und $d\underline{s} \to d\underline{A}$ in ein Flächenintegral überführt werden kann.

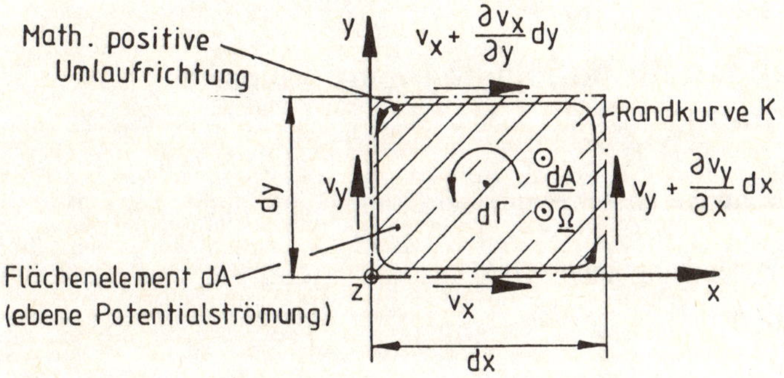


**Bild 7.3.** Randkurve *K* um ein Flächenelement d*A*

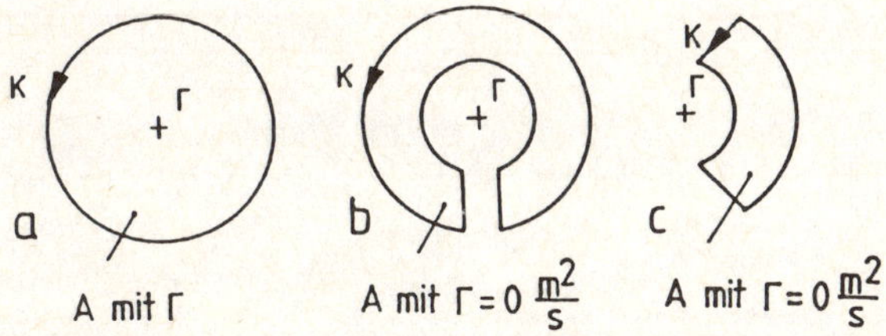


**Bild 7.4.** Randkurve *K* für unterschiedliche Fälle. a Zentrischer Verlauf um Wirbelpunkt mit $\Gamma$; b Zentrischer Verlauf, ohne Wirbelpunkt zu enthalten; c Exzentrischer Verlauf, ohne Wirbelpunkt zu enthalten

Eine Strömung ist also eine Potentialströmung (drehungsfreie Strömung), wenn für jede beliebige Randkurve *K* bzw. Fläche *A*, die nicht den Wirbelpunkt enthält,

$$\Gamma = \int_{(K)} \underline{v}\, d\underline{s} = \int_{(A)} \underline{\Omega}\, d\underline{A} = 0 \text{ ist.}$$

Bezüglich des oben erwähnten Wirbelpunktes soll das **Bild 7.4** eine Erläuterung geben. Ein Wirbel der Zirkulation $\Gamma$ befinde sich im Mittelpunkt +. Im Bildteil a wird die Randkurve $K$ zentrisch um diesen Punkt gelegt, und es ergibt sich eine Zirkulation $\Gamma \neq 0$. Im Bildteil b verläuft die Randkurve $K$ so, daß das Linienintegral Gl. (7.7) Null ergibt; wir erleben hiermit den Fall, daß die Randkurve $K$ bzw. die Fläche $A$ den Wirbelpunkt nicht enthält und sich die Potentialströmung streng nach Gln. (7.1)...Gl. (7.4) zeigt. Im Bildteil c befindet sich, ähnlich wie bei b, der Wirbelpunkt außerhalb der Randkurve $K$ bzw. der Fläche $A$.

## 7.2 Grundgleichungen für räumliche instationäre Potentialströmung

Es handelt sich hier im wesentlichen um vier Grundgleichungen (A)...(D).

(A) Die Definitionsgleichung lautet, Gl.(7.1):

$$\boxed{\underline{\Omega} = \text{rot}\ \underline{v} = \underline{0}}\ .$$

(B) Es wird eine sog. Potentialfunktion $\Phi = \Phi\,(x, y, z, t)$ des Geschwindigkeitsfeldes eingeführt, so daß gilt:

$$\boxed{\underline{v} = \underline{\nabla}\Phi} \qquad (7.11)$$

mit

$$\boxed{v_x = \frac{\partial \Phi}{\partial x}}\ , \qquad (7.12)$$

$$\boxed{v_y = \frac{\partial \Phi}{\partial y}}\ \text{und} \qquad (7.13)$$

$$\boxed{v_z = \frac{\partial \Phi}{\partial z}}\ . \qquad (7.14)$$

(C) Jede Potentialfunktion $\Phi\,(x, y, z, t)$ des Geschwindigkeitsfeldes erfüllt Gl. (7.1):

$$\operatorname{rot} \underline{v} = \operatorname{rot}(\underline{\nabla}\,\Phi) = \begin{vmatrix} \underline{e}_x & \underline{e}_y & \underline{e}_z \\ \dfrac{\partial}{\partial x} & \dfrac{\partial}{\partial y} & \dfrac{\partial}{\partial z} \\ \dfrac{\partial \Phi}{\partial x} & \dfrac{\partial \Phi}{\partial y} & \dfrac{\partial \Phi}{\partial z} \end{vmatrix} = \underline{0}\,.$$

Beweis:

$$\operatorname{rot} \underline{v} = \operatorname{rot}(\underline{\nabla}\,\Phi)$$

$$= \underline{e}_{\mathrm{x}}\left(\frac{\partial^2 \Phi}{\partial y\,\partial z} - \frac{\partial^2 \Phi}{\partial y\,\partial z}\right) - \underline{e}_{\mathrm{y}}\left(\frac{\partial^2 \Phi}{\partial x\,\partial z} - \frac{\partial^2 \Phi}{\partial x\,\partial z}\right) + \underline{e}_{\mathrm{z}}\left(\frac{\partial^2 \Phi}{\partial x\,\partial y} - \frac{\partial^2 \Phi}{\partial x\,\partial y}\right) = 0,\text{q.e.d.}$$[36]

(D) Die Kontinuitätsgleichung lautet für ein inkompressibles Fluid einer räumlichen instationären Potentialströmung mit

$v_{\mathrm{x}} = v_{\mathrm{x}}(x, y, z, t)$, $v_{\mathrm{y}} = v_{\mathrm{y}}(x, y, z, t)$, $v_{\mathrm{z}} = v_{\mathrm{z}}(x, y, z, t)$ nach Gl. (2.9):

$$0 = \frac{\partial v_x}{\partial x} + \frac{\partial v_y}{\partial y} + \frac{\partial v_z}{\partial z} = \operatorname{div} \underline{v} = \underline{\nabla}\,\underline{v} = \nabla^2 \Phi = \Delta\,\Phi\,,\ \text{d.h.}$$

$$\boxed{\Delta\,\Phi = \frac{\partial^2 \Phi}{\partial x^2} + \frac{\partial^2 \Phi}{\partial y^2} + \frac{\partial^2 \Phi}{\partial z^2} = 0}\,. \tag{7.15}$$

Gleichung (7.14) trägt den Namen **LAPLACE-Gleichung** und repräsentiert die Kontinuitätsgleichung für räumliche instationäre Potentialströmungen. Die LAPLACE-Gleichung stellt eine lineare partielle Differentialgleichung zweiter Ordnung dar. Damit wird eine Überlagerung einzelner Lösungen zu einer neuen Lösung möglich:

$$\Phi = c_1\,\Phi_1 + c_2\,\Phi_2 + \ldots + c_{\mathrm{n}}\,\Phi_n\,. \tag{7.16}$$

Hier wird der Vorteil von Potentialströmungen deutlich: Es lassen sich einzelne Strömungen zu einer resultierenden Strömung zusammensetzen, z.B. Potentialwirbelströmung + Quellströmung = Wirbelströmung, Quellströmung + Senkenströmung + Parallelströmung = Körperumströmung.
Im folgenden soll der Sonderfall „Räumlich **stationäre** Potentialströmung" kurz behandelt werden.
Aus Gl.(7.6) folgt für den stationären Fall:

$$\boxed{\frac{v^2}{2} + \frac{p}{\rho} + g\,z = \text{const}}\,. \tag{7.17}$$

---

[36] quod erat demonstrandum (lat.), was zu beweisen war

Diese Gleichung stellt die BERNOULLI-Gleichung für die räumliche stationären Potentialströmung dar. Auffällig ist, daß die BERNOULLI-Konstante im gesamten Strömungsfeld gültig ist, da wir keine eingeschränkte Voraussetzung für den Stromfaden gemacht haben. Man erinnere sich, daß die BERNOULLI-Gl. (3.3) nur für ein und denselben Stromfaden – und nicht im gesamten Strömungsfeld – angewendet werden darf. Umgekehrt kann man daraus schließen: wenn die BERNOULLI-Konstante für das gesamte Strömungsfeld ein und dieselbe Konstante ist, so handelt es sich um eine stationäre Potentialstömung. Derartige Umkehrschlüsse sind in der Strömungslehre jedoch nicht immer zulässig.

Am Schluß dieses Abschnitts soll noch eine kurze Anmerkung über Ziel und Rechenverfahren der Theorie stationärer räumlicher Potentialströmungen hinzugefügt werden.

**Ziel**: Berechnung der $\underline{v}$- und $p$-Verteilung für räumliche stationäre Potentialströmungen.

**Rechenverfahren**:
1. $\Phi(x, y, z)$ aus $\Delta\Phi = 0$, s. Gl.(7.14),
2. $\underline{v}(x, y, z)$ aus $\underline{\nabla}\Phi = \underline{v}$, s. Gl.(7.10) und
3. $p(x, y, z)$ aus BERNOULLI-Gl. (7.16).

Es ist auch die Berechnung der räumlichen instationären Potentialströmung, beginnend mit $\Phi(x, y, z, t)$, möglich.

## 7.3 Ebene stationäre Potentialströmung

### 7.3.1 CAUCHY[37]-RIEMANN[38]-Differentialgleichungen

Neben der bereits eingeführten Geschwindigkeitspotential-Funktion $\Phi(x, y, z, t)$, hier für ebene stationäre Potentialströmung.

$$\Phi = \Phi(x, y)$$

mit

$$v_x = \frac{\partial \Phi}{\partial x} \text{ und } v_y = \frac{\partial \Phi}{\partial y}$$

[37] CAUCHY, Augustin Louis, * 1789 Paris, gest.1857 in Sceaux bei Paris, Mathematikprofessor in Paris, entwickelte die Funktionentheorie.

[38] RIEMANN, Bernhard, * 1826 in Breselenz (Kreis Lüchow-Dannenberg), gest. 1866 Selasca (Lago Maggiore), Mathematikprofessor in Göttingen, entwickelte als einer der bedeutendsten Mathematiker des 19. Jh. die Differential- und Integralrechnung.

muß nun noch eine weitere Funktion eingeführt werden:

die **Stromfunktion** $\Psi = \Psi(x, y)$
mit

$$\boxed{v_x = \frac{\partial \Psi}{\partial y}} \text{ und} \tag{7.18}$$

$$\boxed{v_y = -\frac{\partial \Psi}{\partial x}} \,. \tag{7.19}$$

Man beachte, daß in der ebenen stationären Potentialströmung gilt:

$$\underline{v} = (v_x, v_y, v_z = 0) \text{ mit } v_x = v_x(x, y) \text{ und } v_y = v_y(x, y)\,.$$

Die Bedingung rot $\underline{v} = \underline{0}$ stellt sich dann nach Gl.(7.4) einfach als

$$\frac{\partial v_y}{\partial x} - \frac{\partial v_x}{\partial y} = 0 \text{ dar.}$$

Führen wir nun die Stromfunktion $\Psi$ in die Bedingung für Drehungsfreiheit (Potentialströmung) rot $\underline{v} = \underline{0}$ ein, so erhalten wir mit dem LAPLACE-Operator:

$$0 = \frac{\partial v_y}{\partial x} - \frac{\partial v_x}{\partial y} = -\frac{\partial^2 \Psi}{\partial x^2} - \frac{\partial^2 \Psi}{\partial y^2} = -\Delta \Psi \text{ oder}$$

$$\boxed{\Delta \Psi = \frac{\partial^2 \Psi}{\partial x^2} + \frac{\partial^2 \Psi}{\partial y^2} = 0} \,. \tag{7.20}$$

Gleichung (7.20) stellt also eine andere Definition der Potentialströmung dar, und zwar in der Form rot $\underline{v} = \underline{0}$ (Drehungsfreiheit). Man vergleiche hierzu die Definition Gl. (7.15); sie stellt die Kontinuitätsgleichung (Erhaltung der Masse) dar und lautet für die ebene stationäre Potentialströmung:

$$\boxed{\Delta \Phi = \frac{\partial^2 \Phi}{\partial x^2} + \frac{\partial^2 \Phi}{\partial y^2} = 0} \,. \tag{7.21}$$

Ebene stationäre Potentialströmungen sind also charakterisiert durch

$\Delta \Phi = 0$ aus div $\underline{v} = 0$ (Kontinuitätsgleichung) und

$\Delta \Psi = 0$ aus rot $\underline{v} = \underline{0}$ (Potentialgleichung).

Drücken wir nun $v_x$ und $v_y$ zum einen durch die Potentialfunktion $\Phi$, zum anderen durch die Stromfunktion $\Psi$ aus, so erhalten wir die bekannten **CAUCHY-RIEMANN-Differentialgleichungen:**

$$\boxed{v_x : \frac{\partial\Phi}{\partial x} = \frac{\partial\Psi}{\partial y}} \text{ und} \tag{7.22}$$

$$\boxed{v_y : \frac{\partial\Phi}{\partial y} = -\frac{\partial\Psi}{\partial x}} . \tag{7.23}$$

Betrachten wir die CAUCHY-RIEMANN-Differentialgleichungen unter dem Aspekt der Differentialgeometrie, so stellen wir fest, daß Gln.(7.22) und (7.23) eine bekannte mathematische Bedingung repräsentieren: Die Linien

$\Phi$ = const (Äquipotentiallinien) und

$\psi$ = const (Stromlinien)

schneiden sich in jedem Punkt des ebenen Potentialströmungsfeldes **senkrecht**. Dieser Zusammenhang soll nun anhand von drei Beispielen bildlich dargestellt werden.

### 7.3.2 Beispiele

**1.Beispiel: Ebene Potential-Parallelströmung (Bild 7.5)**

Die Strömung verläuft horizontal von links nach rechts mit der konstanten Geschwindigkeit $v_\infty$. Potentialfunktion $\Phi$ und Stromfunktion $\psi$ stellen sich wie folgt dar:

$$\Phi = v_\infty\, x \text{ und } \Psi = v_\infty\, y .$$

Die Äquipotentiallinien $\Phi$ = const und die Stromlinien $\Psi$ = const schneiden sich senkrecht.

**2.Beispiel: Ebene Potential-Gitterströmung (Bild 7.6)**

Die Äquipotentiallinien $\Phi$ = const und die Stromlinien $\Psi$ = const stammen aus einer umfangreichen CFD[39]-Berechnung der Durchströmung (Potentialströmung) des Leitrades einer axialen Gasturbine. Man erkennt, daß Äquipotentiallinien und Stromlinien in jedem Punkt senkrecht aufeinander stehen.

[39] Computational Fluid Dynamics

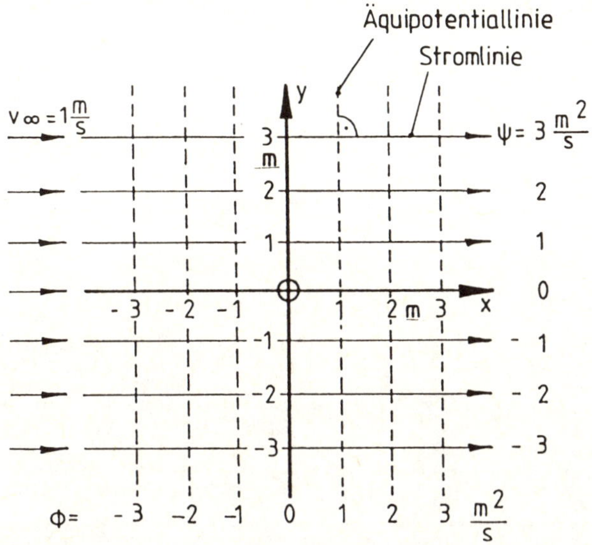


**Bild 7.5.** Äquipotential- und Stromlinien einer ebenen Potential-Parallelströmung

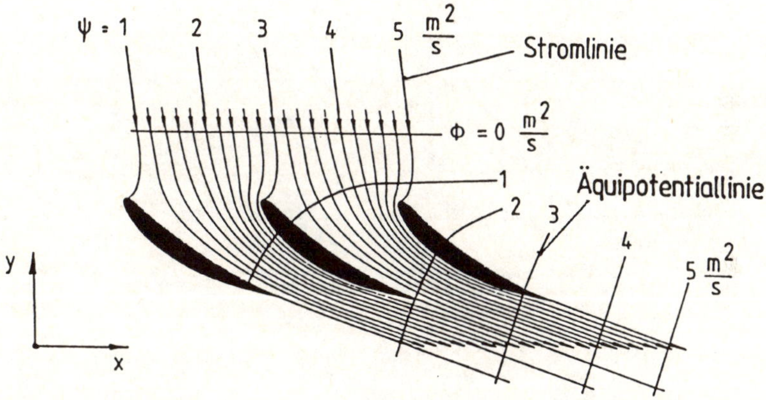


**Bild 7.6.** Äquipotential- und Stromlinien einer ebenen Potential-Gitterströmung

## 3.Beispiel: Ebene Potential-Staupunktströmung (Bild 7.7)

Potential- und Stromfunktion stellen sich in diesem Beispiel wie folgt dar:

$\Phi = (x^2 - y^2)C$ und $\psi = (2\,x\,y)\,C$.

Die Konstante $C$ ist eine sogenannte Einheitenkonstante mit $C = 1\ s^{-1}$, so daß Ableitungen von $\psi$ und $\Phi$ Geschwindigkeiten ergeben: $v_x = 2\,x\,C$ und

$v_y$=-2 $y$ $C$. In **Bild 7.7** ist die ebene Staupunktströmung in Form von Äquipotentiallinien $\Phi$ = const und die Stromlinien $\Psi$ = const dargestellt. Man erkennt wieder, daß die Äquipotential- und Stromlinien in jedem Punkt des Feldes senkrecht aufeinander stehen.

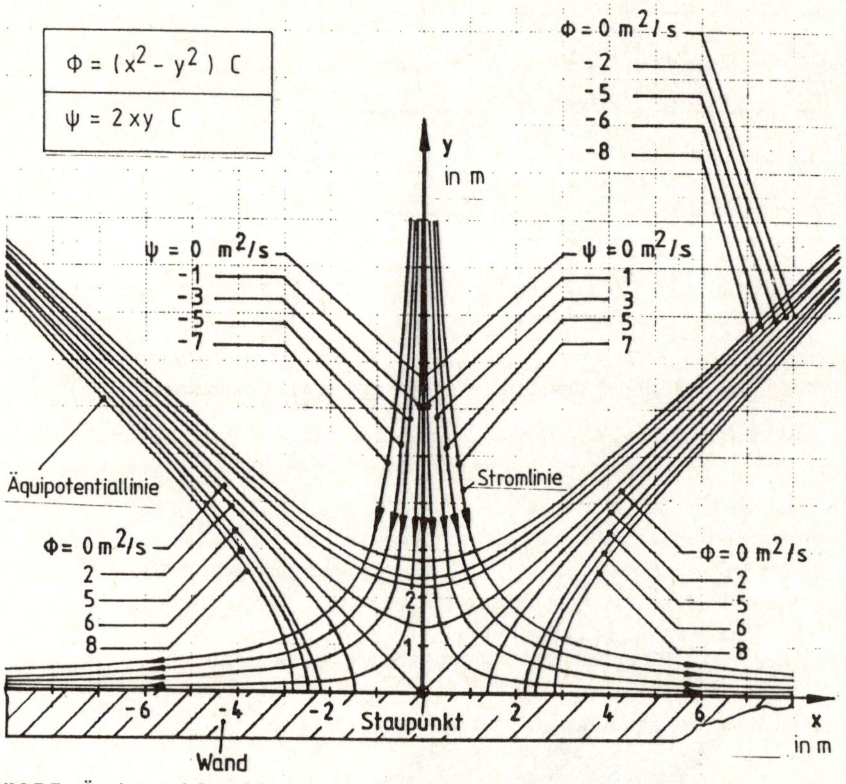


**Bild 7.7.** Äquipotential- und Stromlinien einer ebenen Potential-Staupunktströmung

# 8 Wirbelströmungen

## 8.1 RANKINE[40]-Wirbel

Im **Bild 8.1** wird die Ausflußströmung aus einem Behälter schematisch dargestellt. Wie man aus Erfahrung weiß, ist die reale Ausflußströmung bei niedrigen Wasserständen stark wirbelnd. Aus dem unteren Teil des Bildes wird ersichtlich, daß die gesamte Wirbelzone zwei Strömungsgebiete enthält: eine Kernströmung (k) und eine Außenströmung (a).

Die Kernströmung folgt den Gesetzen des **Starrkörperwirbels**:
die Strömung ist drehungsbehaftet, d.h. $\underline{\Omega} = \text{rot}\, \underline{v} \neq \underline{0}$.
Der Betrag des Wirbelstärkevektors $\underline{\Omega}$ ist:

$$\boxed{\Omega = 2\omega} \tag{8.1}$$

mit $\omega$ Winkelgeschwindigkeit der Kernströmung,
d.h. $\omega = v_{\varphi.\text{K}} / r_\text{K}$ (s.**Bild 8.1**).
Die Richtigkeit von Gl.(8.1) läßt sich wie folgt zeigen:
Für den Kernradius $r = r_\text{k}$ gilt mit der Fläche $A = \pi\, r_\text{K}^2$

$$v_{\varphi.\text{k}} = r_\text{k}\, \omega = \frac{\Gamma}{2\pi\, r_\text{k}} = \int\limits_{(A)} \frac{\text{rot}\, \underline{v}\, \text{d}\underline{A}}{2\pi\, r_\text{k}} = \frac{\Omega\, \pi\, r_\text{k}^2}{2\pi\, r_\text{k}} = \frac{r_\text{k}\, \Omega}{2},$$

woraus $\Omega = 2\omega$ folgt, q.e.d.
Die Strömungsgeschwindigkeit innerhalb der **Kernströmung (k)** lautet also:

$$\boxed{v_{\varphi.\text{K}} = r_\text{K}\, \omega \sim r}\,. \tag{8.2}$$

---

[40] RANKINE, W. 1820 bis 1872, geb in Edinburgh, gest in Glasgow. Ingenieur (Dampfmaschinentheorie, Wirbeltheorie)

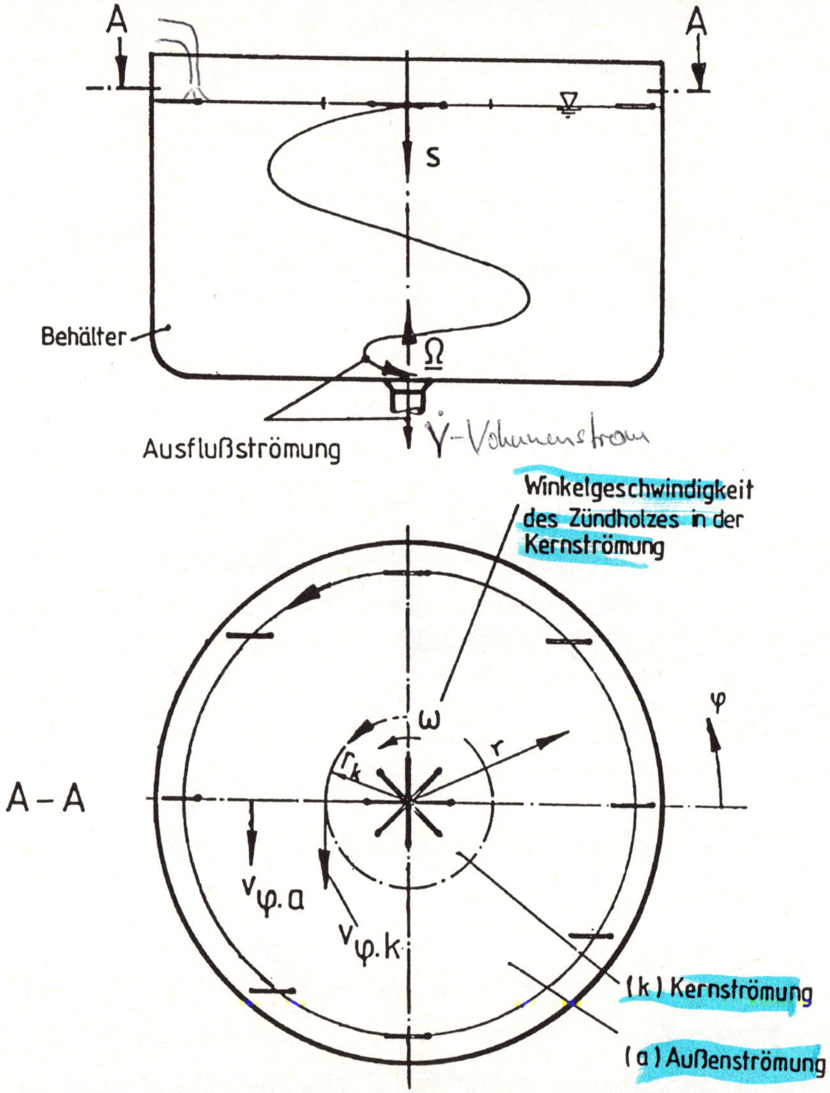


**Bild 8.1.** Durch Zündhölzer sichtbar gemachte Kern- und Außenströmung einer Ausflußströmung

Die **Außenströmung** (a) hingegen folgt den Gesetzen des Potentialwirbels, ist also drehungsfrei, $\underline{\Omega} = rot\ \underline{v} = \underline{0}$. Ein Zündholz in der Außenströmung würde sich nur parallel verschoben bewegen, d.h. der Zündkopf zeigt z.B. immer nach Osten, während er in der Kernströmung drehend in alle Richtungen zeigen würde. Die Strömungsgeschwindigkeit beträgt in der Außenströmung mit $\Gamma = 2\pi\, r\, v_\varphi$ nach Gl.(7.7):

$$v_\varphi = \frac{\Gamma}{2\pi\, r} \sim \frac{1}{r}. \qquad (8.3)$$

Wir stellen also fest, daß sich die Strömungsgeschwindigkeit $v_\varphi$ in der Kernströmung (Starrkörperwirbel) proportional zu r, in der Außenströmung (Potentialwirbel) jedoch reziprok zu r verhält. Dieser Zusammenhang ist in **Bild 8.2** dargestelllt. Die Kombination aus Starrkörperwirbel und Potentialwirbel heißt **RANKINE-Wirbel**.

Das **Bild 8.2** zeigt über dem Radius $r$ aufgetragen sowohl die Strömungsgeschwindigkeit $v_\varphi$ als auch den Betrag des Wirbelstärkevektors $\underline{\Omega}$. In Wirklichkeit sind die Übergänge von dem endlichen Wert $\Omega$ auf Null und der Übergang von der linearen Geschwindigkeitsverteilung $v_{\varphi.\mathrm{k}} \sim r$ und der hyperbolischen Geschwindigkeitsverteilung $v_{\varphi.\mathrm{a}} \sim 1/r$ nicht sprungartig sondern abgerundet (dünn gezeichnete Kurvenverläufe).

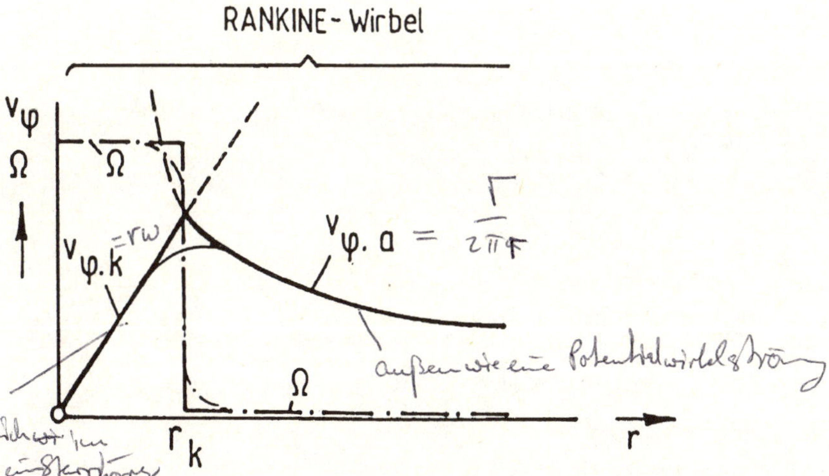


**Bild 8.2.** Geschwindigkeitsverteilung $v_\varphi(r)$ und Wirbelstärkeverteilung $\Omega(r)$ in einem RANKINE-Wirbel mit $r \le r_K$ Kernströmung (Starrkörperwirbel) und $r \ge r_K$ Außenströmung (Potentialwirbel)

## 8.2 Analogien

Die Gleichung der Stromlinie in Vektordarstellung lautet, wie in Kap. 2.2 und anhand des **Bildes 2.2** dargestellt:

$$\underline{v} \times \mathrm{d}\underline{s} = \underline{0} \quad \text{oder} \quad \mathrm{d}x : \mathrm{d}y : \mathrm{d}z = v_x : v_y : v_z \,.$$

Diese Gln.(2.1) und (2.2) drücken die Parallelität von Geschwindigkeitsvektor $\underline{v}$ und Stromlinie bzw. Streichlinie aus. Analog zu Gln.(2.1) und (2.2) lassen sich auch für das Wirbelfeld Beziehungen finden. Hierzu muß zunächst die „Wirbelröhre“ (**Bild 8.3**) definiert werden. Sie stellt analog zur Stromröhre (**Bild 3.1**) das Fluid innerhalb des Mantels von Wirbellinien dar, die durch die Randpunkte einer beliebig großen ortsfesten Fläche A verlaufen.

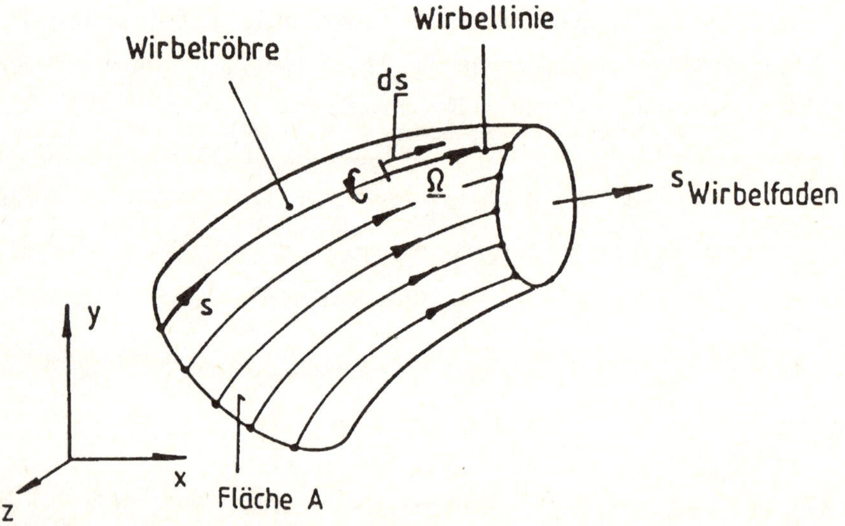


**Bild 8.3.** Zur Definition einer Wirbelröhre

Analog zu den Gln.(2.1) und (2.2) ist die Gleichung für die Wirbellinie aufgebaut:

$$\boxed{\underline{\Omega} \times \mathrm{d}\underline{s} = \underline{0}} \quad \text{oder} \tag{8.4}$$

$$\mathrm{d}x : \mathrm{d}y : \mathrm{d}z = \Omega_x : \Omega_y : \Omega_z \,. \tag{8.5}$$

Die Gln.(8.4) und (8.5) drücken die Parallelität von Wirbelstärkevektor $\underline{\Omega}$ und Wirbellinie aus.

Aus Kap. 3 ist folgende Definition des Stromfadens bekannt: Der **Stromfaden** ist das Fluid einer soweit im Querschnitt verkleinerten Stromröhre (Mantellinien = Stromlinien), daß in jedem Querschnitt die relevanten strömungsphysikalischen Größen im Rahmen der vorgegebenen Genauigkeit als konstant angesehen werden können.

Entsprechend muß für den Wirbelfaden gelten:
Der **Wirbelfaden** ist das Fluid einer soweit im Querschnitt verkleinerten Wirbelröhre (Mantellinien = Wirbellinien), daß in jedem Querschnitt die relevanten strömungsphysikalischen Größen im Rahmen der vorgegebenen Genauigkeit als konstant angesehen werden können.

Eine weitere Analogie läßt sich zwischen dem **Volumenstrom** und der **Zirkulation** („Wirbelfluß") feststellen. Das **Bild 8.4** zeigt eine Strom- bzw. Wirbelröhre; die Raumkurve *K* (flüssige Linie) umschließt die Fläche *A*.

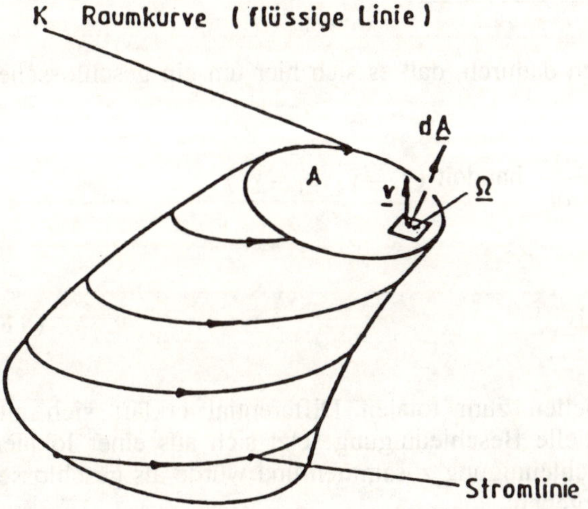


**Bild 8.4.** Zur Analogie zwischen Volumenstrom $\dot{V} = \int_{(A)} \underline{v}\, \mathrm{d}\underline{A}$ und

Wirbelfluß (Zirkulation) $\Gamma = \int_{(A)} \underline{\Omega}\, \mathrm{d}\underline{A}$

Der Volumenstrom $\dot{V}$ durch die Fläche *A* beträgt

$$\boxed{\dot{V} = \int_{(A)} \underline{v}\, \mathrm{d}\underline{A}}\,. \tag{8.6}$$

Die Einheit ist $m^3/s$.
Die Zirkulation Γ in der Fläche A beträgt nach Gl.(7.9):

$$\Gamma = \oint_{(A)} \underline{\Omega}\, \mathrm{d}\underline{A} \,. \qquad (8.7)$$

Die Einheit ist m²/s.

## 8.3 Wirbelsatz von THOMSON[41]

Es soll geprüft werden, ob sich die Zirkulation einer Strömung mit der Zeit verändern kann. Es wird also gefragt nach $\mathrm{d}\Gamma / \mathrm{d}t$ mit der in Gl.(7.7) angegebenen Definition für $\Gamma$.
Mit der bereits in Kap. 3.6 eingeführten LEIBNIZ-Regel Gl. (3.8) folgt:

$$\frac{\mathrm{d}\Gamma}{\mathrm{d}t} = \frac{\mathrm{d}}{\mathrm{d}t} \oint_{\substack{(K) \\ (s_1 = s_2)}} \underline{v}(s,t)\, \mathrm{d}\underline{s} = \underbrace{\underline{v}_2 \frac{\mathrm{d}\underline{s}_2}{\mathrm{d}t} - \underline{v}_1 \frac{\mathrm{d}\underline{s}_1}{\mathrm{d}t}}_{0} + \oint_{\substack{(K) \\ (s_1 = s_2)}} \frac{\partial \underline{v}}{\partial t}\, \mathrm{d}\underline{s} \,.$$

Der Ausdruck 0 erklärt sich dadurch, daß es sich hier um ein geschlossenes Linienumlaufintegral mit

$$\underline{v}_2(s_2, t) \frac{\mathrm{d}\underline{s}_2}{\mathrm{d}t} = \underline{v}_1(s_1, t) \frac{\mathrm{d}\underline{s}_1}{\mathrm{d}t} \text{ handelt } (\underline{v}_1 = \underline{v}_2, \underline{s}_1 = \underline{s}_2) \,.$$

Es ist also

$$\frac{\mathrm{d}\Gamma}{\mathrm{d}t} = \oint_{(K)} \frac{\partial \underline{v}}{\partial t}\, \mathrm{d}\underline{s} = \oint_{(K)} \frac{\mathrm{d}\underline{v}}{\mathrm{d}t}\, \mathrm{d}\underline{s} \,. \qquad (8.8)$$

Der Übergang vom partiellen zum totalen Differential erklärt sich aus Gl.(2.21),d.h., die substantielle Beschleunigung setzt sich aus einer lokalen und einer konvektiven Beschleunigung zusammen und würde als geschlossenes Linienumlaufintegral ergeben:

$$\oint_{(K)} \frac{\mathrm{d}\underline{v}}{\mathrm{d}t}\, \mathrm{d}\underline{s} = \oint_{(K)} \frac{\partial \underline{v}}{\partial t}\, \mathrm{d}\underline{s} + \underbrace{\oint_{(K)} (\underline{v}\, \underline{\nabla})\, \underline{v}\, \mathrm{d}\underline{s}}_{0} \,.$$

Das letzte Integral ist Null, da es sich um ein Umlaufintegral mit $\underline{v}_1 = \underline{v}_2$ und $\underline{s}_1 = \underline{s}_2$ ohne Zeitglieder handelt. Damit ist in Gl. (8.8) das partielle Differential identisch mit dem totalen Differential (q.e.d.).

---

[41] THOMSON,William:1824 bis 1907, geb. in Belfast, gest. in Large (Schottland), seit 1892 Lord KELVIN OF LARGE, Physikprofessor in Glasgow, Beschreibung des 2. Hauptsatzes der Thermodynamik (zusammen mit der absoluten Temperaturskala), zahlreiche Veröffentlichungen, u.a. „On Vortex Motion",Trans.Roy. Soc. Edinburgh 1869.

Zur weiteren Behandlung wird für $\mathrm{d}\underline{v}/\mathrm{d}t$ die NAVIER-STOKES-Bewegungsgleichung (6.17) eingesetzt, und wir erhalten aus Gl. (8.8):

$$\frac{\mathrm{d}\Gamma}{\mathrm{d}t} = \underbrace{\oint_{(K)} \underline{f}\,\mathrm{d}\underline{s}}_{1} - \underbrace{\oint_{(K)} \frac{\underline{\nabla} p}{\rho}\,\mathrm{d}\underline{s}}_{2} + \underbrace{\oint_{(K)} \nu\,\Delta\underline{v}\,\mathrm{d}\underline{s}}_{3} . \tag{8.9}$$

Eine Zirkulationsänderung mit der Zeit ist also nur möglich durch:
1. Einfluß äußerer Feldkräfte f,
2. Kompressibilitätseinfluß der Dichte ρ und
3. Einfluß der Viskosität ν (Wirbeldiffusion).

Aus Gl. (8.9) kann geschlossen werden, daß, wenn keine Einflüsse 1...3 vorhanden sind, gilt:

$$\frac{\mathrm{d}\Gamma}{\mathrm{d}t} = 0 . \tag{8.10}$$

Diese Gleichung stellt den **Wirbelsatz von THOMSON** dar. Er ist auch bekannt unter dem Namen **„Satz von der zeitlichen Wirbelerhaltung"** .Die drei Bedingungen sind:

**1.Bedingung: Äußere Feldkräfte sind konservativ** (energieerhaltend); daraus folgt:

$\underline{f} = -\underline{\nabla}U$ , $U$ = Potentialfunktion des Kraftfeldes, z. B. des Erdschwerefeldes $\underline{f} = (0,0,-g) \rightarrow U = g\,z + \mathrm{const}$ ,

$$\oint_{(K)} \underline{f}\,\mathrm{d}\underline{s} = \oint_{(K)} \underline{\nabla}U\,\mathrm{d}\underline{s} = \oint_{(K)} \mathrm{d}U = 0 .$$

Ergebnis: Sind die äußeren Feldkräfte konservativ, so trägt das erste Integral in Gl. (8.9) nicht zur zeitliche Zirkulationsänderung bei. (z. B. Erdschwerefeld)

**2.Bedingung: Fluid ist inkompressibel;** mit: $\rho = \rho(x, y, z, t) = \mathrm{const}$ folgt:

$$\oint_{(K)} \frac{1}{\rho}\underline{\nabla} p\,\mathrm{d}\underline{s} = \oint_{(K)} \underline{\nabla}\left(\frac{p}{\rho}\right)\mathrm{d}\underline{s} = \oint_{(K)} \mathrm{d}\left(\frac{p}{\rho}\right) = 0 .$$

Hier ist der Übergang vom Nabla-Operator zum totalen Differential wie folgt zu erklären:

$$\underline{\nabla}\left(\frac{p}{\rho}\right)\mathrm{d}\underline{s} = \frac{\partial}{\partial x}\left(\frac{p}{\rho}\right)\mathrm{d}x + \frac{\partial}{\partial y}\left(\frac{p}{\rho}\right)\mathrm{d}y + \frac{\partial}{\partial z}\left(\frac{p}{\rho}\right)\mathrm{d}z = \mathrm{d}\left(\frac{p}{\rho}\right).$$

Ergebnis: Bei inkompressiblen Fluiden trägt das zweite Integral nicht zur zeitlichen Zirkulationsänderung bei.

**3.Bedingung: Fluid ist reibungsfrei;** mit: $\nu = 0\ \mathrm{m^2/s}$ folgt:

$$\oint_{(K)} \nu\, \Delta \underline{v}\, \mathrm{d}\underline{s} = 0 \ .$$

Ergebnis: Bei reibungsfreien Fluiden trägt das dritte Integral nicht zur zeitlichen Zirkulationsänderung bei.

Der Wirbelsatz von THOMSON, Gl.(8.10), kann auch wie folgt angegeben werden: Die Zirkulation ist zeitlich konstant für eine Strömung mit 1. konservativen äußeren Kräften, 2. inkompressiblem Fluid und 3. reibungsfreiem Fluid. Man mache sich klar, daß ohne Viskosität der Fluide die reale Umgebung in einem Wirbelchaos untergehen müßte. Der Viskosität der Luft ist es auch zu verdanken, daß die für nachfolgende Flugzeuge gefährlichen Wirbelschleppen von Großraumflugzeugen relativ schnell vergehen.

## 8.4 Wirbelsatz von HELMHOLTZ[42]

**Bild 8.5** stellt einen Wirbelfaden dar, dessen Gesamtoberfläche A aus den zwei Endflächen $A_1$ und $A_2$ und der Mantelfläche $A_\mathrm{M}$ besteht.

Übertragen wir Gl.(7.9) für die Zirkulation Γ auf den in **Bild 8.5** abgebildeten Wirbelfaden, dessen gesamte Oberfläche $A = A_1 + A_2 + A_\mathrm{M}$ betrachtet werden soll, so folgt:

$$\underbrace{\int_{(A)} \underline{\Omega}\, \mathrm{d}\underline{A} = \int_{(V)} \mathrm{div}\, \underline{\Omega}\, \mathrm{d}V}_{\text{Integralsatz von GAUSS}} = \int_{(A)} \mathrm{div}\ \mathrm{rot}\ \underline{v}\, \mathrm{d}V = 0. \qquad (8.11)$$

Der Übergang vom ersten auf den zweiten Gleichungsteil setzt wie Gl.(2.17) den Integralsatz von GAUSS voraus (Umwandlung eines Flächenintegrals in ein Volumenintegral).

[42] HELMHOLTZ, Hermann von (1821 bis 1894), geb. in Potsdam, gest. in Charlottenburg, Physikprofessor in Königsberg, Bonn, Heidelberg und Berlin, seit 1888 Präsident der Physikalisch-Technischen Reichsanstalt Berlin (heute Physikalisch-Technische Bundesanstalt), sein Wohnhaus an der Kreuzung Fraunhofer-Str. undAbbe-Str. in Berlin existiert heute noch. Zahlreiche Veröffentlichungen: 1847 Erhaltung der Kraft, 1863 Tonempfindungen, 1867 Physiologische Optik, 1882 Gesammelte Wissenschaftliche Abhandlungen (Thermodynamik, Wirbelbewegungen von Flüssigkeiten, Diskontinuierliche Flüssigkeitsbewegungen, u.a.).

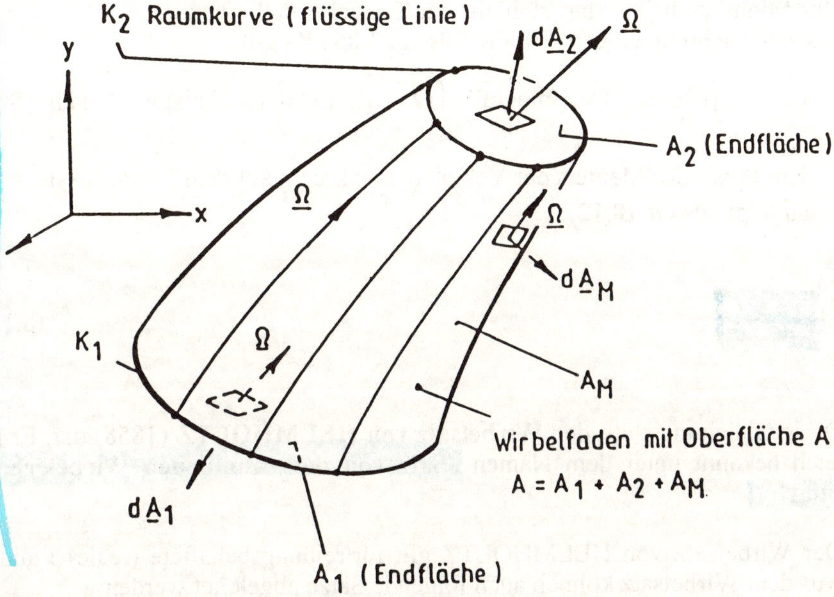


**Bild 8.5.** Wirbelfaden zur Herleitung des Wirbelsatzes von HELMHOLTZ

Der Übergang vom dritten Gleichungsteil auf Null ergibt sich aus:

$$\operatorname{div} = \frac{\partial}{\partial x} + \frac{\partial}{\partial y} + \frac{\partial}{\partial z} \quad \text{und}$$

$$\operatorname{rot} \underline{v} = \left[ \left(\frac{\partial v_z}{\partial y}\right)_{\substack{x=\text{const}\\ z=\text{const}}} - \left(\frac{\partial v_y}{\partial z}\right)_{\substack{x=\text{const}\\ y=\text{const}}}, \left(\frac{\partial v_x}{\partial z}\right) - \left(\frac{\partial v_z}{\partial x}\right), \left(\frac{\partial v_y}{\partial x}\right) - \left(\frac{\partial v_x}{\partial y}\right) \right].$$

Bildet man nun von rot $\underline{v}$ die Divergenz, d.h., leitet man nacheinander nach $x, y, z$ ab, so stellt man fest, daß z.B. für das erste Glied von rot $\underline{v}$ mit x = const die Ableitung nach $x$ Null ergibt, das zweite Glied mit $y$ = const nach $y$ abgeleitet ebenfalls Null ergibt, usw.

Analysieren wir nach den einzelnen Flächenanteilen, so folgt:

$$\int_{(A)} \underline{\Omega}\, \mathrm{d}\underline{A} = \underbrace{\int_{(A_1)} \underline{\Omega}\, \mathrm{d}\underline{A}_1}_{-\Gamma_1} + \underbrace{\int_{(A_2)} \underline{\Omega}\, \mathrm{d}\underline{A}_2}_{\Gamma_2} + \underbrace{\int_{(A_M)} \underline{\Omega}\, \mathrm{d}\underline{A}_M}_{0} = 0 \,. \tag{8.12}$$

Für die flüssige Linie $K_1$ gilt: $\Gamma_1 = -\int_{(A_1)} \underline{\Omega}\, \mathrm{d}\underline{A}_1$ .

Das Minuszeichen erklärt sich aus der Tatsache, daß $\underline{\Omega}$ und $\mathrm{d}\underline{A}_1$ in entgegengesetzte Richtung zeigen. Für die flüssige Linie $K_2$ gilt:

$\Gamma_2 = + \int_{(A_2)} \underline{\Omega}\, \mathrm{d}\underline{A}_2$. Das Integral $\int_{(A_M)} \underline{\Omega}\, \mathrm{d}\underline{A}_M$ in Gl. (8.12) ist Null, da in jedem Punkt des Mantels der Vektor $\mathrm{d}\underline{A}$ senkrecht auf dem Vektor $\underline{\Omega}$ steht. So folgt aus Gl. (8.12):

$$\boxed{\Gamma_1 = \Gamma_2} \, . \tag{8.13}$$

Diese Gleichung stellt den **Wirbelsatz von HELMHOLTZ** (1858) dar. Er ist auch bekannt unter dem Namen **„Satz von der räumlichen Wirbelerhaltung"**.

Der Wirbelsatz von HELMHOLTZ gilt für reibungsbehaftete (reale) Fluide. Aus dem Wirbelsatz können auch folgende Sätze abgeleitet werden:

1. Kein Fluidteilchen kommt in Drehung, das nicht von Anfang an in Drehung war,
2. Fluidteilchen eines Wirbelfadens bleiben immer bei demselben Wirbelfaden und
3. Wirbelfäden sind in sich geschlossen.

Anmerkung: Diese Aussage erstreckt sich auf Wirbelringe und auf Wirbelfäden, die von $-\infty$ nach $+\infty$ reichen. Die Erfahrung lehrt aber, daß Wirbelfäden an Fluidgrenzen enden können; man denke hierbei an Wirbelfäden in der Natur und Technik, z.B. an Tornados in Amerika und Einlaufwirbel bei Kühlwasserpumpen. Rechnerisch hilft man sich in diesem Falle durch das sog. Spiegelungsprinzip. Physikalisch gesehen muß man davon ausgehen, daß sich die Zirkulation des Wirbelfadens an der Fluidgrenze auf die gesamte Phasengrenzfläche verteilt, so daß hier kein Widerspruch zur räumlichen Erhaltung der Zirkulation entsteht.

## 8.5 Wirbelsatz von BIOT-SAVART – Wirbelinduktion

Das **Bild 8.6** zeigt ein Wirbelelement $\mathrm{d}\underline{s}$ aus einem unendlich langen Wirbelfaden der Zirkulation $\Gamma$ bzw. des Wirbelstärkevektors $\underline{\Omega}$. Das Wirbelelement möge sich im Mittelpunkt Q (Wirbelquelle) einer Kugel mit dem Radius r befinden. In einem Aufpunkt P auf der Kugeloberfläche soll die vom Wirbelelement $d\underline{s}$ induzierte Geschwindigkeit $d\underline{v}$ bestimmt werden. Unter den Voraussetzungen, daß sich die induzierte Geschwindigkeit so verhält, als ob die Kugeloberfläche wie eine starre Schale um die $\underline{\Omega}$-Achse rotiert und bei konstantem Ortswinkel $\alpha$ mit der Oberfläche $4\,\pi\, r^2$ abnimmt, so ergibt sich nach relativ umständlicher Rechnung:

$$\boxed{d\underline{v} = \frac{\Gamma}{4\pi} \frac{d\underline{s} \times \underline{r}}{r^3}} \,. \tag{8.14}$$

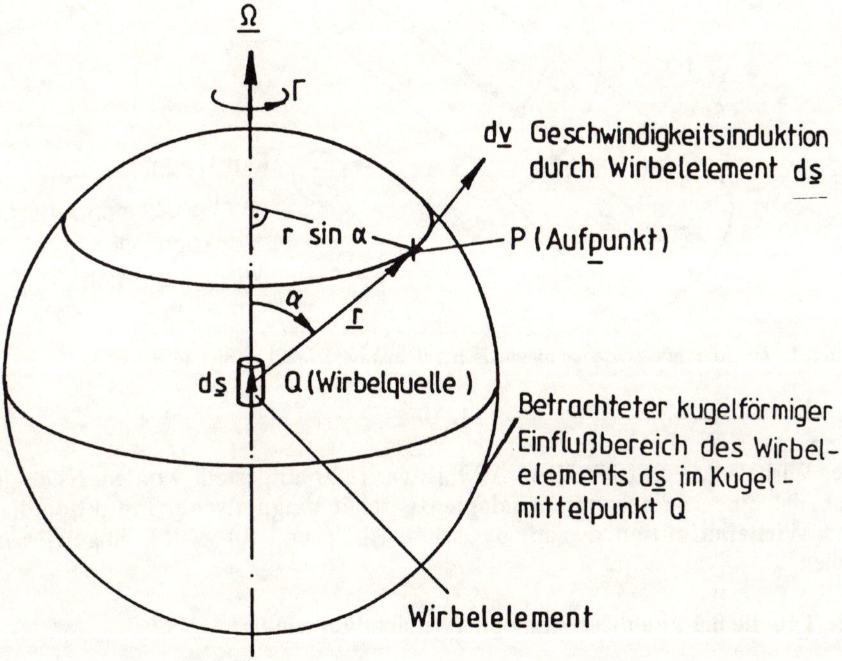


**Bild 8.6.** Geschwindigkeitsinduktion $d\underline{v}$ und Wirbelelement $d\underline{s}$ zur Herleitung des Wirbelsatzes von BIOT-SAVART

Diese Gleichung stellt den **Wirbelsatz von BIOT[43]-SAVART[44]** in differentieller Form dar.

[43] BIOT, J. B.:1774 bis 1862, geb. in Paris, gest. in Paris, Physiker, Entdecker des Polarisationsfilters, Magnetismusforscher.

[44] SAVART, F.:1791 bis 1841, geb. in Mexidros, gest. in Paris, Physiker, Magnetismusforscher

Zum besseren Verständnis dieses Wirbelsatzes verdeutlicht das **Bild 8.7** die Wirbelinduktion eines differentiell kleinen Abschnitts $d\underline{s}$ in $Q$ eines unendlich langen Wirbelfadens mit der Zirkulation $\Gamma$. Die Geschwindigkeit $d\underline{v}$ wird im Aufpunkt P induziert, der über den Radiusvektor $\underline{r}$ mit $Q$ verbunden ist.

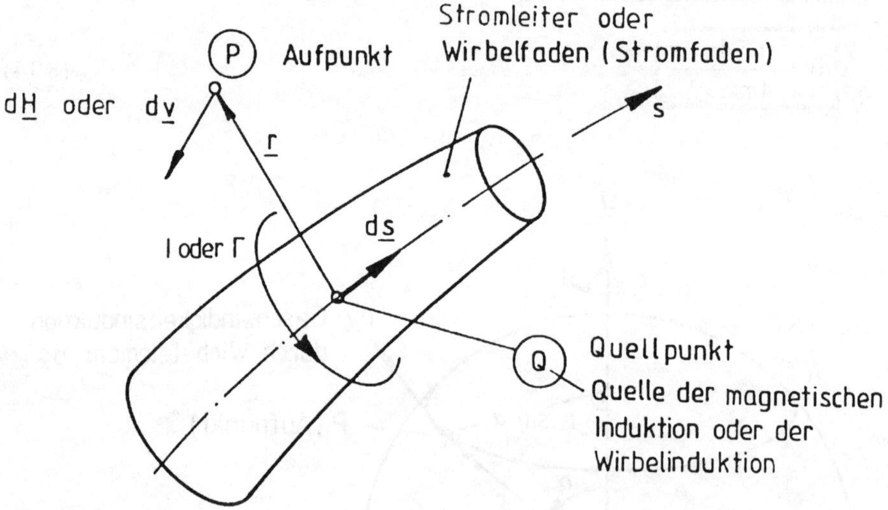


**Bild 8.7.** Zur Analogie zwischen magnetischer Induktion $d\underline{H}$ und Wirbelinduktion $d\underline{v}$

Der Wirbelsatz von BIOT-SAVART ist ca. 1820 aufgestellt worden. Es zeigt sich, daß eine sehr bekannte **Analogie** zwischen **magnetischer Induktion** $d\underline{H}$ und **Wirbelinduktion** $d\underline{v}$, auf die schon BIOT und SAVART hingewiesen haben.

Die **Tabelle 8.1** gibt diese Analogie übersichtlich wieder.

**Tabelle 8.1**. Darstellung der Analogie zwischen magnetischer Induktion und Wirbelinduktion

| Magnetische Induktion | Wirbelinduktion |
|---|---|
| $d\underline{H} = I \dfrac{d\underline{s} \times \underline{r}}{4\,\pi\, r^3}$ | $d\underline{v} = \Gamma \dfrac{d\underline{s} \times \underline{r}}{4\,\pi\, r^3}$ |
| $s$ = Längenkoordinate in m auf Stromleiter | $s$ = Längenkoordinate in m auf Wirbelfaden |
| $r$ = Ortsradius in m von Q nach P | $r$ = Ortsradius in m von Q nach P |
| $I$ = Stromstärke in A des Stromleiters | $\Gamma$ = Zirkulation in m²/s des Wirbelfadens |
| $H$ = induzierte magnetische Feldstärke in A/m im Aufpunkt P | $v$ = induzierte Geschwindigkeit in m/s im Aufpunkt P |

Kommen wir auf die Wirbelinduktion zurück. Gl. (8.14) und **Bild 8.7** zeigen: Ein Wirbelelement der Länge d$s$ und der Zirkulation $\Gamma$ im Punkt Q eines Wirbelfadens induziert im Aufpunkt P in der Entfernung $r$ von Q die elementar kleine Geschwindigkeit d$\underline{v}$. Besteht nun die Aufgabe, die gesamte induzierte Geschwindigkeit $v$ eines unendlich langen Wirbelfadens der Länge $s$ zu berechnen, so muß Gl. (8.14) integriert werden:

$$\boxed{\underline{v} = \frac{\Gamma}{4\,\pi} \int_{(S)} \frac{d\underline{s} \times \underline{r}}{r^3}} . \tag{8.14}$$

Diese Gleichung stellt den **Wirbelsatz von BIOT-SAVART in integraler Form** dar.

# 9 Grenzschichtströmungen

## 9.1 Einführung

Das **Bild 9.1** zeigt eine unendlich dünne, ebene Platte in einer beschleunigten Düsenströmung. In der unmittelbaren Nähe der Platte haften die Fluidteilchen an der Plattenoberfläche. Im weiteren Abstand nimmt die Geschwindigkeit allmählich den Wert der durch die Platte ungestörten Düsenströmung an. Führen wir die Koordinaten $x$ längs der Platte und y senkrecht zur Platte ein, so ist für eine Stelle $x = \text{const}$ mit $0 < x < l$ das sog. Grenzschichtprofil $v_x(y)$ festzustellen, mit $v_x = 0$ für $y = 0$ und $v_x = v_\delta = 0{,}99\, v_\infty$ für $y = \delta$. Der Strömungsbereich zwischen $y = 0$ und $y = \delta$ mit $\delta = \delta(x)$ wird **Grenzschicht** genannt.

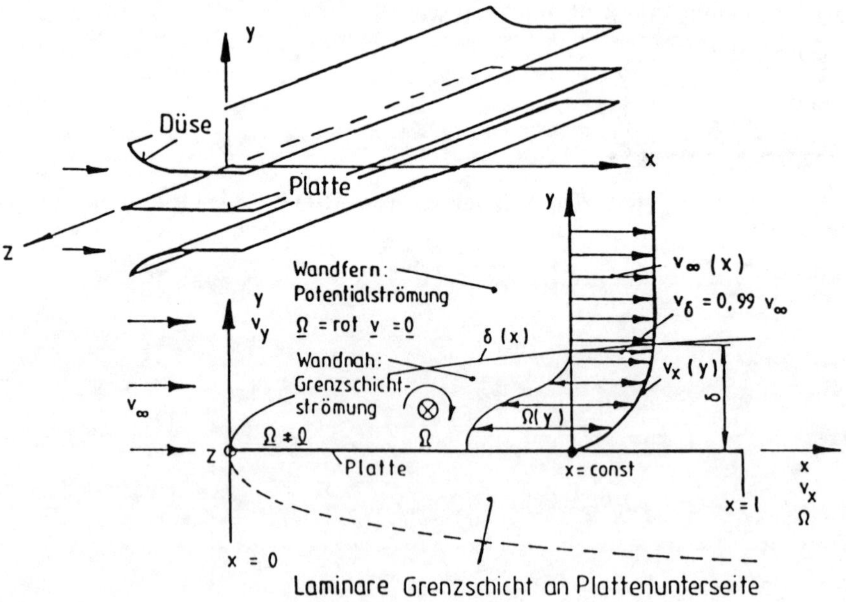


**Bild 9.1.** Unendlich dünne, ebene Platte mit Grenzschicht in einer beschleunigten Düsenströmung

Außerhalb der Grenzschicht (und außerhalb der Düsengrenzschicht) kann in guter Näherung die Strömung als Potentialströmung aufgefaßt werden.

Für alle Grenzschichtberechnungen wird davon ausgegangen, daß die Grenzschichtdicke $\delta$, verglichen mit der Plattenlänge $l$, sehr klein ist.

## 9.2 PRANDTL-Grenzschichtgleichungen

Zur Herleitung der sog. PRANDTL-Grenzschichtgleichungen müssen **elf Voraussetzungen** gemacht werden:

1. Ebene (zweidimensionale) Strömung, d.h. $v_z = 0$,
2. Stationäre Strömung, d.h. $\partial \underline{v} / \partial t = \underline{0}$,
3. Inkompressibles Fluid, d.h. $\rho = \text{const}$,
4. Erfüllung der Kontinuitätsgleichung, d.h. keine Absaugung,
5. Konstante kinematische Viskosität, d.h. $\nu = \text{const}$,
6. NEWTON-Fluid,
7. Äußere Kraftfelder vernachlässigbar klein, d.h. $\underline{f} << (1/\rho) \underline{p}$,
8. Große REYNOLDS-Zahl, d.h. $\mathrm{Re}_x = \dfrac{v_\infty x}{\nu} >> 1$,
9. Grenzschichtdicke $\delta$ vernachlässigbar klein gegenüber Grenzschichtlänge $l$, d.h. $\varepsilon = \delta / l \to 0$,
10. Laminare Grenzschichtströmung und
11. $v_y$ und $\dfrac{\partial v_x}{\partial x}$ vernachlässigbar klein:

$$\boxed{v_y << v_x}, \boxed{\frac{\partial v_x}{\partial x} << \frac{\partial v_x}{\partial y}}, \boxed{\frac{\partial^2 v_x}{\partial x^2} << \frac{\partial^2 v_x}{\partial y^2}}.$$

Unter diesen Voraussetzungen lautet die $x$-Komponente der NAVIER-STOKES-Bewegungsgleichung, siehe Gl. (6.14):

$$\boxed{v_x \frac{\partial v_x}{\partial x} + v_y \frac{\partial v_x}{\partial y} = -\frac{1}{\rho} \frac{\partial p}{\partial x} + \nu \frac{\partial^2 v_x}{\partial y^2}}. \tag{9.1}$$

Die y-Komponente lautet:

$$\left( v_x \frac{\partial v_y}{\partial x} + v_y \frac{\partial v_y}{\partial y} \right) = -\frac{1}{\rho} \frac{\partial p}{\partial y} + \nu \left( \frac{\partial^2 v_y}{\partial x^2} + \frac{\partial^2 v_y}{\partial y^2} \right).$$

Die Klammerausdrücke dieser Gleichung werden Null wegen $v_y \to 0$ .
So folgt:

**1. PRANDTL-Grenzschichtgleichung**

$$\boxed{\frac{\partial p}{\partial y} = 0} \,. \tag{9.2}$$

Der Druck in der Grenzschicht ist also nur eine Funktion der Länge $x$, so daß gilt: $p = p(x)$ . Daher kann in Gl. (9.1) die Ableitung des Druckes nach dem Weg $x$ als totales Differential d$p$/d$x$ geschrieben werden. Gl. (9.2) führt auch zu folgender Aussage: **der Druck ist für eine Stelle $x$ = const in der ebenen Grenzschicht konstant**, d.h. p($y$) = const. Der Druck p($x$) wird nur von der Außenströmung aufgeprägt, d.h. für eine Düsenströmung ist p($x$) abnehmend, für eine Diffusorströmung zunehmend.

Die Erfüllung der Kontinuitätsgleichung liefert:

**2. PRANDTL-Grenzschichtgleichung**

$$\boxed{\frac{\partial v_x}{\partial x} + \frac{\partial v_y}{\partial y} = 0} \,. \tag{9.3}$$

**Die Masse in der Grenzschicht bleibt erhalten.**

Für die Randbedingung $v_x(x, y = \delta) = v_\delta = v_\delta(x)$ mit $\partial v_\delta / \partial y = 0$ und $\partial^2 v_\delta / \partial y^2 = 0$ folgt aus Gl. (9.1):

$$\boxed{v_\delta \frac{dv_\delta}{dx} = -\frac{1}{\rho}\frac{dp}{dx}} \,. \tag{9.4}$$

Diese Gleichung verknüpft die Geschwindigkeit am Grenzschichtrand mit dem Druckgradienten in $x$-Richtung. Diese Gleichung wird die BERNOULLI-Gleichung für den Grenzschichtrand genannt. Die Herleitung dieser Gleichung kann auch direkt aus der BERNOULLI-Gleichung, Gl. (3.3) für stationäre Strömungen und für $z_1 = z_2$ am Grenzschichtrand, erfolgen:

$$\frac{v_\delta^{\,2}}{2} + \frac{p}{\rho} = \text{const.}$$

Leitet man diese Gleichung nach $x$ ab, so folgt direkt Gl. (9.4). Setzen wir das Ergebnis von Gl. (9.4) in Gl. (9.1) ein, so erhalten wir:

**3. PRANDTL-Grenzschichtgleichung:**

$$v_x \frac{\partial v_x}{\partial x} + v_y \frac{\partial v_x}{\partial y} = v_\delta \frac{\partial v_\delta}{\partial x} + \nu \frac{\partial^2 v_x}{\partial y^2} \quad . \tag{9.5}$$

Mit Hilfe der Gln. (9.1) bis (9.5) können die Geschwindigkeitsprofile $v_x(x, y)$ und damit die Wandschubspannungen $\tau_W$ und der Platten-Reibungswiderstand $F_W$ berechnet werden.

## 9.3 Laminare Grenzschicht an der ebenen, unendlich langen Platte in freier Strömung

Diese Grenzschichten werden nach einem Mitarbeiter von PRANDTL auch BLASIUS[45]-Plattengrenzschichten genannt.
Bei Grenzschichten an ebenen, unendlich langen Platten (**Bild 9.2**) ist es üblich, die REYNOLDS-Zahl mit der Lauflänge $x$ zu bilden:

$$Re_x = \frac{v_\infty \, x}{\nu} \quad . \tag{9.6}$$

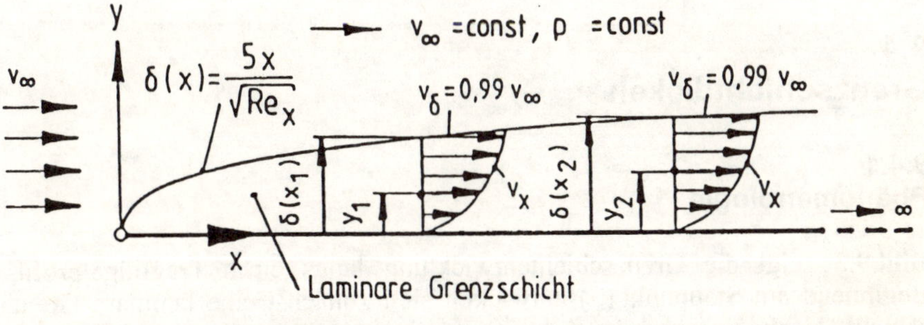


**Bild 9.2.** Laminare Grenzschicht an einer ebenen, unendlich langen Platte in freier Strömung

Zusätzlich zu den in Abschn. 9.2 getroffenen elf Voraussetzungen wird noch eine zwölfte Voraussetzung eingeführt:

[45] BLASIUS, H.: Grenzschichten in Flüssigkeiten mit kleiner Reibung, Diss. Göttingen 1907, z. Math. U. Phys. 56 (1908), NACA TM 1256

12. Konstanter Druck in $x$- und $y$-Richtung, d.h. $p(x, y) = \text{const}$, $\mathrm{d}p/\mathrm{d}x = 0$, $\mathrm{d}p/\mathrm{d}y = 0$. Hieraus folgt mit Gl. (9.4): $\mathrm{d}v_\delta/\mathrm{d}x = 0$ und hiermit $v_\delta = \text{const}$.

Unter den gemachten zwölf Voraussetzungen folgen aus den Gln. (9.1) bis (9.6) zwei wichtige Ergebnisse für laminare Grenzschichten an ebenen, unendlich langen Platten:

- In guter Übereinstimmung mit Versuchen von NIKURADSE (1942) und LIEPMANN (1951) kann die Grenzschichtdicke $\delta$ in Abhängigkeit von der Lauflänge $x$ wie folgt angegeben werden:

$$\boxed{\delta(x) = \frac{5x}{\sqrt{\mathrm{Re}_x}} \sim x^{0,5}} \,. \tag{9.7}$$

- Die $v_x(y)$-Profile sind „affin", d.h. durch Streckung oder Stauchung ineinander überführbar oder, entsprechend dimensionslos aufgetragen, als ein einziges Profil anzugeben.

Die Grenzschichtdicke $\delta$ kann durch Grenzschichtabsaugung drastisch verringert werden. Hiervon wird in der Strömungstechnik, insbesondere in der Modelltechnik, häufig Gebrauch gemacht, um

a) Grenzschichtähnlichkeit zwischen Modell und Großausführung und
b) Verringerung des Reibungswiderstands

zu erzielen.

## 9.4 Grenzschichtdicken

### 9.4.1 Phänomenologie

**Bild 9.3** zeigt die Grenzschichtentwicklung längs eines Tragflügelprofils. Beginnend am Staupunkt (S) entwickelt sich zunächst eine laminare Grenzschicht. Nach einer gewissen Lauflänge schlägt diese Grenzschicht in die turbulente Grenzschicht im Umschlagpunkt (U), und ein Rest der laminaren Grenzschicht überlebt als zähe Unterschicht. Bei großen positiven Druckgradienten längs des Profils kann die Grenzschichtströmung im Ablösepunkt (A) ablösen. Nach dem Ablösepunkt liegt unter der abgelösten Grenzschicht das Totwasser mit ausgeprägter Rückströmung. Die konvexe Seite des Profils heißt Saugseite, auf der im Bild eine Ablösung dargestellt ist. Die konkave Seite ist die Druckseite, hier ohne Ablösung. Die Ablösung tritt bei guten strömungstechnischen Konstruktionen nicht auf. Die Saugseite ist in der Regel ablösegefährdeter als die Druckseite.

Das turbulente Grenzschichtprofil ist aufgrund des turbulenten Queraustausches fülliger als das laminare. Stellt man diesen Zusammenhang graphisch dar, wobei $y$ durch die Grenzschichtdicke $\delta$ und $v_x$ durch die Geschwindigkeit $v_\delta$ am Grenzschichtrand dimensionslos gemacht werden, so erhält man das in **Bild 9.3** links oben dargestellten Diagramm.

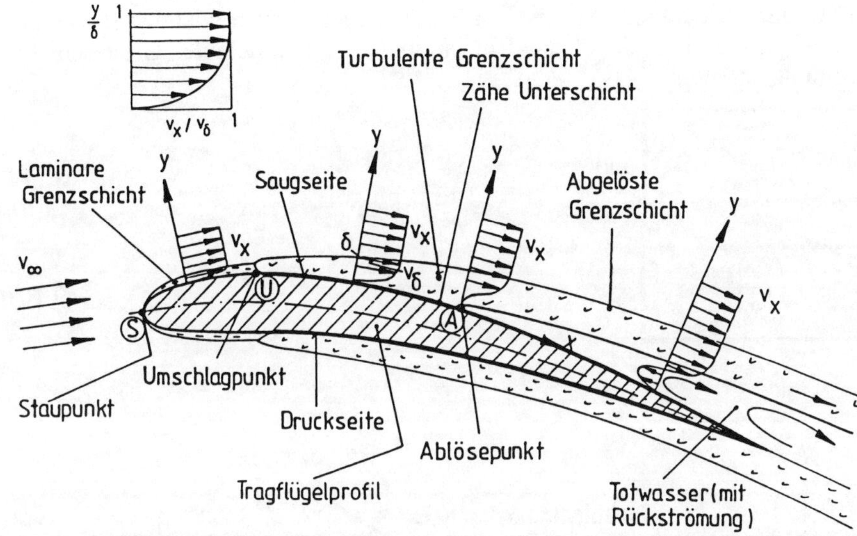


**Bild 9.3.** Grenzschichtentwicklung längs eines Tragflügelprofils

Für die Umströmung der ebenen, unendlich langen Platte liegt der Umschlagpunkt U (Umschlag von laminarer zu turbulenter Grenzschichtströmung) bei:

$$\boxed{x_u = \frac{\nu \, Re_{x.\text{krit}}}{v_\infty}} \tag{9.8}$$

mit der kritischen REYNOLDS-Zahl

$$\boxed{Re_{x.\text{krit}} = (3{,}2...5{,}0) \cdot 10^5}$$

nach Grenzschichtmessungen (siehe hierzu: SCHLICHTING, H.: Grenzschicht-Theorie, Verlag G.Braun, Karlsruhe 1982).

## 9.4.2
## 99%-Grenzschichtdicke der ebenen Platte

Die 99%-Grenzschichtdicke $\delta$ erhält ihren Namen aus der Beziehung $v_x(y = \delta) = v_\delta = 0{,}99\, v_\infty$. Das **Bild 9.4** zeigt den Übergang von laminarer in turbulente Grenzschicht im Umschlagpunkt (U) sowie die damit verbundenen unterschiedlichen Bezeichnungen für x. In der Vergangenheit sind vielfache Messungen von $\delta$ an der ebenen Platte durchgeführt worden, z.B. von HANSEN, M.

Die Geschwindigkeitsverteilung in der Grenzschicht an der längsangeströmten, ebenen Platte, ZAMM 8 (1928), NACA TM 585. Aus dieser Veröffentlichung stammt **Bild 9.5.** Aus diesem Bild lassen sich zwei wichtige Beziehungen für die Grenzschichtdicke $\delta$ in laminarer und turbulenter Grenzschichtströmung ableiten:

$$\boxed{\delta_{\text{lam}} = \frac{5x}{\sqrt{Re_x}} \sim x^{0,5}} \quad \text{und} \tag{9.9}$$

$$\boxed{\delta_{\text{turb}} = \frac{k(x)x}{\sqrt{Re_x}} \sim x^{0,8}} \; . \tag{9.10}$$

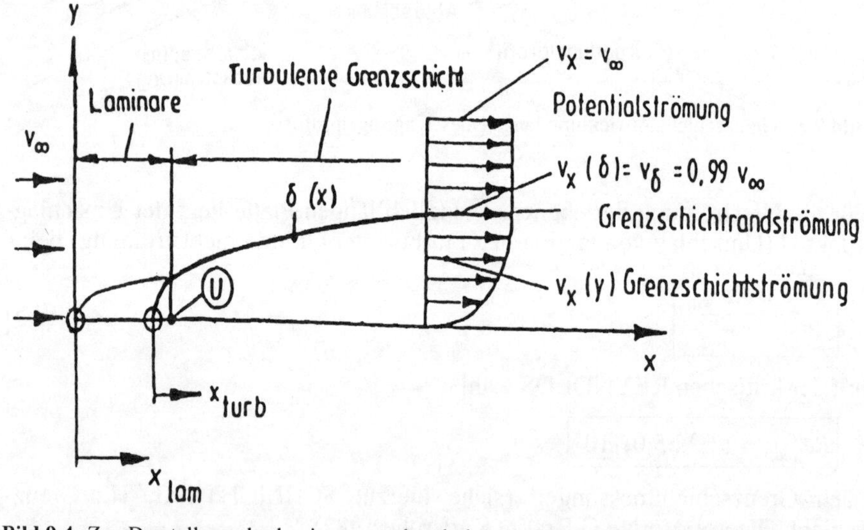


**Bild 9.4.** Zur Darstellung der laminaren und turbulenten Grenzschicht; Umschlagpunkt U und unterschiedliche Definition von $x$; Unterscheidung in Potentialströmung, Grenzschichtrandströmung und Grenzschichtströmung

Die turbulente Grenzschicht wächst also stärker mit $x$ als die laminare. Der empirische Faktor k entspricht der Ordinate in **Bild 9.5**.

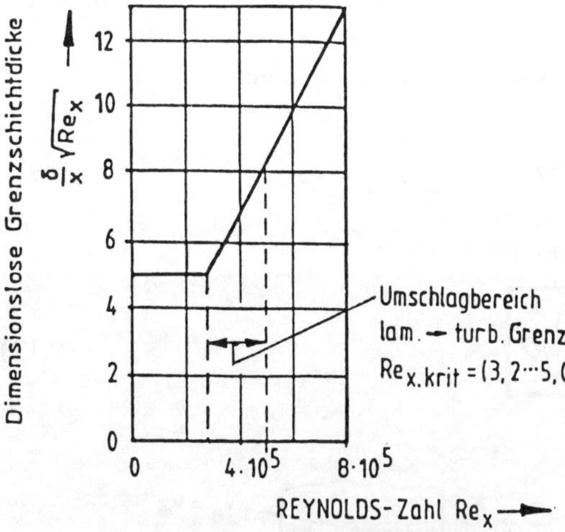


**Bild 9.5.** Dimensionslose Grenzschichtdicke in Abhängigkeit von der REYNOLDS-Zahl im Umschlagbereich von der laminaren zur turbulenten Grenzschicht an der längsangeströmten, ebenen Platte, nach HANSEN, ZAMM 8 (1928)

### 9.4.3 Verdrängungsdicke

**Bild 9.6** zeigt die Grenzschichtdicke $\delta(x)$ an einer ebenen, unendlich langen Platte. Unter der Grenzschichtdicke $\delta(x)$ befindet sich die sog. Verdrängungsdicke $\delta_1(x)$, die im folgenden hergeleitet werden soll. Der reale Massenstrom durch die Grenzschichtdicke $\delta$ ist (Realströmung):

$$\dot{m}_{\text{Realstr}} = \rho\, b \int_0^{\delta} v_x \, dy \; .$$

Nun stellen wir uns vor, daß die Außenströmung als Potentialströmung bis an die Plattenoberfläche reicht. In diesem Falle würde folgender theoretischer Massenstrom $\dot{m}_{\text{Potentialstr}}$ durch die Grenzschichtdicke $\delta$ fließen:

$$\dot{m}_{\text{Potentialstr}} = \rho\, b\, v_\delta\, \delta = \rho\, b \int_0^{\delta} v_\delta \, dy \; .$$

Der Massenstromverlust $\Delta\dot{m}$, gebildet aus $\dot{m}_{\text{Potentialstr}} - \dot{m}_{\text{Realstr}}$, wird nun auf eine fiktive Grenzschichtdicke $\delta_1$ verteilt, die den Namen „Verdrängungsdikke“ trägt. So ist die Definition für $\delta_1$ aus folgender Gleichung herzuleiten:

$$\boxed{\Delta\dot{m} = \dot{m}_{\text{Potentialstr}} - \dot{m}_{\text{Realstr}} = \rho\, b\, \delta_1\, v_\delta}\,. \tag{9.11}$$

Diese Gleichung kann auch wie folgt geschrieben werden:

$$\Delta\dot{m} = \rho\, b\, \delta_1\, v_\delta = \rho\, b \int_0^\delta \left(v_\delta - v_x\right) \mathrm{d}y\,.$$

Lösen wir nach $\delta_1$ auf, so erhalten wir:

$$\boxed{\delta_1 = \int_0^\delta \left(1 - \frac{v_x}{v_\delta}\right) \mathrm{d}y \approx \int_0^\infty \left(1 - \frac{v_x}{v_\delta}\right) \mathrm{d}y}\,. \tag{9.12}$$

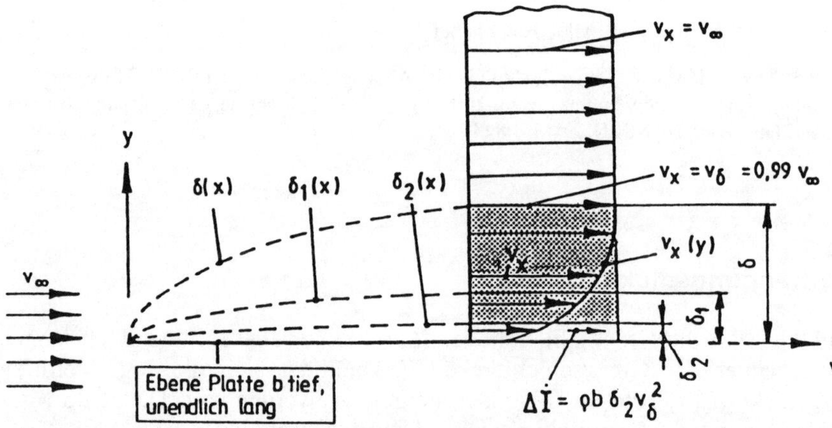


**Bild 9.6.** Zur Definition der Verdrängungsdicke $\delta_1$ am Beispiel der ebenen Platte

Das zweite Integral in Gl. (9.11) mit der oberen Grenze $\infty$ ist damit zu erklären, daß für $y > \delta$ der Ausdruck $v_x/v_\delta \approx 1$ bleibt, oder $\int_\delta^\infty \left(1 - v_x / v_\delta\right) \mathrm{d}y \approx 0$ ist.

Die Verdrängungsdicke $\delta_1$, Gl. (9.11), ist ein Maß für die Ablenkung der Potentialstromlinien nach außen aufgrund der langsamer strömenden realen Grenzschichtmassen. Bei längs angeströmten ebenen, unendlich langen Platten läßt sich sowohl theoretisch als auch experimentell zeigen:

$$\boxed{\delta_1 \approx \delta / 3}\,.$$

## 9.4.4
## Impulsverlustdicke

Bekanntlich ist der Impuls $\underline{I}$ als Produkt von Masse $m$ und Geschwindigkeit $\underline{v}$ und der Impulsstrom $\dot{\underline{I}}$ als das Produkt von Massenstrom $\dot{m}$ und Geschwindigkeit $\underline{v}$ definiert. Übertragen auf die Grenzschichtströmung ist der reale Impulsstrom (als Betragswert):

$$\dot{I}_{\text{Realstr}} = \int_0^{\delta} v_x \, \mathrm{d}\dot{m} \; .$$

Nun stellen wir uns wieder vor, daß die Potentialströmung mit der Geschwindigkeit $v_\delta$ bis an die Oberfläche der Platte reicht.
Der theoretische Impulsstrom bei Potentialströmung durch die Grenzschicht der Dicke δ beträgt dann:

$$\dot{I}_{\text{Potentialstr}} = \int_0^{\delta} v_\delta \, \mathrm{d}\dot{m} \; .$$

Der Impulsstromverlust aufgrund der Reibung ist wie folgt definiert:

$$\Delta\dot{I} = \dot{I}_{\text{Potentialstr}} - \dot{I}_{\text{Realstr}} = \int_0^{\delta} (v_\delta - v_x)\, \mathrm{d}\dot{m} = \rho\, b \int_0^{\delta} v_x (v_\delta - v_x)\, \mathrm{d}y$$

mit $d\dot{m} = \rho\, b\, v_x\, \mathrm{d}y$.
Der Impulsstromverlust $\Delta\dot{I}$ wird nun auf eine fiktive Grenzschichtdicke $\delta_2$ verteilt, die den Namen „**Impulsverlustdicke**" trägt. So ist die Definition entsprechend Gl.(9.10) für $\delta_2$ aus folgender Gleichung herzuleiten.:

$$\boxed{\Delta\dot{I} = \dot{I}_{\text{Potentialstr}} - \dot{I}_{\text{Realstr}} = \dot{m} v_\delta = \rho\, b\, \delta_2 v_\delta^{\,2}} \tag{9.13}$$

mit Massenstrom $\dot{m} = \rho\, b \delta_2 v_\delta$. Diese Gleichung kann auch wie folgt geschrieben werden (**s.Bild 9.7**)

$$\Delta\dot{I} = \rho\, b \delta_2 v_\delta^{\,2} = \rho\, b \int_0^{\delta} v_x (v_\delta - v_x)\, \mathrm{d}y \; .$$

Lösen wir nach $\delta_2$ auf, so ergibt sich:

$$\boxed{\delta_2 = \int_0^{\delta} \frac{v_x}{v_\delta}\left(1 - \frac{v_x}{v_\delta}\right) \mathrm{d}y \approx \int_0^{\infty} \frac{v_x}{v_\delta}\left(1 - \frac{v_x}{v_\delta}\right) \mathrm{d}y} \; . \tag{9.14}$$

Das zweite Integral mit der oberen Grenze $\infty$ ist damit zu erklären, daß für $y > \delta$ der Ausdruck $v_x/v_\delta \approx 1$ bleibt, oder $\int_\delta^\infty \frac{v_x}{v_\delta}\left(1 - v_x / v_\delta\right) \mathrm{d}y \approx 0$ ist.

**Bild 9.7** zeigt im Vergleich die folgenden drei Grenzschichtdicken:

| | |
|---|---|
| 99%-Dicke | $\delta(x)$, |
| Verdrängungsdicke | $\delta_1(x)$ und |
| Impulsverlustdicke | $\delta_2(x)$. |

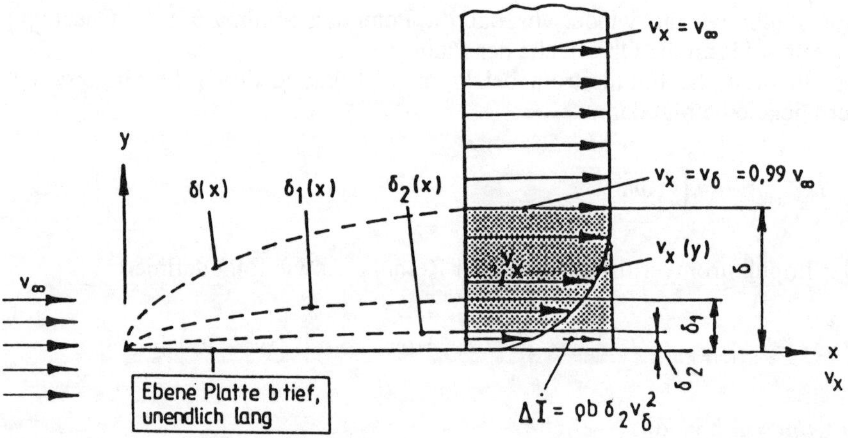


**Bild 9.7.** Darstellung der drei Grenzschichtdicken $\delta(x)$ als 99%-Dicke, $\delta_1(x)$ als Verdrängungsdicke und $\delta_2(x)$ als Impulsverlustdicke

Es läßt sich theoretisch und experimentell zeigen, daß die Impulsverlustdicke $\delta_2$ annähernd ein Drittel von der Verdrängungsdicke $\delta_1$ beträgt. Die genauen Zahlenwerte für die ebene, unendlich lange Platte sind:

$\delta = 5{,}000\sqrt{\frac{\nu \cdot x}{v_\infty}}$, $\delta_1 = 1{,}721\sqrt{\frac{\nu \cdot x}{v_\infty}}$ und $\delta_2 = 0{,}664\sqrt{\frac{\nu \cdot x}{v_\infty}}$, so daß näherungsweise gilt:

$$\boxed{\delta_2 \approx \frac{\delta_1}{3} \approx \frac{\delta}{9}}\,.$$

In der Literatur finden sich weitere Definitionen von Grenzschichtdicken, z.B. die Energieverlustdicke.

# 10 Turbulente Strömungen inkompressibler Fluide

## 10.1 REYNOLDS-Farbfadenversuch

**Bild 10.1** zeigt den berühmten Fadenversuch, der erstmalig von HAGEN[46] 1854 in Berlin und später 1883 in London von REYNOLDS[47] durchgeführt wurde. Es handelt sich hierbei um folgendes Phänomen: ein Farbfaden (z.B. aus Tinte) wird in eine Rohrströmung eingeführt und zeigt unterschiedliches Verhalten bei laminarer und turbulenter Strömung.

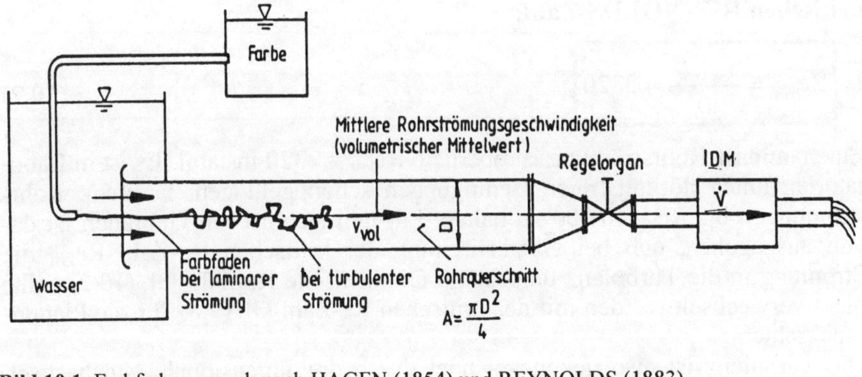


**Bild 10.1.** Farbfadenversuch nach HAGEN (1854) und REYNOLDS (1883)

---

[46] HAGEN, Gotthilf Heinrich Ludwig (1797-1884), geb. in Königsberg, gest. in Berlin. Wasserbauingenieur, lehrte an der Berliner Bauakademie, leitete viele Wasser- und Hafenbauten in Deutschland.

[47] REYNOLDS, Osborne (1842-1912). Der britische Physiker wurde in Belfast geboren und verstarb in Watchet (Sommersetchire, UK). Als Prof. in Manchester stellte er 1883 die Gesetzmäßigkeiten für die hydrodynamische Ähnlichkeit fest (Re-Zahl). 1866 formulierte er die Theorie der Schmiermittelreibung, 1889 die der Turbulenz.

Die Durchflußgeschwindigkeit $v_{vol}$ der Rohrströmung bzw. der Volumenstrom $\dot{V}$ wird durch das Regelorgan gesteuert und mittels eines Durchflußmeßgeräts (z.B. Induktions-Durchfluß-Meßgerät IDM) gemessen. Die Durchflußgeschwindigkeit wird als volumetrischer Mittelwert angegeben:

$$\boxed{v_{vol} = \frac{\dot{V}}{A} = \frac{4\dot{V}}{\pi D^2}} \,. \tag{10.1}$$

Die Farbe wird von der Rohrströmung erfaßt und je nach der Größe der Durchflußgeschwindigkeit, Gl. (10.1), in zwei Strömungsformen weitertransportiert:
In der ersten Form (laminar) bleibt die Farbe kompakt innerhalb eines leicht schwankenden Fadens zusammen.
In der zweiten Form (turbulent) verwirbelt die Farbe nach einer kurzen Anlaufstrecke über den gesamten Rohrquerschnitt.
Die Laminarität beinhaltet molekulare Wirbel, die Turbulenz makroskopische Wirbel von Molekülgruppen (Turbulenzballen). Die turbulente Strömung ist lokal (im Detail) instationär und hat die Tendenz, sich quer zur Hauptströmungsrichtung stark zu vermischen. Die Turbulenz spielt in der Technik aufgrund der Vermischungsvorgänge eine große Rolle. Der Übergang von der laminaren Rohrströmung in die turbulente Rohrströmung findet statt bei der **kritischen REYNOLDS-Zahl:**

$$\boxed{\mathrm{Re}_{krit} = \frac{v_{vol}\, D}{\upsilon} = 2320} \,. \tag{10.2}$$

Eine laminare Rohrströmung ist oberhalb $\mathrm{Re}_{krit} = 2320$ instabil. Es ist in Laboratorien unter störungsfreien Bedingungen schon gelungen, laminare Rohrströmungen bis Re = 40 000 zu halten. Für den technischen Gebrauch ist davon auszugehen, daß bei Überschreitung der kritischen Re-Zahl $\mathrm{Re}_{krit}$ die Strömung in die Turbulenz umschlägt. Die kritische Re-Zahl Gl. (10.2) sollte nicht verwechselt werden mit der kritischen Re-Zahl Gl. (9.8) für die Plattengrenzschicht.
Die Turbulenz ist also gekennzeichnet durch dreidimensionale, stochastisch instationäre Bewegungen der Fluidteilchen, im Mittel bleibt jedoch die Strömung stationär. Man sagt, **die turbulente Strömung ist im Detail instationär**. Das Wort stochastisch ist ein Kunstwort aus dem Griechischen und bedeutet soviel wie: statistisch nach Wahrscheinlichkeit verteilt. Die Aussage „im Mittel stationär“ und „im Detail instationär“ bedeutet mathematisch für einen Punkt P($x,y,z$) im Strömungsraum (**Bild 10.2**) einer turbulenten Strömung für die Geschwindigkeit $\underline{v}$ und den Druck $p$:

$$\boxed{\underline{v}(x,y,z,t) = \overline{\underline{v}}(x,y,z) + \underline{v}'(x,y,z,t)} \,, \tag{10.3}$$

$$\boxed{p(x,y,z,t) = \overline{p}(x,y,z) + p'(x,y,z,t)} \,. \tag{10.4}$$

Die Strömung mit den physikalischen Größen Geschwindigkeit $\underline{v}$ und Druck $p$ werden bei turbulenten Strömungen also in zwei Anteile zerlegt:

1. Anteil = **stationärer zeitlicher Mittelwert** und
2. Anteil = **im Detail instationärer Schwankungswert**.

Unter „Detail“ sollte man sich makroskopische Wirbel, bestehend aus Molekülgruppen, sog. Turbulenzballen, vorstellen. Der zweite Anteil, der die „turbulente Nebenbewegung“ beschreibt, ist verantwortlich für die Vermischung (siehe REYNOLDS-Farbfadenversuch), die man wissenschaftlich mit „**turbulenter Diffusion**“ bezeichnet.

**Bild 10.2** zeigt den Geschwindigkeitsvektor $\underline{\bar{v}}$ im Punkt P des Strömungsraums, sowie die Geschwindigkeitskomponenten $v'_x$ , $v'_y$ , $v'_z$ ,

die zusammen den zeitlichen Schwankungswert $\underline{v}'$ ergeben.

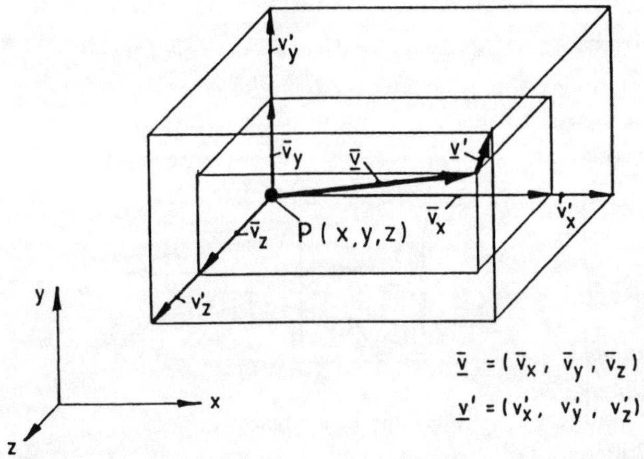


**Bild 10.2.** Geschwindigkeitsvektor $\underline{\bar{v}}$ im Punkt P des Strömungsraums sowie die Schwankungsgeschwindigkeitskomponenten $v'_x$ , $v'_y$ , $v'_z$ , die zusammen den zeitlichen Schwankungswert $\underline{v}'$ ergeben

Kommen wir auf den REYNOLDS-Farbfadenversuch für den turbulenten Fall zurück. Die Vermischung der Farbe über den gesamten Rohrquerschnitt ist also auf die turbulente Diffusion zurückzuführen; man versteht darunter den Austausch bestimmter Strömungsgrößen, wie z.B. Zirkulation Γ, Enthalpie h bis hin zum Schadstoffmassenstrom $\dot{m}$ . Die verstärkte Diffusion ist eine typische Eigenschaft der turbulenten Strömung. Die turbulente Diffusion liegt um mehrere 10er-Potenzen über der molekularen Diffusion.

Das Phänomen der Turbulenz findet sich in der Natur und in der Technik in vielfältigen Variationen; z.B. ist geläufig, daß unter gewissen klimatischen

Bedingungen bei strahlend blauem Himmel ein Flugzeug starken schüttelnden Bewegungen ausgesetzt sein kann, in der Flugtechnik unter CAT (Clear Air Turbulence) bekannt. Alle Vermischungsprozesse bei Flammen, Schadstoffeinleitungen und allgemein in der gesamten Verfahrenstechnik können nur mit der Turbulenz erklärt werden. Die Schallentstehung hängt eng mit der Turbulenz zusammmen. **Bild 10.3** zeigt ein Beispiel für strömungstechnische Bereiche (T) hoher Turbulenz.

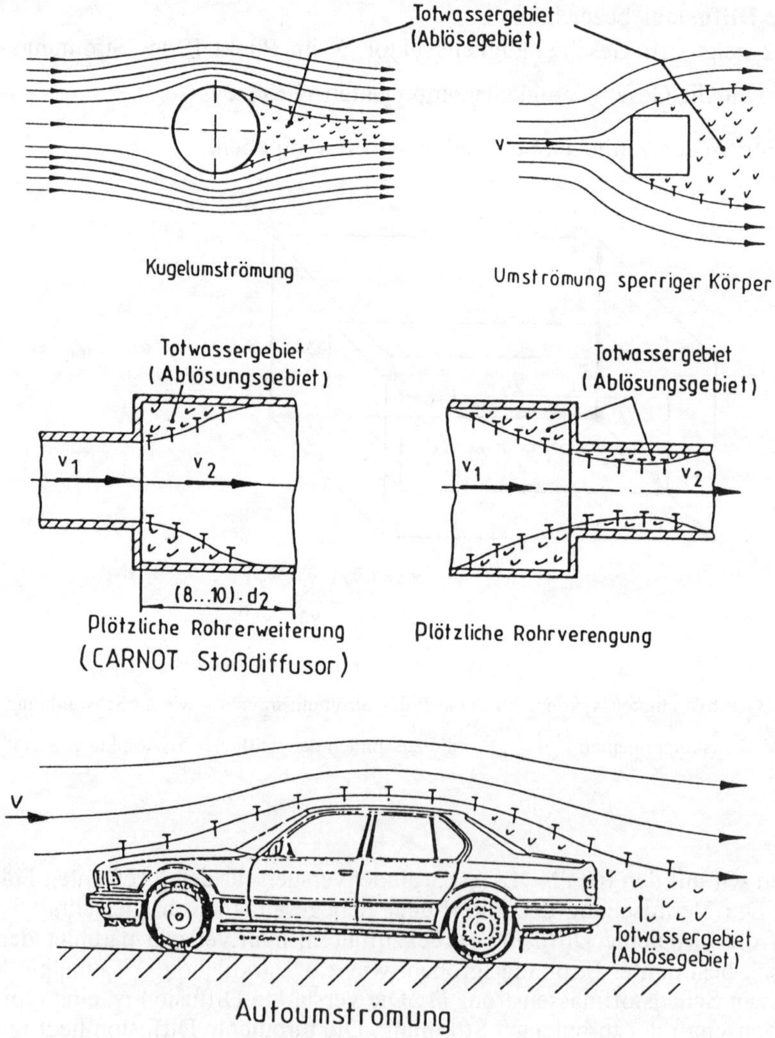


**Bild 10.3.** Totwassergebiet (Ablösegebiet) bei der Um- und Durchströmung verschiedener Körper, T strömungstechnische Bereiche hoher Turbulenz

## 10.2 Turbulenzgrad

Betrachten wir in **Bild 10.2** für den Punkt P im Strömungsraum einer turbulenten Strömung die Geschwindigkeitskomponenten nach Gl.(10.3) und den Druck nach Gl.(10.4):

$$v_x(t) = \bar{v}_x + v'_x(t),\; v_y(t) = \bar{v}_y + v'_y(t),\; v_z(t) = \bar{v}_z + v'_z(t),\; p(t) = \bar{p} + p'(t),$$

$$\overline{v'_x}(t) = 0,\; \overline{v'_y}(t) = 0,\; \overline{v'_z}(t) = 0,\; \overline{p'}(t) = 0,$$

In **Bild 10.4** ist exemplarisch $v_x(t)$ dargestellt. Die Werte $v_x(t)$ werden i.d.R. mit der Laser-DOPPLER-Velozimetrie ermittelt (in Luftströmungen auch mit der Hitzdraht-Anemometrie).

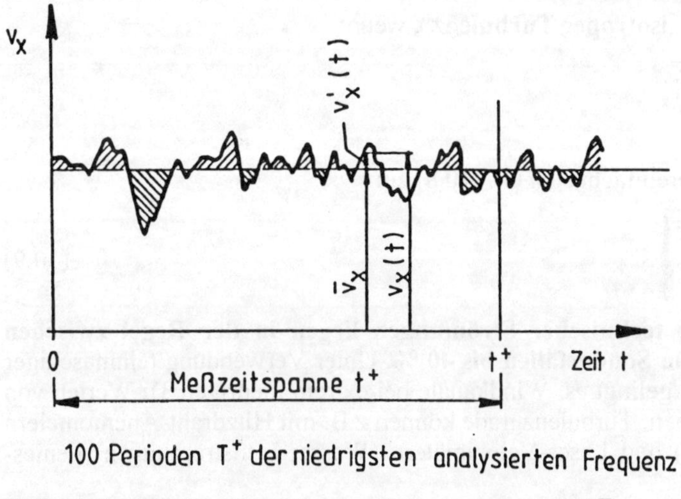


**Bild 10.4.** Zur Definition der zeitlich gemittelten Geschwindigkeit $\bar{v}_x$

Um $\bar{v}_x$ mit genügender Genauigkeit experimentell festzustellen, darf die Meßzeitspanne $t^+$ nicht zu kurz gewählt werden. In der Regel ist es ausreichend, 100 Perioden der niedrigsten experimentell festgestellten Frequenz aus der FOURIER-Zerlegung zu berücksichtigen.

Bezeichnen wir die Periode der niedrigsten Frequenz mit $T^+$, so sollte die experimentelle Zeitspanne $t^+ \geq 100\ T^+$ gewählt werden. So ist:

$$\bar{v}_x = \frac{1}{t^+} \int_0^{t^+} v_x(t)\, \mathrm{d}t\ . \tag{10.5}$$

Das bedeutet:

$$t^{+} \cdot \overline{v}_{x} = \int_{0}^{t^{+}} v_{x}(t)\, dt \quad \text{und} \tag{10.6}$$

$$\int_{0}^{t^{+}} v'_{x}(t)\, dt = 0 \,. \tag{10.7}$$

Mit diesen Vorbemerkungen können wir den **Turbulenzgrad** wie folgt definieren:

$$Tu = \frac{1}{\overline{v}} \sqrt{\frac{\overline{v_{x}'^{\,2}} + \overline{v_{y}'^{\,2}} + \overline{v_{z}'^{\,2}}}{3}} \,. \tag{10.8}$$

Man spricht von „**isotroper Turbulenz**“, wenn:

$$\overline{v_{x}'^{\,2}} = \overline{v_{y}'^{\,2}} = \overline{v_{z}'^{\,2}}$$

gilt.
In diesem Fall vereinfacht sich Gl. (10.8) zu:

$$Tu_{\mathrm{i}} = \frac{1}{\overline{v}} \sqrt{\overline{v_{x}'^{\,2}}} \,. \tag{10.9}$$

**Turbulenzgrade technischer Strömungen liegen in der Regel zwischen 1 % und 10 %, in Sonderfällen bis 40 %.** Unter Verwendung feinmaschiger Siebe und Düsen gelingt es, Windkanäle bei extrem niedrigen Tu-Werten von 0,02 % zu betreiben. Turbulenzgrade können z.B. mit Hitzdraht-Anemometern (Luftströmungen) und Laser-Velozimetern (Wasser-Luftströmungen) gemessen werden.

# 11 Strömung inkompressibler Fluide in Rohrleitungen

## 11.1 BERNOULLI-Gleichung

In Kapitel 3 „Stromfadentheorie reibungsfreier Fluide“ wird die EULER-Bewegungsgl. (3.1) für das Kräftegleichgewicht in Stromfadenrichtung hergeleitet. Durch Integration über den Strömungsweg s erhält man die BERNOULLI-Gl. (3.3):

$$\frac{v_1^2}{2}+\frac{p_1}{\rho}+g\,z_1=\frac{v_2^2}{2}+\frac{p_2}{\rho}+g\,z_2+\int_{s_1}^{s_2}\frac{\partial v}{\partial t}\,\mathrm{d}s$$

und, eingeschränkt auf stationäre Strömungen:

$$\frac{v_1^2}{2}+\frac{p_1}{\rho}+g\,z_1=\frac{v_2^2}{2}+\frac{p_2}{\rho}+g\,z_2\,.$$

Die BERNOULLI-Gleichung, die bekanntlich für den Stromfaden zwischen den Stromlinienstellen (1) und (2) gilt, beschreibt also die Gleichheit der spezifischen mechanischen Strömungsenergie ($v^2/2+p/\rho+g\,z$) an den Stellen (1) und (2) und damit an jeder beliebigen Stelle (s) auf dem Stromfaden. Nun nimmt aber, wenn man folgenden realen Rohrleitungsplan, **Bild 11.1**, zwischen (1) und (2) studiert, die spezifische mechanische Strömungsenergie beim Durchströmen von Einbauteilen a (Krümmer, Düsen, Diffusoren, Armaturen, etc.) und von geraden Rohrstrecken b erfahrungsgemäß ab.

Das macht sich in einem Druckverlustglied $\Delta p_J/\rho$ bemerkbar, so daß für diesen Fall die BERNOULLI-Gleichung lautet:

$$\frac{v_1^2}{2}+\frac{p_1}{\rho}+g\,z_1=\frac{v_2^2}{2}+\frac{p_2}{\rho}+g\,z_2+\frac{\Delta p_J}{\rho} \qquad (11.1)$$

mit

$$v = v_{\text{vol}} = \frac{\dot{V}}{A}, \tag{11.2}$$

wobei $v_{\text{vol}}$ der sog. „**volumetrische Mittelwert**" der Geschwindigkeit ist. Es ist zu beachten, daß der Druckverlust $\Delta p_{\text{J}} / \rho$ auf der Seite der Gleichung steht, deren Größen mit Index 2 bezeichnet sind („wohin es strömt"). Der Druckverlust setzt sich zusammen aus **Einbauteil-Druckverlusten** und **Rohrreibungsdruckverlusten**.

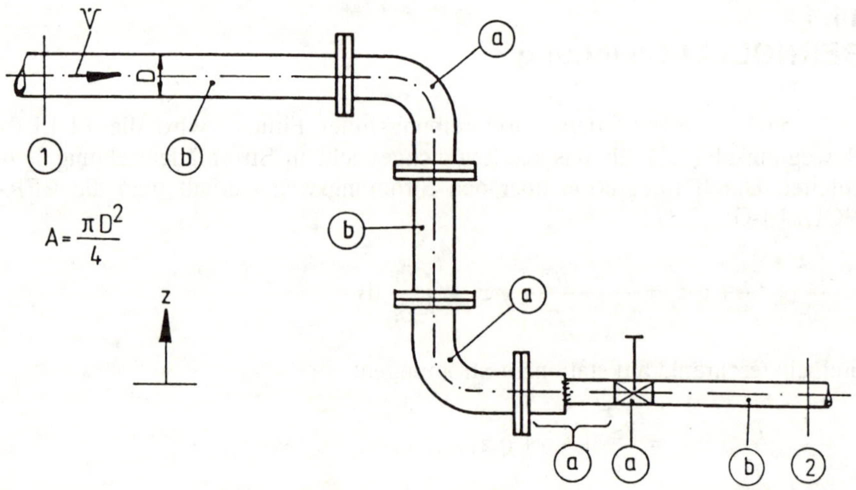


**Bild 11.1** Beispiel eines realen Rohrleitungsplans mit Einbauteilen a (z.B. Krümmer, Düsen, Diffusoren, Armaturen) und geraden Rohrstrecken b

## 11.2 Einbauteil-Druckverlust

Jedes Einbauteil einer Rohrleitung verursacht einen Druckverlust, der sich angeben läßt als

$$\left(\frac{\Delta p_{\text{J}}}{\rho}\right)_{\text{Einbauteile}} = \sum_{k} \zeta_{\text{k}} \frac{v_{\text{k}}^{2}}{2} \tag{11.3}$$

mit

$\zeta_{\text{k}}$ Einbauteil-Druckverlustzahl und

$v_k$ volumetrischer Mittelwert nach Gl. (11.2) der Geschwindigkeit im definierten Anschlußquerschnitt A.

Im folgenden sollen einige der wichtigsten $\zeta_k$-Werte der Strömungstechnik zusammengestellt werden aufgrund einer Literatursichtung aus:

BLEVIN, D.S.: Internal Flow Systems, 2nd Edition, BHRA Cranfield 1990,
BOHL, W.: Technische Strömungslehre, Vogel-Buchverlag 1994, 10.Auflage,
DUBBEL: Taschenbuch für den Maschinenbau, 20.Auflage, Springer-Verlag 2000,
ECK, B.: Technische Strömungslehre, Springer-Verlag 1988,
GÜLICH, J.F.: Kreiselpumpen, Springer Verlag 1999, S.27, 28,
IDELCHICK, I.E.: Handbook of Hydraulic Resistance, 3rd Edition, CRC Press, Boca Raton 1994,
KLEIN, SCHANZLIN und BECKER: Kreiselpumpen-Lexikon, Frankenthal 1989.

| Nr. | Geometrie | | Bemerkungen | $\zeta_K$ |
|---|---|---|---|---|
| 1 | Kreiskrümmer<br>Kreisquerschnitt<br>90°-Umlenkung | 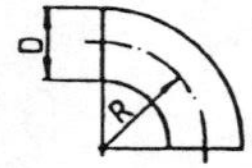 | glatt, R/D = 1<br>4<br>6<br>rauh, R/D = 1<br>4<br>6 | 0,21<br>0,11<br>0,09<br>0,51<br>0,23<br>0,18 |
| 2 | Segmentkrümmer<br>Kreisquerschnitt<br>90°-Umlenkung | 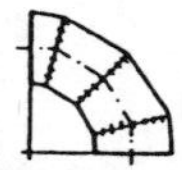 | 3 Nähte | 0,25 |
| 3 | Gußkrümmer<br>Kreisquerschnitt<br>90°-Umlenkung | 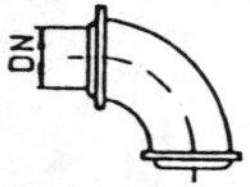 | DN 50<br>200<br>500 | 0,13<br>0,18<br>0,22 |
| 4 | Faltrohrkrümmer<br>Kreisquerschnitt<br>90°-Umlenkung | 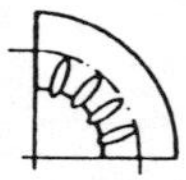 | | 0,5 |
| 5 | Krümmer mit 3 Umlenkschaufeln<br>Kreisquerschnitt<br>90°-Umlenkung | 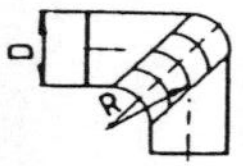 | glatt, R/D = 1 | 0,15 |
| 6 | Doppelkrümmer<br>Kreisquerschnitt<br>180°-Umlenkung<br>in einer Ebene | 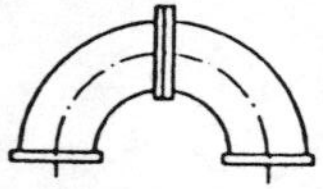 | | 2,0 |

| Nr. | Geometrie | | Bemerkungen | $\zeta_K$ |
|---|---|---|---|---|
| 7 | Raumkrümmer<br>Kreisquerschnitt<br>2 × 90° Umlenkung<br>in zwei Ebenen | 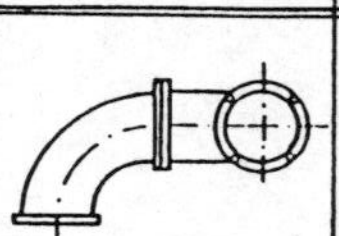 | | 3,0 |
| 8 | Etagenkrümmer<br>Kreisquerschnitt<br>2 × 90° Umlenkung<br>in einer Ebene<br>Gesamtumlenkung 0° | 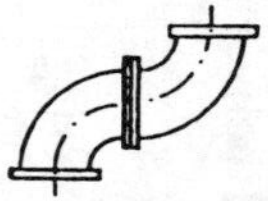 | | 4,0 |
| 9 | Krümmer<br>Rechteckquerschnitt<br>90° Umlenkung | 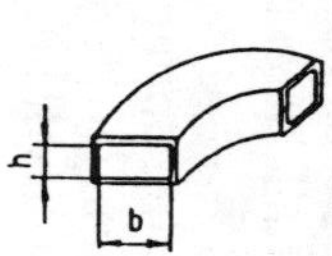 | $\frac{h}{b} < 1$ | $\zeta_{K.Nr1} \cdot \frac{h}{b}$ |
| | | | $\frac{h}{b} > 1$<br>mit $\zeta_{K.Nr.1}$ für $D = D_{hydr}$ | $\zeta_{K.Nr.1} \cdot \sqrt{\frac{h}{b}}$ |
| 10 | Kniestück<br>Rechteckquerschnitt<br>δ°-Umlenkung | 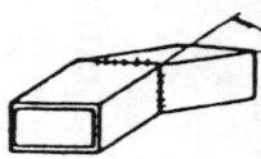 | glatt, δ = 30°<br>60°<br>90° | 0,15<br>1,08<br>1,60 |
| 11 | Kniestück<br>Kreisquerschnitt<br>δ° - Umlenkung | 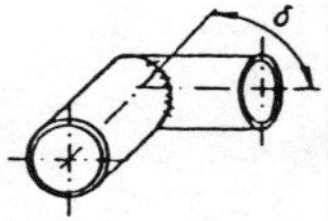 | glatt, δ = 30°<br>60°<br>90°<br>rauh, δ = 30°<br>60°<br>90° | 0,11<br>0,50<br>1,15<br>0,17<br>0,70<br>1,30 |

**Bild 11.2.** Einbauteil-Druckverlust-Zahlen $\zeta_K$ für durchströmte Körper 1...11

| Nr. | Geometrie | | Bemerkungen | $\zeta_K$ |
|---|---|---|---|---|
| 12 | Etagenkrümmer<br>Rechteckquerschnitt<br>2x 90° Umlenkung<br>in einer Ebene<br>Gesamtumlenkung 0° | 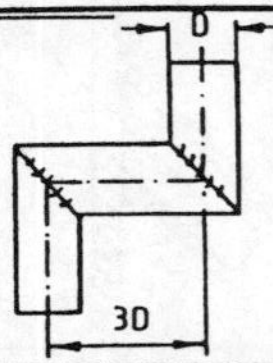  | glatt | 3,0 |
| 13 | Endstück<br>Kreisquerschnitt | 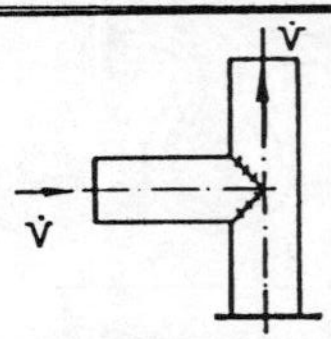  | | 2,5 |
| 14 | Kombination aus<br>zwei Endstücken<br>Kreisquerschnitt | 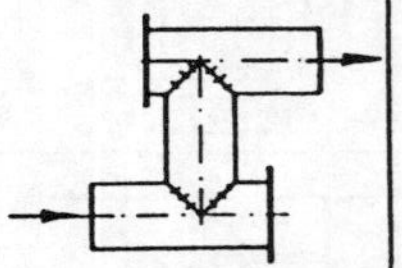 | | 5,0 |
| 15 | Rohrverzweigung<br>Kreisquerschnitt | 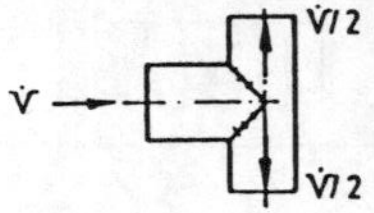  | scharfkantig | 1,3 |
| | | 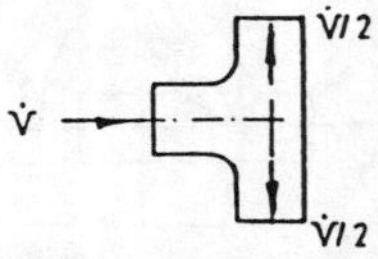  | abgerundet | 0,7 bis 1,0 |
| 16 | Rohrverzweigung<br>kugelförmig mit nach<br>innen abgerundetem<br>Hals<br>Kreisquerschnitte<br>gleicher Nennweite | 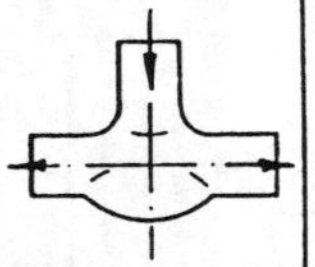 | | 0,9 |
| 17 | Rohrverzweigung<br>kugelförmig mit nach<br>außen abgerundetem<br>Hals<br>Kreisquerschnitte<br>gleicher Nennweite | 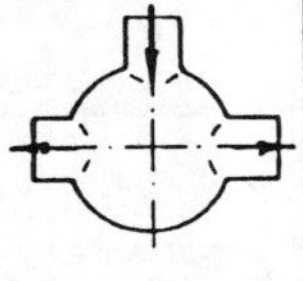 | | 2,5 bis 4,9 |
| 18 | Rohrabzweigung<br>Kreisquerschnitte<br>gleicher Nennweite<br>Druckverlustzahlen für<br>Hauptrohr H | 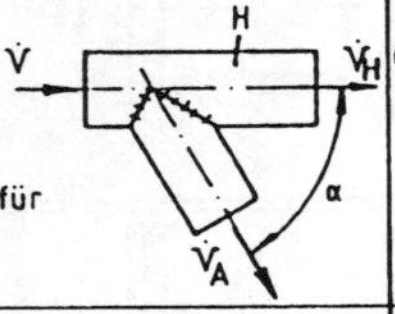  | $\alpha = 45°$ $\dot V_H = 0{,}5\,\dot V$<br>$0{,}8\,\dot V$<br>$\alpha = 90°$ $\dot V_H = 0{,}5\,\dot V$<br>$0{,}8\,\dot V$ | 0,02<br>0,20<br>0,01<br>0,20 |
| 19 | Rohrabzweigung<br>Kreisquerschnitte<br>gleicher Nennweite<br>Druckverlustzahlen für<br>Abzweigrohr A | 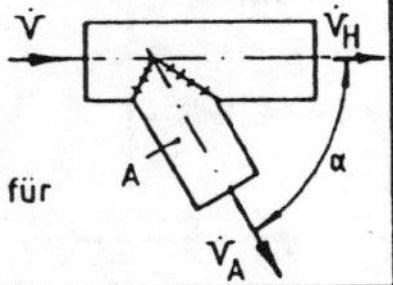  | $\alpha = 45°$ $\dot V_A = 0{,}5\,\dot V$<br>$0{,}8\,\dot V$<br>$1{,}0\,\dot V$<br>$\alpha = 90°$ $\dot V_A = 0{,}5\,\dot V$<br>$0{,}8\,\dot V$<br>$1{,}0\,\dot V$ | 0,40<br>0,35<br>0,50<br>0,90<br>1,10<br>1,30 |
| 20 | Rohrvereinigung<br>Kreisquerschnitte<br>gleicher Nennweite<br>Druckverlustzahlen für<br>Hauptrohr H | 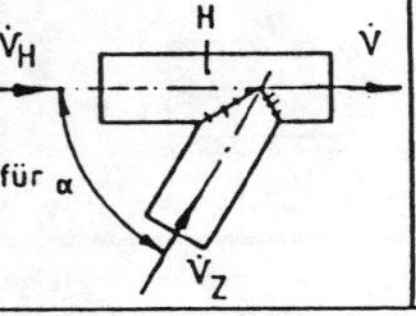  | $\alpha = 45°$ $\dot V_Z = 0{,}5\,\dot V$<br>$0{,}8\,\dot V$<br>$\alpha = 90°$ $\dot V_Z = 0{,}5\,\dot V$<br>$0{,}8\,\dot V$<br>$1{,}0\,\dot V$ | 0,10<br>≈0<br>0,30<br>0,70<br>0,90 |

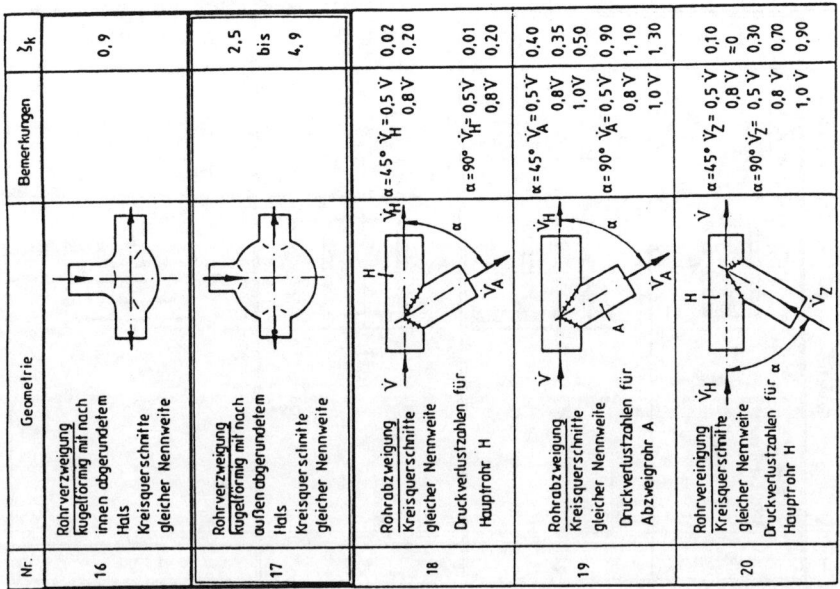

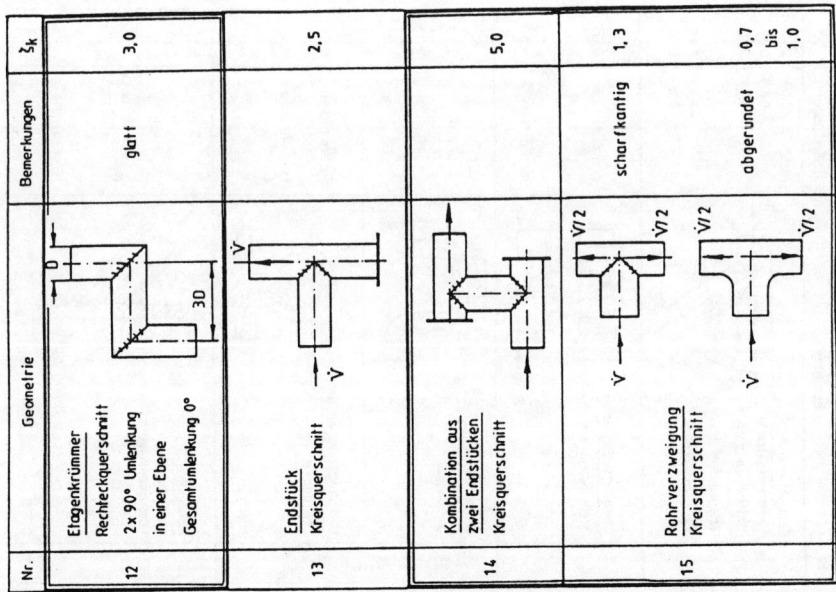

**Bild 11.3.** Einbauteil-Druckverlust-Zahlen $\zeta_K$ für durchströmte Körper 12...20

| Nr. | Geometrie | Bemerkungen | $\zeta_k$ |
|---|---|---|---|
| 21 | Rohrvereinigung<br>Kreisquerschnitte gleicher Nennweite<br>Druckverlustzahlen für Zuflußrohr Z 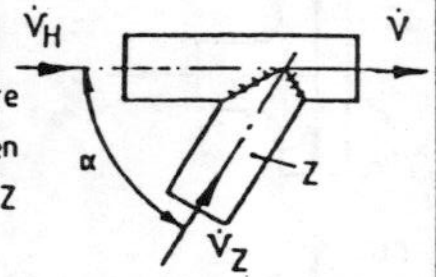 | $\alpha = 45°$ $\dot{V}_Z = 0{,}5\,\dot{V}$<br>$0{,}8\,\dot{V}$<br>$1{,}0\,\dot{V}$<br>$\alpha = 90°$ $\dot{V}_Z = 0{,}5\,\dot{V}$<br>$0{,}8\,\dot{V}$ | 0,10<br>0,35<br>0,40<br>0,35<br>0,50 |
| 22 | Dehnungsausgleicher<br>Wellrohrkompensator 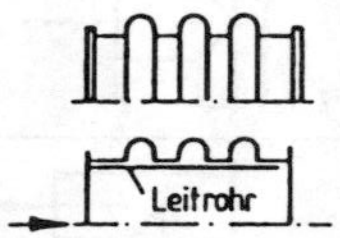 | je Welle<br>mit Leitrohr | 0, 20<br>≈ 0 |
| 23 | Dehnungsausgleicher<br>U-Bogen 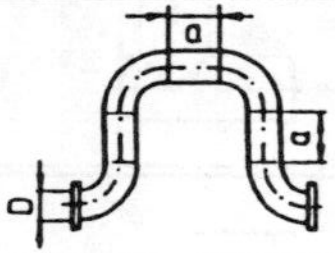 | a = 0<br>2 D<br>5 D | 0,33<br>0,21<br>0,21 |
| 24 | Dehnungsausgleicher<br>Lyrabogen 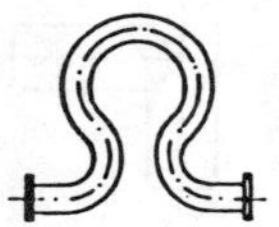 | Glattrohrbogen<br>Faltrohrbogen | 0,7<br>1,4 |
| 25 | Rohreinlauf<br>scharfkantig<br>Kreisquerschnitt 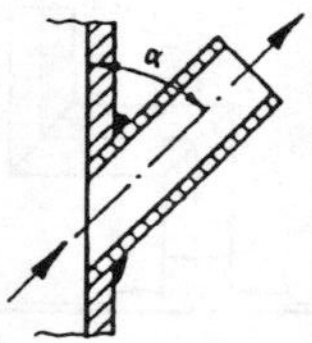 | $\alpha = 45°$<br>$\alpha = 90°$<br>$\zeta_K \approx 0{,}5 + 0{,}3\cos\alpha + 0{,}2\cos^2\alpha$<br>$\zeta_{K.\,\text{gebrochene Kante}} \approx 0{,}5\,\zeta_{K.\,\text{scharfkantig}}$ | 0,81<br>0,50 |

| Nr. | Geometrie | Bemerkungen | $\zeta_k$ |
|---|---|---|---|
| 26 | Rohreinlauf<br>BORDA-Mündung 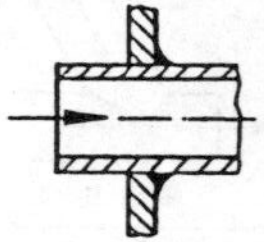 | scharfkantig<br>gebrochene Kante | 3,0<br>0,6 bis 1,0 |
| 27 | Rohreinlauf<br>Düse DIN 1952<br>(Langradius-Düse) 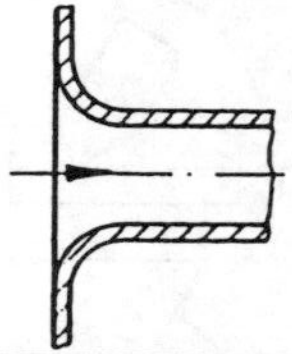 | glatt<br>rauh | 0,01<br>0,05 |
| 28 | Rohreinlauf<br>mit scharfkantiger Blende 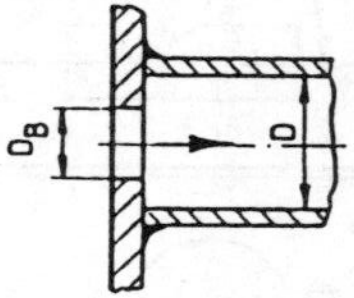 | $\frac{D_B}{D} = 1{,}0$<br>0,9<br>0,7 | 0,50<br>1,17<br>5,45 |
| 29 | Blende<br>DIN 1952 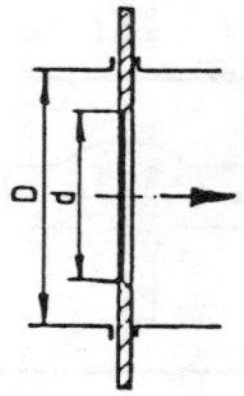 | $\frac{d}{D} = 0{,}3$<br>0,4<br>0,5<br>0,6<br>0,7<br>0,8 | 300<br>85<br>30<br>12<br>4,5<br>2,0 |

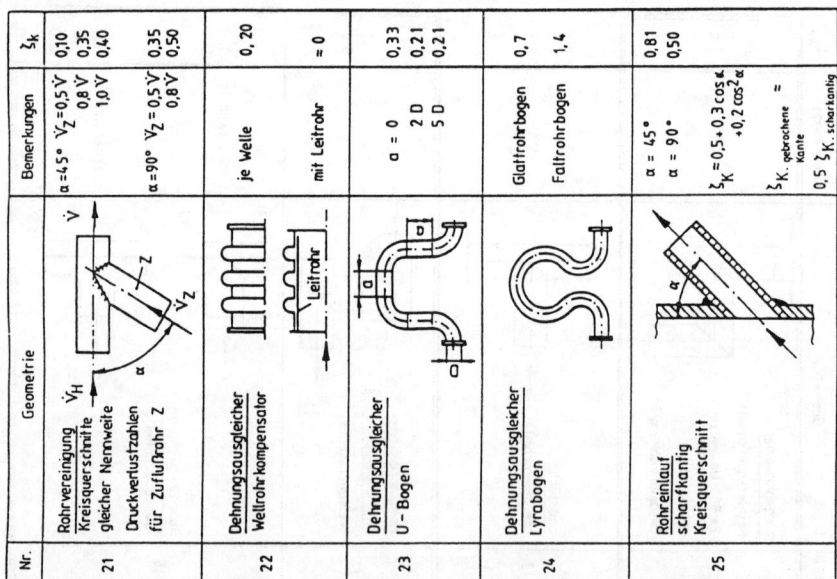

**Bild 11.4.** Einbauteil-Druckverlust-Zahlen $\zeta_K$ für durchströmte Körper 21...29

| Nr. | Geometrie | Bemerkungen | $\zeta_K$ |
|---|---|---|---|
| 30 | Klassisches Venturirohr DIN 1952 $\alpha = 30°$ 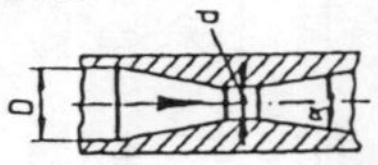 | $\frac{d}{D} = 0{,}3$ | 21 |
| | | 0,4 | 6 |
| | | 0,5 | 2 |
| | | 0,6 | 0,7 |
| | | 0,7 | 0,3 |
| | | 0,8 | 0,2 |
| 31 | Plötzliche Rohrerweiterung CARNOT-Stoßdiffusor 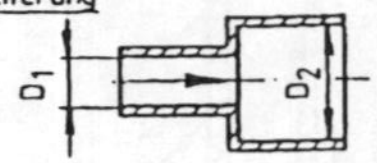 | $\frac{D_1}{D_2} = 0{,}5$ | 0,56 |
| | | 0,6 | 0,46 |
| | | 0,7 | 0,24 |
| | | 0,8 | 0,13 |
| | | 0,9 | 0,04 |
| 32 | Diffusor 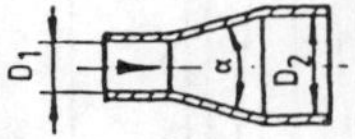 | $\alpha = 8°$ $\frac{D_1}{D_2} = 0{,}5$ | 0,12 |
| | | 0,6 | 0,09 |
| | | 0,7 | 0,07 |
| | | 0,8 | 0,04 |
| | | 0,9 | 0,02 |
| | | $\alpha = 16°$ $\frac{D_1}{D_2} = 0{,}5$ | 0,19 |
| | | 0,6 | 0,14 |
| | | 0,7 | 0,09 |
| | | 0,8 | 0,05 |
| | | 0,9 | 0,02 |
| | | $\alpha = 25°$ $\frac{D_1}{D_2} = 0{,}5$ | 0,33 |
| | | 0,6 | 0,25 |
| | | 0,7 | 0,16 |
| | | 0,8 | 0,08 |
| | | 0,9 | 0,03 |
| 33 | Plötzliche Rohrverengung 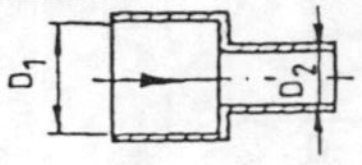 | $\frac{D_1}{D_2} = 1{,}2$ | 0,10 |
| | | 1,4 | 0,22 |
| | | 1,6 | 0,29 |
| | | 1,8 | 0,33 |
| | | 2,0 | 0,35 |
| 34 | Konfusor 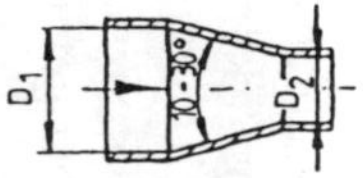 | $\frac{D_1}{D_2} = 1{,}2$ | 0,02 |
| | | 1,4 | 0,05 |
| | | 1,6 | 0,10 |
| | | 1,8 | 0,17 |
| | | 2,0 | 0,26 |
| 35 | Ventil 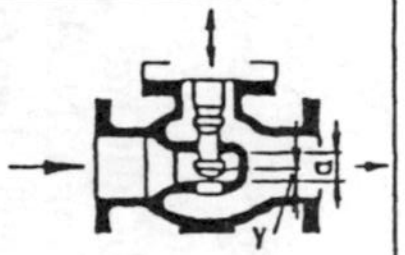 | $y = 0{,}1a$ | 200 |
| | | $0{,}5a$ | 100 |
| | | $a$ | 50 |
| 36 | Klappe 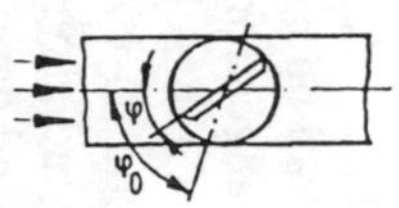 | $\varphi_0 = 90°$ $\frac{\varphi_0 - \varphi}{\varphi_0} = 1{,}00$ | 0,2 |
| | | 0,75 | 1,2 |
| | | 0,50 | 12,0 |
| | | 0,25 | 200,0 |
| | | $\varphi_0 = 75°$ $\frac{\varphi_0 - \varphi}{\varphi_0} = 1{,}00$ | 0,2 |
| | | 0,75 | 1,1 |
| | | 0,50 | 7,0 |
| | | 0,25 | 75,0 |

**Bild 11.5.** Einbauteil-Druckverlust-Zahlen $\zeta_K$ für durchströmte Körper 30...36

# 11.3 Rohrreibungs-Druckverlust

## 11.3.1 Einlaufströmung

**Bild 11.6** zeigt ein kreisrundes Rohr mit dem Durchmesser $D$, durch das Flüssigkeit strömt (z.B. durch Schwerkraft oder aufgrund der Saugwirkung einer Pumpe). Ähnlich wie bei der längsangeströmten Platte (siehe Kapitel 9) entsteht ab dem Einlauf bei $x = 0$ eine Grenzschicht, die mit der Grenzschichtdicke $\delta = 0$ beginnend in Stömungsrichtung $x$ zunimmt. Nach einer gewissen Einlaufstrecke $x_{\text{Einlauf}}$ wachsen die radialsymmetrischen Grenzschichten in der Mitte zusammen. Mit $\delta(x) = D/2$ sind dann die Einlaufgeschwindigkeitsprofile zu einer voll ausgebildeten Form gelangt, die, z.B. bei Annahme einer REYNOLDS-Zahl unter 2320, ein Laminarprofil darstellt. Für $x \geq x_{\text{Einlauf}}$ gilt dann: $v = v(r)$ mit $(\partial v / \partial x)_r = 0$

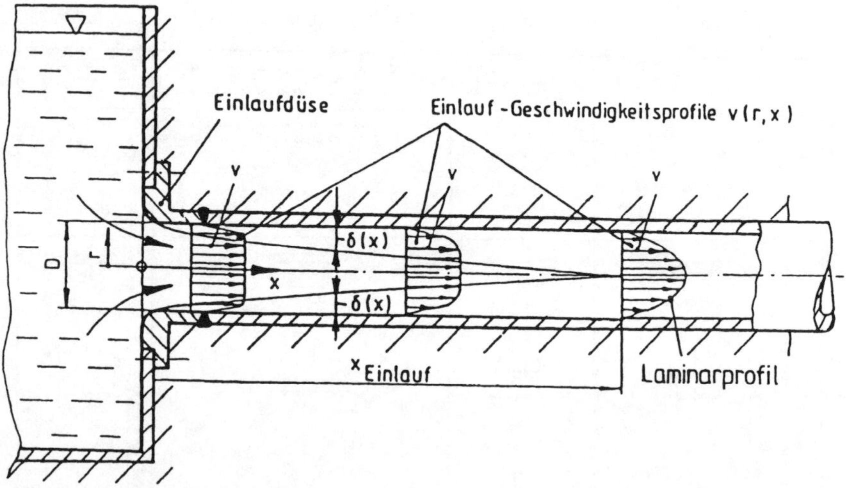


**Bild 11.6.** Zur Beschreibung der Einlaufstrecke $x_{\text{Einlauf}}$ einer Einlaufströmung mit laminarem Geschwindigkeitsprofil in der Endausbildung

Für $0 \leq x \leq x_{\text{Einlauf}}$ gilt:

1. $(\partial v / \partial r)_{r=D/2} > (\partial v / \partial r)_{r=D/2,\text{Laminarprofil}}$ (Steigung an der Wand).

Somit sind die Wandschubspannungen nach dem NEWTON-Schubspannungsgesetz (siehe Kapitel 6.2) größer als bei laminarer Rohrströmung, und damit sind die Druckverluste in der Einlaufströmung höher als in der ausgebildeten Strömung.

2. $(\partial v / \partial x)_{r=0} > 0$.
Die dicker werdende Grenzschicht zwingt aus Kontinuitätsgründen der mittigen Rohrströmung eine Beschleunigung auf, die einen zusätzlichen Druckverlust mit sich bringt, der in der nachfolgenden ausgebildeten Strömung wegen $(\partial v / \partial x)_r = 0$ nicht auftritt.

Bei laminarer Rohrströmung liegen die Druckverluste in der Einlaufströmung bis zu 50 % höher als bei gleichlanger ausgebildeter laminarer Strömung, bei turbulenter nur bis zu 10 %.

Die Länge $x_{\mathrm{Einlauf}}$ der Einlaufstrecke wird in der Praxis wie folgt abgeschätzt:
Bei laminarer Rohrströmung:

$$\boxed{x_{\mathrm{Einlauf}} = c_{\mathrm{lam}} D} \tag{11.4}$$

mit $c_{\mathrm{lam}} = (0{,}3 \text{ bis } 0{,}6)\, Re$,
bei turbulenter Rohrströmung:

$$\boxed{x_{\mathrm{Einlauf}} = c_{\mathrm{turb}}} \tag{11.5}$$

mit $c_{\mathrm{turb}} = (50 \text{ bis } 100)\, Re$.

Die Einlaufstrecke gilt als vollständig durchlaufen, wenn sich das Geschwindigkeitsprofil an keiner Stelle um mehr als 1 % vom Endwert (ausgebildetes Profil) ändert. In der Einlaufstrecke ist aufgrund der höheren Geschwindigkeit an der Rohrwand und/oder des höheren Turbulenzgrades die Wärmeübertragung intensiver als in der nachfolgenden Rohrstrecke mit ausgebildeter Strömung.

## 11.3.2 Rohrreibungskoeffizient bei laminarer Strömung

Wie aus Gl.(10.2) hervorgeht, setzt die laminare Rohrströmung,

$$Re = \frac{v_{\mathrm{vol}} D}{\nu} \leq 2320 \tag{11.6}$$

voraus. Es handelt sich um eine achsparallele Schichtenströmung ohne Geschwindigkeitsschwankungen längs und quer zum Geschwindigkeitsvektor $\underline{v}$. **Bild 11.7** zeigt die Geschwindigkeitsverteilung über dem Rohrdurchmesser. Es handelt sich um eine Parabel zweiten Grades mit $v_{\mathrm{vol}} / v_{\max} = 0{,}5$. Die sog. HAGEN-POISEUILLE-Rohrströmung wird als Lösung der NAVIER-STOKES-Bewegungsgleichungen (6.14)...(6.17) im zweiten Band näher erläutert. Vorab sei der auf der Rohrstrecke l auftretende Druckverlust $\Delta p_{\mathrm{J}}$ erwähnt:

$$\frac{\Delta p_J}{\rho} = \frac{64}{Re}\frac{L}{D}\frac{v_{vol}^{\ 2}}{2} \ . \tag{11.7}$$

Setzen wir allgemein den Druckverlust einer geraden Rohrstrecke an als

$$\boxed{\frac{\Delta p_J}{\rho} = \lambda \frac{L}{D}\frac{v_{vol}^{\ 2}}{2}} \tag{11.8}$$

mit $\lambda$ = Rohrreibungskoeffizient, so ergibt sich für den Fall der laminaren Rohrströmung:

$$\boxed{\lambda_{lam} = \frac{64}{Re}} \ . \tag{11.9}$$

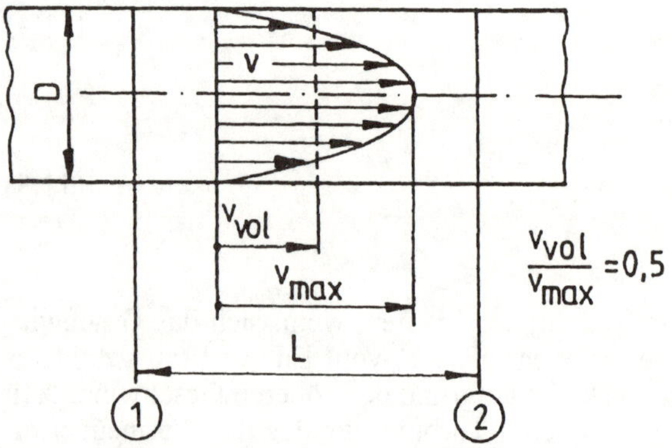


**Bild 11.7.** Geschwindigkeitsverteilung über dem Rohrdurchmesser bei laminarer Strömung, sowie volumetrischer Mittelwert

In **Bild 11.8** ist im doppelt-logarithmischen Maßstab die Abhängigkeit $\lambda_{lam}(Re)$ dargestellt.

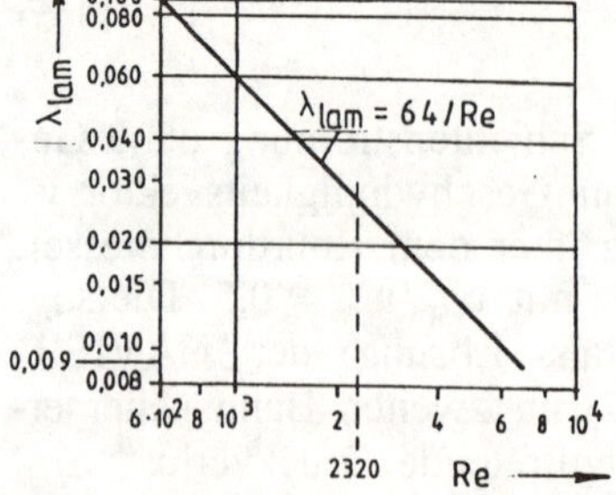


**Bild 11.8.** Darstellung der Gleichung $\lambda_{lam}$= 64/Re im doppelt-logarithmischen Maßstab

## 11.3.3
## Rohrreibungskoeffizient bei turbulenter Strömung

Betrachten wir, wie in **Bild 11.9** dargestellt, die Grenzschicht an einer ebenen Platte, die wir uns als abgewickelte Rohrwand vorstellen, so ergibt sich zunächst eine laminare Grenzschicht, die nach einer entsprechenden Anlauflänge in eine **turbulente Grenzschicht** umschlägt. Unter der turbulenten Grenzschicht befindet sich eine äußerst dünne laminare Unterschicht, die sog. **zähe Unterschicht**. Die Rauhigkeitserhebungen der benetzten Rohrwand werden in der Technik als sog. **Rauhtiefen** angegeben (s.**Bild 11.10**). Die sog. gemittelte Rauhtiefe $R_Z$ ist das arithmetische Mittel aus den Einzelrauhtiefen von einer festgelegten Anzahl von Rauhigkeits-Meßstrecken. Das Verhältnis der gemittelten Rauhtiefe zum örtlichen Rohrdurchmesser D spielt eine entscheidende Rolle bei der Bestimmung des Rohrreibungkoeffizienten. Liegt die gemittelte Rautiefe $R_Z$ innerhalb der oben erwähnten zähen Unterschicht, so nutzt weiteres Polieren der Rohrinnenflächen nichts, um den Rohrreibungskoeffizienten weiter zu senken. Es gibt also eine natürliche Grenzkurve des Rohrreibungskoeffizienten in Abhängigkeit von der REYNOLDS-Zahl. Diese Grenzkurve wird als die Kurve für „**hydraulisch glattes Verhalten**" bezeichnet (s. **Bild 11.10**).

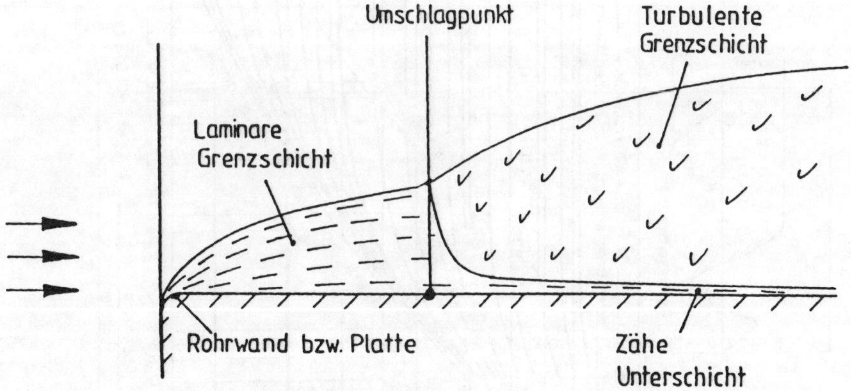


**Bild 11.9.** Zur Grenzschichtentwicklung an einer Rohrwand bzw. Platte

## 11.4 MOODY-Diagramm

Im Jahre 1944 hat der amerikanische Ingenieur L.F. MOODY[48] für die Belange der Praxis die Reibungskoeffizienten der laminaren und turbulenten Rohrströmungen aufgrund empirischer Daten in einem Diagramm dargestellt. In **Bild 11.10** ist dieses Diagramm im doppelt-logarithmischen Maßstab dargestellt.

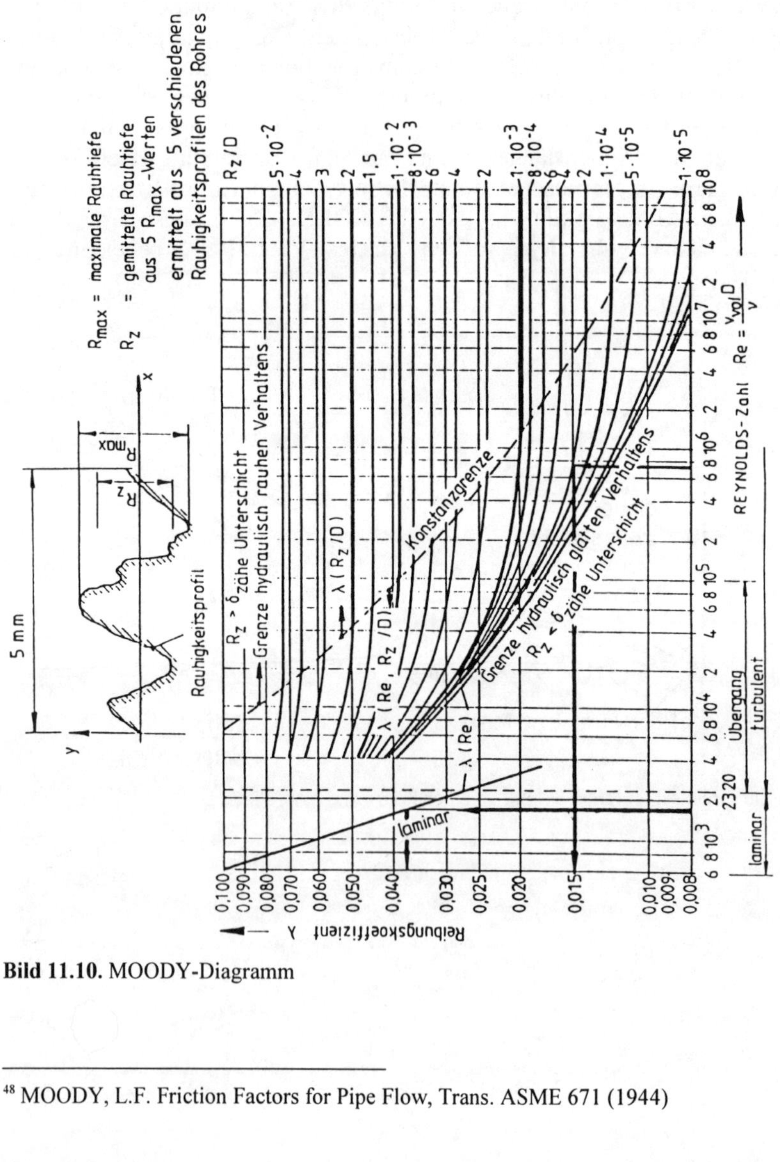


**Bild 11.10.** MOODY-Diagramm

[48] MOODY, L.F. Friction Factors for Pipe Flow, Trans. ASME 671 (1944)

Im linken Teil des Diagramms bei kleinen REYNOLDS-Zahlen bis 2320 befindet sich der Verlauf des bereits behandelten Rohrreibungskoeffizienten für die HAGEN-POISEUILLE-Rohrströmung. Im Übergangsbereich von der laminaren zur turbulenten Rohrströmung fehlen die empirischen Daten im MOODY-Diagramm. Dieser Bereich ist jedoch durch die Forschungsarbeiten von NIKURADSE[49] aufgrund genau definierter Sand-Rauhigkeiten , die jedoch die Praxis nicht wiedergeben, untersucht worden. Dieses NIKURADSE-Diagramm ist in **Bild 11.11** dargestellt. In Anlehnung an Abschn. 11.3.1 muß für die Anwendung sowohl des NIKURADSE- als auch des MOODY-Diagramms vorausgesetzt werden, daß $x \geq x_{\text{Einlauf}}$ ist. Zur Beschreibung des MOODY-Diagramms ist weiter auszuführen:
Aufgetragen ist der Reibungskoeffizient $\lambda$ über der REYNOLDS-Zahl

$$\boxed{Re = \frac{v_{\text{vol}} D}{\nu}} \tag{11.10}$$

mit $v_{\text{vol}} = \dot{V} / A$ und $A = \pi \, D^2 / 4$.

$v_{\text{vol}}$ stellt den sog. volumetrischen Mittelwert der Strömungsgeschwindigkeit im Rohr dar. Als Kurvenparameter tritt in dem MOODY-Diagramm der dimensionslose Quotient $R_Z/D$ auf, d.h. die auf den Rohrdurchmesser bezogene gemittelte Rauhtiefe.
Auf analytischem Wege kann die Abhängigkeit $\lambda(Re)$ für die laminare Rohrströmung hergeleitet werden als:

$$\boxed{\lambda = \frac{64}{Re}} . \tag{11.11}$$

Bei $Re = 4000$ beginnt im MOODY-Diagramm die Darstellung des Rohrreibungskoeffizienten $\lambda(Re)$ für die turbulente Strömung. Hier fallen zunächst zwei Kurven auf:
1. die Grenze hydraulisch glatten Verhaltens und
2. die Grenze hydraulisch rauhen Verhaltens (Konstanzgrenze).

Erfahrungsgemäß laufen die Kurven $\lambda(Re)$ im turbulenten Bereich bei genügend hohen REYNOLDS-Zahlen in die Horizontale $\lambda = \text{const}$, d.h. sie werden von der REYNOLDS-Zahl unabhängig. Dieser Zusammenhang wird bei relativ großen Rauhtiefen $R_z / D \approx 5 \cdot 10^{-2}$ schon bei kleinen REYNOLDS-Zahlen $Re \approx 10\,000$ erreicht. Hieraus folgt die Form der im MOODY-Diagramm angegebenen Konstanzgrenze. Die Existenz der Konstanzgrenze erleichtert das Versuchswesen insofern, daß ein Versuch, der in Wirklichkeit bei $Re = 10^8$ ablaufen sollte, bei gleichem $\lambda$ bei $10^5$ modellmäßig durchgeführt werden kann.

[49] NIKURADSE, J. Strömungsgesetze in rauhen Rohren , Forsch. Arb. Ing.-Wes. Heft 361, 1933)

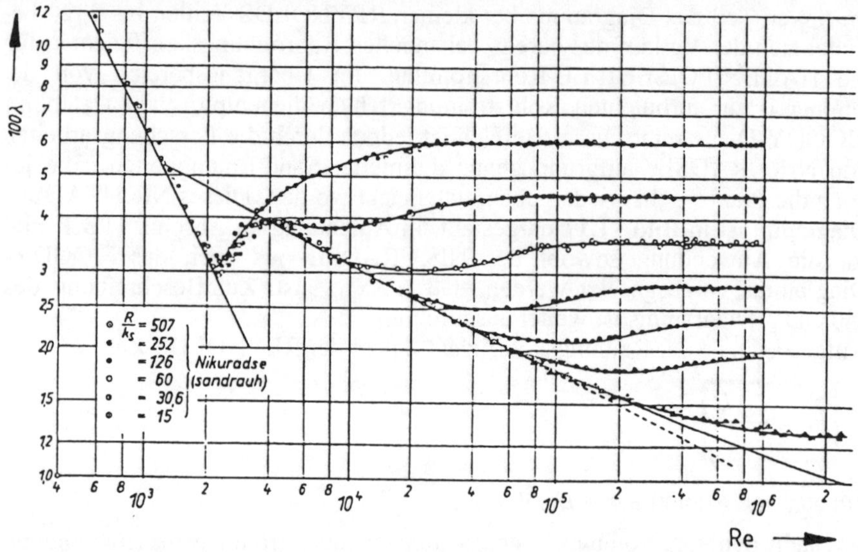


**Bild 11.11.** NIKURADSE-Diagramm

Zwei Beispiele mögen das Arbeiten im MOODY-Diagramm (**Bild 11.10**) erleichtern:

1. **Gegeben**: $D = 50$ mm, $L = 1$ km, $\upsilon = 40 \cdot 10^{-6}$ m²/s (Heizöl bei 15°C), $\rho = 900$ kg/m³, $\dot{V} = 10$ m³/h.
   **Vorausgesetzt**: laminare Rohrströmung.
   **Gesucht**: Rohrreibungskoeffizient $\lambda$, Druckverlust $\Delta p_J$.
   **Lösung**: Nach Bildung der REYNOLDS-Zahl (Re = 1768) liest man aus **Bild 11.10** ab bzw. berechnet man aus Gl.(11.9): $\lambda = 0{,}036$. Man beachte, daß bei laminaren Rohrströmungen $\lambda$ von der Rauhtiefe unabhängig ist. Nach Gl. (11.6) folgt:

$$\Delta p_{\mathrm{J}} = \lambda \frac{L}{D} \frac{\rho}{2} v_{\mathrm{vol}}{}^2 = 6{,}5 \text{ bar} \ .$$

2. **Gegeben**: $D = 500$ mm, $L = 2$ km, $R_z = 0{,}1$ mm $\upsilon = 1{,}13\ 10^{-6}$ m²/s (Wasser bei 15°C), $\rho = 999$ kg/m³, $\dot{V} = 1200$ m³/h.
   **Vorausgesetzt**: turbulente Rohrströmung.
   **Gesucht**: Rohrreibungskoeffizient $\lambda$, Druckverlust $\Delta p_J$.
   **Lösung**: Nach Bildung der REYNOLDS-Zahl ($Re = 7{,}5 \cdot 10^5$) und der relativen Rauhtiefe $R_z / D = 2 \cdot 10^{-4}$ liest man aus **Bild 11.10**: $\lambda = 0{,}015$ und errechnet aus Gl. (11.6):

$$\Delta p_{\mathrm{J}} = 0{,}9 \text{ bar} \ .$$

# 12 Umströmung von Körpern

## 12.1
## Widerstand umströmter Körper

### 12.1.1
### Kugelwiderstandsversuche von EIFFEL und PRANDTL

Zu Anfang dieses Jahrhunderts haben EIFFEL[50] und PRANDTL zwei sich widersprechende Aussagen über den Luftwiderstand von Kugeln veröffentlicht:
EIFFEL (Paris 1912): Sur la résistance de sphères dans l´air en movement, Aussage: Widerstandskoeffizient $\zeta_W \approx 0{,}1$ und
PRANDTL (Göttingen 1914): Der Luftwiderstand von Kugeln, Aussage: Widerstandskoeffizient $\zeta_W \approx 0{,}4$.

Die Erklärung der Diskrepanz liegt in der Erkenntnis, daß die Grenzschichtstrukturen an der Kugel im Falle von EIFFEL (vorherrschend turbulente Grenzschicht) und im Falle von PRANDTL (vorherrschend laminare Grenzschicht) unterschiedlich sind (s.**Bild 12.1**).

Bezeichnen wir den Kugelwiderstand (Dimension einer Kraft) mit $F_W$, die Anströmgeschwindigkeit mit $v_\infty$, die Kugel-Hauptspantfläche mit $A = \pi\, D^2 / 4$ (Kugeldurchmesser D), die Fluiddichte mit $\rho$, so ergibt sich der Widerstandsbeiwert aus folgender Definitionsgleichung:

$$\boxed{F_W = \zeta_W \frac{\rho}{2} v_\infty{}^2 A} \,. \tag{12.1}$$

Betrachten wir nun den Kugelwiderstand im Detail. **Bild 12.2** zeigt zum einen die Anströmung im niedrigen REYNOLDS-Zahl-Bereich (unter $3{,}8\ 10^5$), zum anderen im oberen REYNOLDS-Zahl-Bereich (über $3{,}8\ 10^5$). Man erkennt die unterschiedlichen Grenzschichtstrukturen und auch das unterschiedliche Totwasser-Druckniveau, das vom Druck an der Ablösestelle bestimmt wird. Im

[50] EIFFEL, Alexander Gustave (1832-1923). Der große französische Ingenieur wurde in Dijon geboren und verstarb in Paris, konstruierte zahlreiche Brücken und Hallen, sowie Stahlbauwerke wie den 300,5 m hohenEIFFEL-Turm in Paris (1889), beschäftigte sich mit Aerodynamik.

Falle der Ablösung der laminaren Grenzschicht ist der Druck im Totwasser relativ gering, da an der entsprechenden Ablösestelle der geringste Druck in der Grenzschicht auftritt.

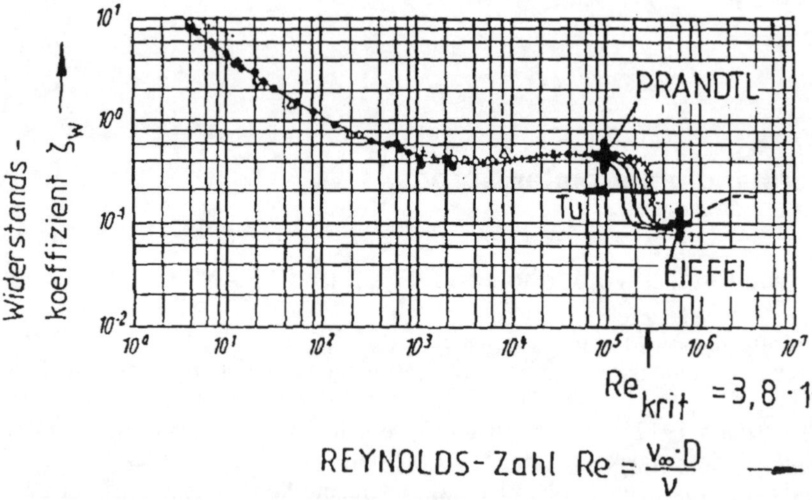


**Bild 12.1.** Abhängigkeit der Widerstandskoeffizienten $\zeta_W$ von der REYNOLDS-Zahl Re bei der Kugelumströmung

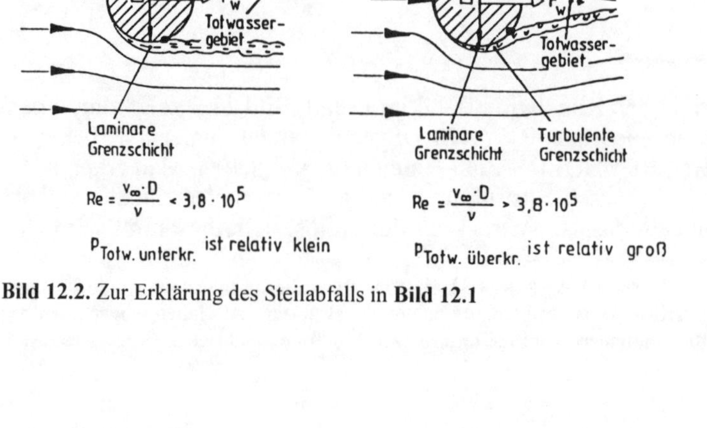

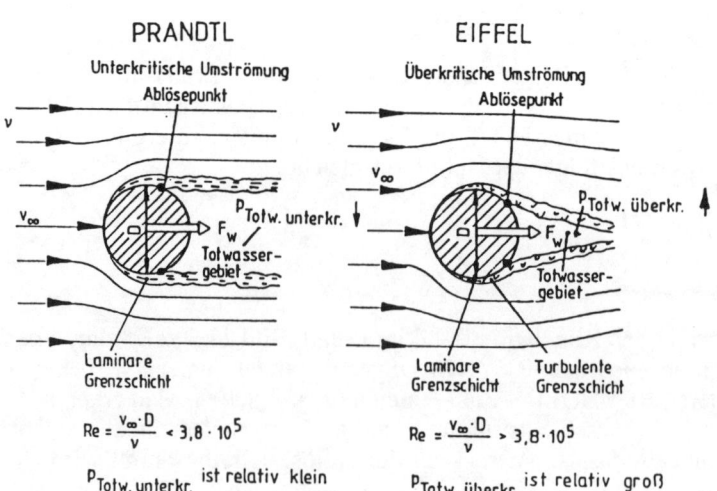

**Bild 12.2.** Zur Erklärung des Steilabfalls in **Bild 12.1**

Im Falle der Ablösung der turbulenten Grenzschicht befindet sich der Ablösepunkt weiter stromab aufgrund der turbulenten Austauschbewegung (Energieaustausch aus der Hauptströmung) und zeigt dementsprechend einen höheren Druck als im laminaren Fall. Man spricht hier von einem sogenannten Druckrückgewinn, der sich in einem niedrigeren $\zeta_W$-Wert niederschlägt.

Die Existenz einer kritischen REYNOLDS-Zahl, unterhalb derer sich laminare Grenzschichten mit hohem $\zeta_W$-Wert und oberhalb derer sich turbulente mit niedrigem $\zeta_W$-Wert ausbilden, hat die Betreiber von Windkanälen veranlaßt, einen sogenannten **Turbulenzfaktor** zu definieren, der nicht mit dem Turbulenzgrad, siehe Gl. (10.8), zu verwechseln ist. Der Turbulenzfaktor eines Windkanals ist definiert als:

$$\boxed{\varphi = \frac{3{,}8 \cdot 10^5}{Re_{\text{krit}}}} \,. \tag{12.2}$$

Der Turbulenzfaktor eines Windkanals ist größer als 1, da der kritische Wert $3{,}8 \cdot 10^5$ nur in völlig turbulenzfreier Atmosphäre auftreten kann. Die Werte für $\varphi$ bewegen sich in der Windkanalpraxis zwischen 1,005 und 2,100. In den folgenden Abschnitten werden drei Voraussetzungen eingeführt:

1. Volleingetauchte Körper
   (keine Phasengrenzen, kein Wellenwiderstand),
2. Stationäre Strömung und
3. Inkompressibles Fluid (MACH-Zahlen unter 0,4).

## 12.1.2 NEWTON-Stoßtheorie

Bei dieser Theorie wird vorausgesetzt, daß die intermolekularen Kräfte gegenüber den Trägheitskräften der Moleküle vernachlässigbar klein sind, zudem soll es sich um unelastische Stöße von Molekülen auf eine Kreisscheibe handeln, wie in **Bild 12.3** dargestellt.

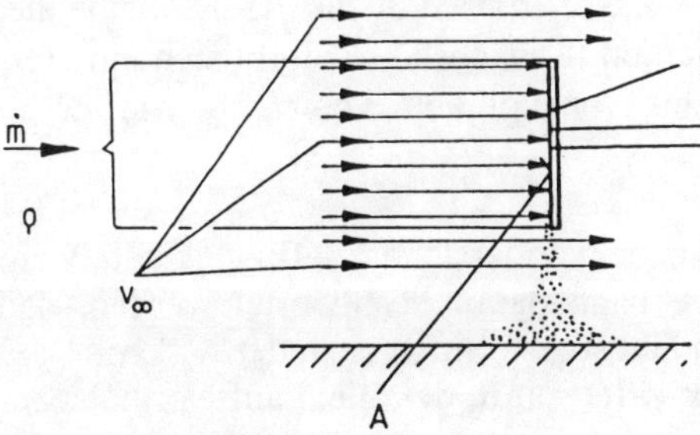


**Bild 12.3.** Unelastische Stöße von Molekülen auf eine Scheibe im Rahmen der NEWTON-Stoßtheorie

Nach dem Impulssatz ist die äußere Kraft entsprechend Gl.(4.4), hervorgerufen durch die mit der Geschwindigkeit $v_\infty$ auf die Kreisscheibe aufprallenden Moleküle:

$$\underline{F}_{\mathrm{W}} = \frac{d}{dt}\left(m\,\underline{v}_\infty\right).$$

Setzen wir weiterhin voraus, daß es sich um eine stationäre Strömung mit $\mathrm{d}\underline{v}_\infty / \mathrm{d}t = \underline{0}$ handelt, so ist

$$\underline{F}_{\mathrm{W}} = \dot{m}\,\underline{v}_\infty \tag{12.3}$$

mit dem Massenstrom $\dot{m} = \rho\, A\, v_\infty$.

Setzen wir $\dot{m}$ in die Gl.(12.3) ein und schreiben diese Gleichung in skalarer Form, so ergibt sich:

$$F_{\mathrm{W}} = \rho\, A\, v_\infty^{\,2}\ . \tag{12.4}$$

Diese Gleichung läßt sich in Anlehnung an Gl.(12.1) auch als

$$F_{\mathrm{W}} = \zeta_{\mathrm{W}}\,\frac{\rho}{2}\,v_\infty^{\,2} A$$

schreiben, so daß sich nach der NEWTON-Stoßtheorie ergibt: $\zeta_{\mathrm{W}} = 2$. Wenn man sich überlegt, daß in Wirklichkeit der $\zeta_{\mathrm{W}}$-Wert für eine Kreisscheibe bei 1,17 liegt, so hat NEWTON trotz der groben Annahmen in seiner Stoßtheorie größenordnungsmäßig den $\zeta_{\mathrm{W}}$-Wert getroffen.

### 12.1.3 Strömungswiderstand als Summe von Druck- und Reibungswiderstand

Wird eine Kreisscheibe (Durchmesser $D$) mit der Geschwindigkeit $v_\infty$ senkrecht angeströmt, wobei eine REYNOLDS-Zahl $Re = v_\infty\, D / \upsilon > 1000$ vorausgesetzt wird, so ergibt sich nach Versuchen, die auf EIFFEL zurückgehen, ein Widerstandskoeffizient von 1,17. Lassen wir nun die Kreisscheibe bei konstantem Durchmesser $D$ dicker werden ($L$ wächst), so ergibt sich ein Verlauf des Widerstandskoeffizienten in Abhängigkeit von $L/D$, wie er in **Bild 12.4** wiedergegeben wird.

Es erhebt sich nun die Frage, warum der Widerstandskoeffizient durch ein deutliches Minimum läuft. Die Frage kann damit beantwortet werden, daß zwei Anteile des Widerstands auf den längsumströmten Zylinder wirken.:
Einmal handelt es sich um den **Druckwiderstand**, der allein auf Normalspannungen (Drücken) auf dem Körper basiert.
Zum anderen existiert der **Reibungswiderstand**, der allein auf Tangentialspannungen (Wandschubspannungen) am Körper beruht.

Bei der unendlich dünnen Scheibe ($L / D \rightarrow 0$) wirkt nur der Druckwiderstand, da sich auf der unendlich kleinen Mantelfläche keine Wandschubspannungen auswirken, die zum Strömungswiderstand beitragen könnten. Mit dicker werdender Scheibe ($L$ wächst) erhöht sich die Mantelfläche und damit die Auswirkung der Wandschubspannungen (Reibung).

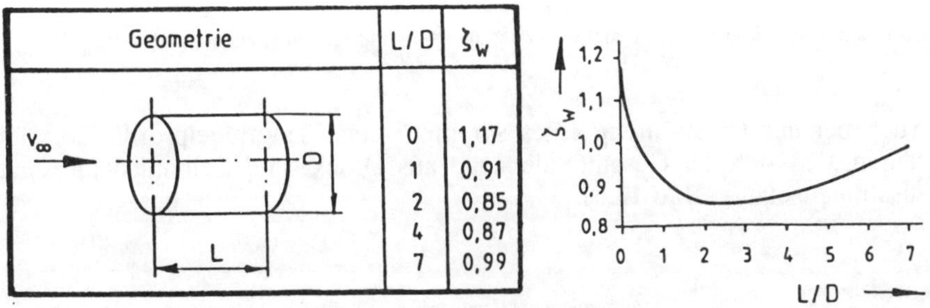


**Bild 12.4.** Widerstandskoeffizient $\zeta_W$ eines längsumströmten Kreiszylinders in Abhängigkeit vom *L/D*-Verhältnis

Die Tatsache, daß sich ein deutliches Minimum bei *L/D* ca. 2 ausbildet, hängt damit zusammen, daß bei diesem *L/D*-Verhältnis das Totwasser des längs umströmten Zylinders die, auf den Strömungswiderstand bezogen, optimale Form bildet.

Somit setzt sich der Gesamtwiderstand $F_W$ aus dem Druckwiderstand $F_{W.p}$ und dem Reibungswiderstand $F_{W.r}$ zusammen:

$$\boxed{F_W = F_{W.p} + F_{W.r}} \,. \tag{12.5}$$

Dieser Zusammenhang wird im **Bild 12.5** verdeutlicht, wobei noch die Unterscheidung zwischen der Stirnseite $A_1$, Kehrseite $A_2$ und der Mantelfläche $A_3$ gemacht wird. Hierfür gilt:

$$F_W = F_{W.p.1} - F_{W.p.2} + F_{W.r.3} \,. \tag{12.6}$$

Ersetzen wir die Widerstandsanteile durch Integralwerte, gebildet mit Druck $p$ und Wandschubspannung $\tau_W$, so wird aus Gl. (12.6):

$$\boxed{F_W = \int\limits_{(A_1)} p \,\mathrm{dA} - \int\limits_{(A_2)} p \,\mathrm{dA} + \int\limits_{(A_3)} \tau_W \,\mathrm{dA}} \,. \tag{12.7}$$

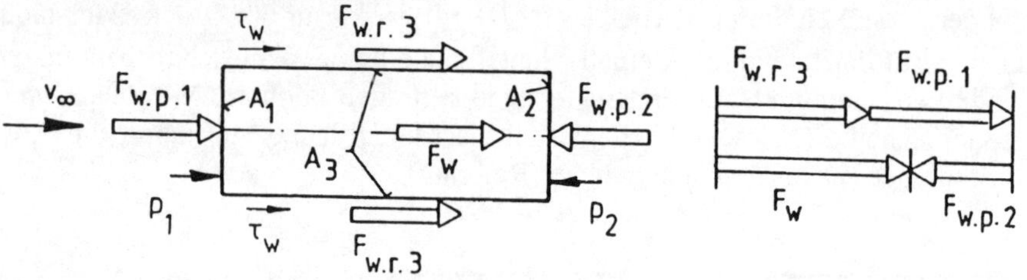


**Bild 12.5.** Zur Erklärung des Druckwiderstandes $F_{W.p}$ und Reibungswiderstandes $F_{W.r}$

Auch bei der Umströmung eines symmetrischen Tragflügelprofils läßt sich zeigen, daß sich der Gesamtwiderstand aus Druck- und Reibungswiderstand zusammensetzt (s. **Bild 12.6**).

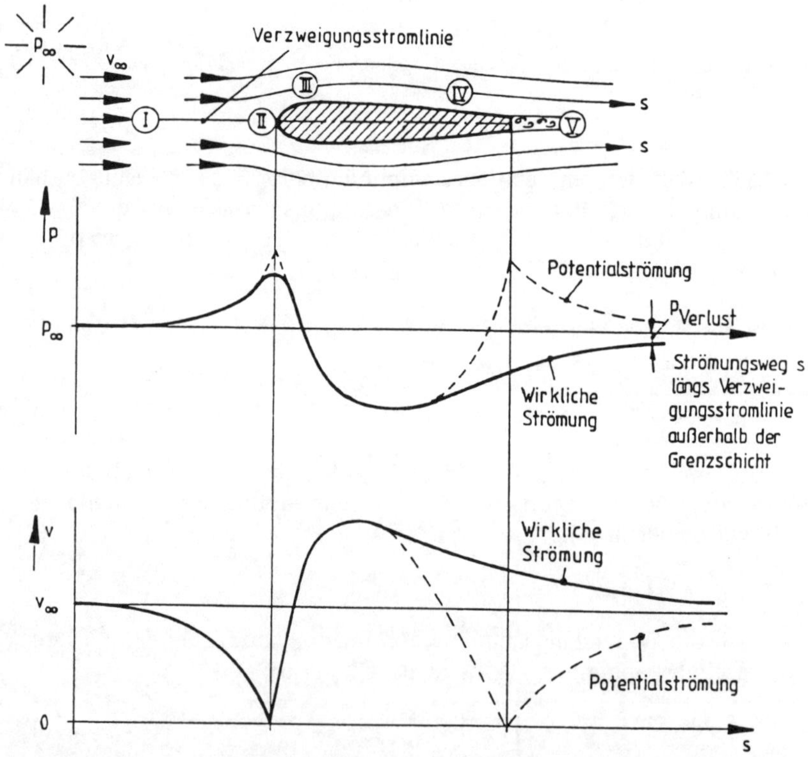


**Bild 12.6.** Umströmung eines symmetrischen Tragflügelprofils mit fünf charakteristischen Strömungsgebieten. (I) Ungestörte Anströmung, (II) Staupunktströmung, (III) Beschleunigte Strömung, (IV) Verzögerte Strömung, (V) Abgelöste Strömung

In **Bild 12.6** werden fünf charakteristische Strömungsgebiete I...V angegeben.

Gebiete (II) und (V) sind entscheidend für den **Druckwiderstand,**
Gebiete (III) und (IV) sind entscheidend für den **Reibungswiderstand.**

Wie bei fast allen Umstömungsvorgängen beeinflussen sich Druck- und Reibungswiderstand gegenseitig.

## 12.2 Widerstand von Zylinder, Kugel und Kreisscheibe

Zu Beginn dieses Kapitels sind drei Feststellungen wichtig:

1. **Laminare Grenzschichten** (bei kleinen *Re*-Zahlen auftretend) lösen in der Nähe des größten Körperquerschnitts (Hauptspantfäche) ab. Sie erzeugen einen **kleinen Reibungswiderstand** und einen **großen Druckwiderstand.**
2. **Turbulente Grenzschichten** (bei großen *Re*-Zahlen auftretend) liegen länger am Körper an. Sie erzeugen einen **größeren Reibungswiderstand** und einen **kleineren Druckwiderstand.**
3. Körper mit einer **definierten Abrißkante** (z.B. Scheiben) besitzen einen von der *Re*-Zahl nahezu **unabhängigen Widerstandskoeffizienten**, soweit man sich im Bereich $Re > 1000$ befindet. Ist die Längenausdehnung vernachlässigbar klein, so dominiert der Druckwiderstand.

Im **Bild 12.7** sind für Zylinder (quer angeströmt), Kugel und Kreisscheibe (senkrecht angeströmt) die Widerstandskoeffizienten in Abhängigkeit von der Re-Zahl dargestellt. Technisch relevant sind die Werte für $Re > 1000$. Zylinder und Kugel zeigen bei $Re_{\text{krit}} = 3{,}8 \cdot 10^5$ einen starken Abfall („Steilabfall") des Widerstandskoeffizienten, der mit dem in Kap. 12.1.1 beschriebenen Phänomen der unterschiedlichen Grenzschichtablösungen zu erklären ist. Man erkennt aus **Bild 12.7** den von der Re-Zahl unabhängigen $\zeta_{\text{W}}$-Wert für die Kreisscheibe, wie in der dritten Feststellung beschrieben.

Es ist interessant, daß sich für die Zylinderumströmung (quer angeströmt) bei unterschiedlichen Verhältnissen von Zylinderlänge L zu Zylinderdurchmesser *D* (unendlich lang, endlich lang) verschiedene $\zeta_{\text{W}}$-Niveaus einstellen. Dies läßt sich wie folgt erklären:

Im Bereich der Endflächen versucht die Strömung dem Hindernis (Zylinder) auszuweichen; auf der Rückseite zieht sich das Totwasser zusammen (seitliches Auffüllen des Unterdruckgebiets). Dieser Effekt tritt vor allem im Re-Zahlen-Gebiet $< 2 \cdot 10^5$ auf **(Bild 12.8).** Bei höheren Re-Zahlen$> 2 \cdot 10^5$ und damit höheren Geschwindigkeiten bei der Endflächenumströmung schießt das Fluid vorbei, so daß es aufgrund der Trägheitskräfte nicht zu dem starken seitlichen Auffüllen des Unterdruckgebietes kommt. Der Zylinder mit

$L/D \to \infty$ (s. **Bild 12.7**) zeigt von allen Zylindern den höchsten $\zeta_W$-Wert, da für die Strömung keine Möglichkeit des seitlichen Ausweichens besteht.

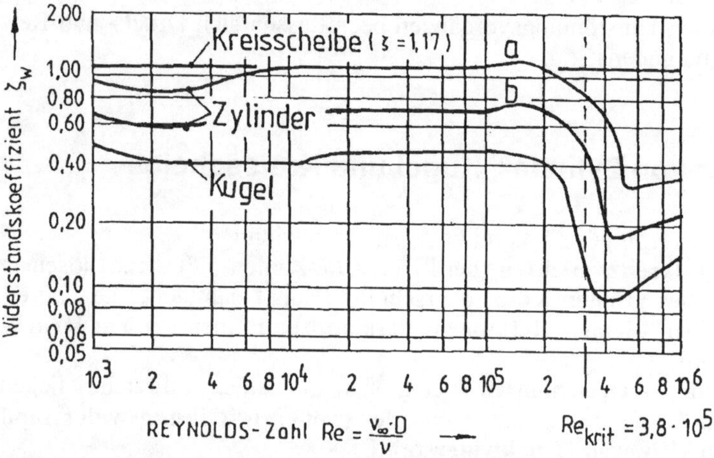


**Bild 12.7.** Abhängigkeit des Widerstandskoeffizienten $\zeta_W$ von der REYNOLDS-Zahl bei Kreisscheibe, Zylinder (a unendlich lang, b endlich lang) und Kugel

Betrachten wir nun die beiden Fälle, daß einmal ein Zylinder der Länge $L$ und zum anderen zwei Zylinder der Länge $L/2$ – jeweils gleicher Durchmesser vorausgesetzt- quer angeströmt werden, so besitzt das Gebilde aus zwei Zylindern einen geringeren $\zeta_W$-Wert als der Einzelzylinder, da sich beim letztgenannten weniger Ausweichmöglichkeiten ergeben.

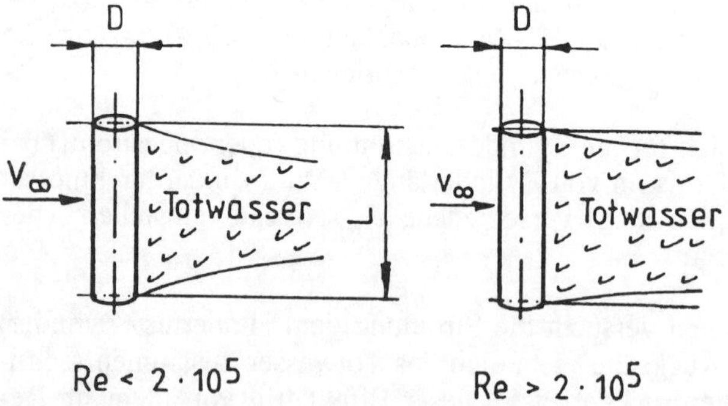


**Bild 12.8.** Totwasser hinter einem Zylinder bei unterschiedlichen REYNOLDS-Zahlen

So läßt sich auch erklären, daß die umströmte Kugel einen kleineren $\zeta_W$-Wert aufweist als der querangeströmte Zylinder, da sie ein allseitiges Ausweichen der Strömung ermöglicht.

# Namens- und Sachverzeichnis


Ableitung, konvektive 34
Ableitung, lokale 34
Ableitung, substantielle 33, 34
ablösegefährdet 194
Ablösepunkt 194, 195, 222
Ablösung, laminare Grenzschicht 222
Abrißkante 227
Absolutgeschwindigkeit 96, 101
Absolutsystem 28, 29, 30
Abwasserreinigung 53
Abwasserschlamm 155
Abwasserspur 26
Aceton 152
Acetylen 152
adiabat 108, 118, 133, 138, 141
Aerodynamik 1
Aerostatik 1
affin 194
Aktionskraft 79, 83, 84, 101
Analogie 180, 188, 189
Anpassungskonstante 26, 37
Ansaugströmung, pulsierende 59
Anschlußquerschnitt 209
Anströmgeschwindigkeit 221
Antriebsleistung 101
Antriebsmoment 97, 98, 99, 101
Äquipotentiallinie 174...176
ARCHIMEDES 15, 19
Armatur 62, 207
Aufpunkt 186...189
Aufsteigen 18
Auftrieb 21, 22
Auftrieb, aerodynamischer 167, 168
Auftrieb, hydrodynamischer 167, 168
Auftrieb, hydrostatischer 15, 16, 17, 18
Ausbreitungsgeschwindigkeit 110
Ausflußströmung 177, 178
Auslegungsaußendruck 142
Auslegungsströmung 140
Außendruck 86
Außenströmung 165, 177...179, 192, 197
Ausströmen, isentropes 123, 124, 126
Austauschbewegung, turbulente 223
Austrittsdreieck 97, 98, 100, 101
Austrittswelle 97, 98
Autoumströmung 204

Bahnlinie 25, 26, 28, 29, 30, 31
Barometrische Höhenformel 8
Bauhöhe 70
Beanspruchung, stoßartige 157
Behälterplatte 13
Behälterwand 9
BELVIN, D.S. 209
Benzol 152
Beobachter, außenstehender 96
Beobachter, mitrotierender 96, 101, 102
Beobachter, ruhender 101, 102
BERNOULLI, D. 5, 46
BERNOULLI-Gleichung 46, 59, 61, 64, 65, 67, 73, 117, 118, 124, 127, 133, 192, 207
BERNOULLI-Gleichung, Grenzschichtrand 192
BERNOULLI-Gleichung, instationäre Potentialströmung 167
BERNOULLI-Gleichung, räumlich stationäre Potentialströmung 172
BERNOULLI-Gleichung, rotierendes System 103
BERNOULLI-Gleichung, schiefer Verdichtungsstoß 138

BERNOULLI-Konstante 167, 172
Beschleunigung, konvektive 37, 162, 182
Beschleunigung, lokale 37, 162, 182
Beschleunigung, substantielle 38, 42, 43, 160, 162, 182
Bezugspunkt, raumfester 93, 94
BINGHAM, E.C. 155
BINGHAM-Fluid 155, 156
BIOT, J.B. 187
BIOT-SAVART-Wirbelsatz 186...189
Bitumen 157
BLASIUS, H. 193
BLASIUS-Plattengrenzschicht 193
Blende 212
Blockvolumen 12
Blutströmung 58
Bodendruckkraft 12
Bodengrenzschicht 52
Bodenlast 11
BOHL, W. 209
BOLTZMANN, L. 161
BOLTZMANN-Axiom 161
Bouncing Putty 157
Brennkammer 140
Bugwelle 114
Buttersäure 152

CARNOT-Stoßdiffusor 204, 213
CAUCHY, A.L. 172
CAUCHY-RIEMANN-Differentialgleichungen 172, 174
Clear Air Turbulence 204
Computational Fluid Dynamics 174
Cosinussatz 100

Dampf 1, 2
Dampfblase, implodierende 63
Dampfblasenbildung 61, 62
Dampfdruck 61, 62, 69, 151
Dampfturbine 95
Deckenfläche 11
Deckscheibe 97, 98
Dehnungsausgleicher 212
DESCARTES, R. 21
Dichte 2, 3, 5, 6, 18, 19, 21, 40, 41, 46, 49, 59, 77, 90, 101, 106, 110, 128, 149, 151, 152, 158, 159, 168, 183
Dichte, mittlere 109
Dichteschichtung 105, 113, 114
Dichtesprung 134
Dichtestörung 109
Dichteverteilung 109
Diffusion, turbulente 203
Diffusor 65, 66, 68, 69, 71, 73, 192, 207, 213
Dilatant 155
DIN 1305 5
DIN 5450 4
Dispersionsfarbe 155, 156
Dissoziation 105
Divergenz 33
Doppelkrümmer 210
Doppelwelle 113
DOPPLER, CH.J. 111
DOPPLER-Effekt 111
Drall 93, 95
Drallsatz 76, 93, 94, 95, 96, 97, 99
Drallsatz, spezieller 94
Drehachse 98
Drehimpuls 93
Drehimpulssatz 95
Druck 4, 13, 17, 40, 47, 110, 158, 192, 202
Druck, dynamischer 47
Druck, kritischer 123, 131, 143...146
Druck, mittlerer 109
Druck, statischer 2, 3, 4, 5, 46, 47, 61, 106
Druck, totaler 100
Druckbohrung 50, 51
Druckerniedrigung 62
Druckfeld 158
Druckgradient 7, 50, 192, 194
Druckhöhe, dynamische 100
Druckhöhe, statische 100, 103
Druckkessel 123,1 24, 126, 130, 131
Druckkraft 6, 7, 80, 83, 85, 88, 89, 92, 93, 98, 116, 126, 132, 160
Druckminimum 61, 65
Druckpunkt 13, 14

Druckrückgewinn 223
Druckseite 194, 195
Druckspitze 62
Druckstörung 109, 111
Druckstoß 134
Druckverhältnis 125
Druckverlauf 66, 70, 72, 74, 113, 139, 140
Druckverlauf, zeitlicher 114
Druckverlustglied 207, 215, 216
Druckverteilung 49, 50, 51, 52, 65, 109
Druckverteilung, hydrostatische 3, 7
Druckwellen 105, 113, 114
Druckwiderstand 224...227
DUBBEL 209
Durchflußgeschwindigkeit 202
Durchflußmeßgerät 202
Düse 65, 66, 68, 69, 81, 207
Düsenströmung 192
Dynamis 149

ECK, B. 209
EIFFEL, A.G. 221, 224
EIFFEL-Kugelwiderstandsversuch 221...223
Einbauteil-Druckverlust 208...213
Einbauteil 207...213
Eingangs-Gleichdrall 97
Einheitenkonstante 175
Einheitsvektor 6, 41, 42, 79, 86, 91, 94
Einlaufdüse 214
Einlauf-Geschwindigkeitsprofil 214
Einlaufkammer 12
Einlaufkammerdecke 11
Einlaufstrecke 214, 215
Einlaufströmung 214, 215
Einmündungsstelle 61
Einspritzpumpe 62
Eintritt, drallfreier 98
Eintrittsdreieck 97, 98, 100, 101
Einzelrauhtiefe 217, 218
Einzelzylinder 228
Ellipsengleichung 119, 120
Endfläche 80, 83, 86, 88, 116, 184, 185, 227
Endflächenmoment 98
Endflächenumströmung 227
Endstück, Kreisquerschitt 211
Endstückkombination 211
Energie, innere 114, 116
Energie, kinetische 114, 116
Energie, spezifische 47, 106
Energiedissipation 166
Energieellipse 118, 119, 121
Energieverlustdicke 200
Enthalpie 106, 203
Entropie 132, 135, 141
Entropieänderung 135
Erdschwerefeld 3, 83
Erosion 62, 63
Etagenkrümmer 210
Etagenkrümmer, Rechteckquerschnitt 211
EULER, L. 5, 24
EULER-Bewegungsgleichung 41, 44, 46, 54, 110, 207
EULER-Grundgesetz der Hydrostatik; 5, 6, 74
EULER-Momentensatz 99
EULER-Strömungsmaschinenhauptgleichung 96, 99, 100, 103
EULER-Turbinenhauptgleichung 100
Expansionsfächer 142
Exzentrizität 14

Fallbeschleunigung 2, 3, 5, 42, 49, 80, 83, 136
Fallhöhe 62
Fallrohr 59, 60, 65, 72
Fallrohrlänge 59
Fallrohrquerschnitt 59
Fallrohrwand 63
Faltrohrkrümmer 210
Farbfaden 26
Feldkraft 5, 6, 7, 48, 158...160
Feldkraft, konservative 183, 184
Feldkräfte 116
Feldvektor 17
Fensterscheiben-Berstdruck 113, 114
Festkörper 1, 154
Fett 1, 2

Feuchtigkeit 129
Fläche 6
Flächenelement 10, 13, 17, 35
Flächenelement, vektorielles 9, 168, 169
Flächen-Geschwindigkeits-Beziehung 126, 127, 128
Flächenintegral 169
Flächenmoment, axiales 14
Flächennormalspannung 159
Flächenschwerpunkt 13, 14
Flachwasser-Hydrodynamik 136
Flammen 204
Fließgrenze 155
Fließlehre 154
Flügelbreite 167
Flugkörper 136, 137
Fluid 1, 2, 5, 24
Fluid, barotropes 7
Fluid, drallfreies 97
Fluid, homogenes 44, 105
Fluid, inkompressibles 7, 31, 34, 38, 44, 46, 57, 59, 62, 65, 90, 113, 114, 120, 124, 133, 158, 183, 184, 191, 201, 207, 223
Fluid, isothermes 158
Fluid, komplex rheologisches 154, 157
Fluid, kompressibles 32, 33, 44, 55, 57, 59, 77, 82, 95, 106, 116, 125, 133
Fluid, quasi inkompressibles 124
Fluid, reibungsbehaftetes 57, 186
Fluid, reibungsfreies 40, 41, 46, 47, 48, 54, 57, 59, 62, 65, 70, 116, 133, 138, 184, 207
Fluid, tropfbares 96
Fluid, viskoelastisches 154, 157
Fluid, zähes 154, 155
Fluid, zeitabhängiges 154, 157
Fluid-Blockvolumen 10, 11
Fluiddynamik 1
Fluid, kriechendes 157
Fluidelement 2...4, 6, 147
Fluidgrenze 186
Fluidspannung 2
Fluidvolumen 18
Flüssigbeton 96
Flüssigkautschuk 156
Flüssigkeit 2, 3
Flüssigkeit, anorganische 155
Flüssigkeitsstand 59
Förderhöhe 62
FOURIER-Zerlegung 205
Freistrahldampfturbine 139
FROUDE-Zahl 136

Gartenschlauch 81
Gas 2, 110, 152, 155
Gas, ideales 8
Gas, kalorisch ideales 106, 107
Gas, ruhendes ideales 112, 113
Gas, thermisches 106, 107
Gasdynamik 105
Gasgeschwindigkeit 105
Gaskompressibilität 113
Gaskonstante, spezielle 8, 106, 133
Gasschutzschicht 62
Gasturbine 95
Gasverflüssigung 105
GAUSS, C.F. 17
GAUSS-Integralsatz 36, 184
Gegendruck, falscher 142
Gesamtdruck 47,100
Geschwindigkeit, induzierte 187, 189
Geschwindigkeit 93, 110, 199, 202
Geschwindigkeit, gemittelte 205
Geschwindigkeitsdreiecke 96, 97, 98, 103
Geschwindigkeitsfeld 37, 38, 158, 166, 170
Geschwindigkeitsinduktion 189
Geschwindigkeitspotential 172, 193
Geschwindigkeitsprofil 156
Geschwindigkeitsquergradient 150, 153...156, 161
Geschwindigkeitssprung 134
Geschwindigkeitsstörung 109
Geschwindigkeitsvektor 27, 40, 76, 180, 203
Geschwindigkeitsverlauf 66, 70, 71, 72, 125
Geschwindigkeitsverteilung 65, 109, 179, 196, 215, 216

Geschwindigkeitsverteilung, ungleichmäßige 147
Getriebe, hydrodynamisches 62
Gewicht 18
Gewichtskraft 2, 11, 18, 20, 22, 42, 80, 83, 91, 92, 93, 98, 126
Gewichtskraftmoment 98
GIBBS, J. 107
GIBBS-Fundamentalgleichung 107
Gitterströmung 174, 175
Glas 1, 2, 157
Gleichdruckbeschaufelung 103
Gleichdruckmaschinen 103
Gleichgewicht, thermodynamisches 105
Gradient 6, 33
Grenzaußendruck 141, 143
Grenzschicht 190
Grenzschicht, abgelöste 195, 227
Grenzschichtabsaugung 194
Grenzschichtähnlichkeit 194
Grenzschichtdicke 191, 194
Grenzschichtdicke, 99% 195...197, 200, 214
Grenzschichtdicke, fiktiv 198, 199
Grenzschichtentwicklung 194, 195
Grenzschichtprofil 190
Grenzschichtrand 192, 196
Grenzschichtströmung 165, 166, 190
Grenzschichtströmung, laminare 191...196, 217, 221...223, 227
Grenzschichtströmung, turbulente 194...196, 217, 221...223, 227
Großausführung 113
Größe, kritische 118, 121, 122, 123, 130, 131
Größe, skalare 3, 33
Grundgleichungen, thermodynamische 106
GÜLICH, J.F. 209
Gußkrümmer 90, 210

HAGEN, G.H.L. 201
HAGEN-POISEUILLE-Rohrströmung 215, 219
Hauptdaten, hydrodynamische 96
Hauptsatz der Thermodynamik, erster 114
Hauptsatz der Thermodynamik, zweiter 108
Heckwelle 114
HELMHOLTZ, H. v. 184
HELMHOLTZ, Wirbelsatz 184...186
Hitzdraht-Anemometrie 205, 207
Hochbehälter 59, 60, 65, 70
Hochdruck 4
Höhenabweichung 23
Hohlraumbildung 61, 62
Horizontalkraft 10, 13
Hupton 111
Hydrodynamik 1
Hydrostatik 1
Hydrostatisches Paradoxon 11
Hypersonisch 111, 112, 120, 121

ideal, kalorisch 108, 117, 118, 126, 133, 138, 141
ideal, thermisch 108, 117, 118, 126, 133, 138, 141
IDELCHICK, I.E. 209
Impuls 76, 78, 199
Impulsaustausch 147...149
Impulskraft 79, 81, 82, 85, 92, 132
Impulskräfte, molekulare 148, 150
Impulssatz, schiefer Verdichtungsstoß 138
Impulssatz, senkrechter Verdichtungsstoß 132, 133
Impulssatz, spezieller 77, 79, 86, 89, 90, 138
Impulssatz, allgemeiner 76, 77, 224
Impulsströme 149
Impulsstromverlust 199
Impulsverlustdicke 199, 200
Induktion, magnetische 188, 189
Induktions-Durchfluß-Meßgerät 202
instationär 26, 28, 30, 31, 32, 34, 37, 44, 55, 57, 77, 88, 95, 116, 202
instationär, im Detail 202
Ionisation 105
Isentrop 105

Isentropenexponent 107, 110, 113, 122, 123, 128, 133
Isentropengleichung 108, 110
Isentropie 141
Isothermenbeziehung 22

JOUKOWSKI, M.E. 168

Kanalströmung 30
KAPLAN 61
KAPLAN-Turbine 61
Kartesischer Taucher 21
Kathedralglas 157
Kavitation 59, 61, 62, 65, 69, 75
Kavitationsblase 64
Keilwinkel 136, 137
KELVIN, W. 182
Kernradius 177
Kerströmung 177...179
Ketchup 155, 156
Kinema 149
Kinematik 24, 37
Kitt, hüpfender 157
Klappe 213
KLEIN, SCHANZLIN und BECKER 209
Kniestück 90, 91, 210
Kohäsionskräfte, intermolekulare 148, 150
Kohlendioxid 152
Kolbenkompressor 59
Kolbenpumpe 62
Kompensatorkraft 88
Kompressibilitätseinfluß 183
Komponente, radiale 94
Kompressibilitätseffekt 32
Kondensation 62
Konfusor 213
Kontaktfläche 147, 148
Kontinuitätsgleichung 31...39, 55...61, 68, 88, 110, 127, 132, 133, 138, 162, 163, 170, 173, 191, 192
Kontinuitätsgleichung, schiefer Verdichtungsstoß 138
Kontinuum 2, 76
Kontrollraum 77, 78, 81, 85, 86, 90, 93, 95, 97, 115, 137
Kontrollraumgrenze 98, 102
Koordinaten, kartesische 39, 54, 86, 160, 164
Körper, getauchter 15
Körper, teilweise eingetauchter 19
Körper, voll eingetauchter 18, 223
Körperschwerpunkt 20
Körperumströmung 171
Körpervolumen 18
Korrosion 62, 63
Kraft 9, 11
Kraftangriffspunkt 13, 86
Kräftegleichgewicht 2, 4, 7, 16, 41...48, 54, 80, 81, 84, 87, 91, 158...161, 207
Kraftelement 9, 10, 13
Kraft, intermolekulare 223
Kräftepolygon 84
Kraftfeld 158
Kraftfeld, äußeres 191
Kraftfeld, konservatives 166
Kraftvektordiagramm 92
Kreiselpumpen 62, 96
Kreiselpumpenlaufrad, radiales 96, 97
Kreiskrümmer 210
Kreisscheibe 223, 224, 227
Kreiszylinder, längsumströmter 225
Krümmer mit Umlenkschaufel 210
Krümmerströmung 51, 207
Krümmungsradius 42, 52
Kugel 227, 228
Kugel-Koordinaten 39, 55
Kugel-Hauptspannfläche 221
Kugelumströmung 204
Kugelwiderstand 221...223
Kühlwaserpumpe, axiale 11
Kühlwasserpumpe 12
Kurzzeitphoto 26
KUTTA, W. 168
KUTTA-JOUKOWSKI, Satz von 168

Lagerbelastung 62
LAGRANGE, J.L. 5, 24, 77
Laminarprofil 214
Längenkoordinate 93

Langzeitphoto 26
LAPLACE, P.S. 162
LAPLACE-Gleichung 171
LAPLACE-Operator 162, 163, 173
Lärmbelästigung 62
Laser-DOPPLER-Velozimetrie 25, 111, 205, 207
Lauflänge 194
Laufrad 95, 102
Laufraddurchströmung 30
Laufradleistung 101, 103, 104
Laufradmoment 101
Lauge 96
LAVAL, C.G.P. 130
LAVAL-Düse 130, 131, 136, 139...146
LAVAL-Turbine 139, 140
Lebensdauerverkürzung 62
Leeseite 111, 112
LEIBNIZ, G.W. 57
LEIBNIZ-Regel 56, 57, 79, 95, 116, 182
Leistung 116
Leistung der äußeren Kräfte 115
Leistung, spezifische 96, 97, 99, 100
Leistung, zugeführte 114
Leistungsanteil 100
Leistungsaustausch 117
Leistungsbedarf 96, 97, 99
Leitrad 174
LIEPMANN, H.W. 194
Linie, flüssige 185, 186
Linienintegral 169
Linienumlaufintegral 182
linksdrehend 94
LOSCHMIDT, J. 147
LOSCHMIDT-Konstante 147
Luft 1, 5, 105, 152
Luvseite 111, 112

MACH, E. 113
MACH-Kegel 111
MACH-Linie 112, 113, 114
MACH-Zahl 111, 113, 122, 126, 133, 141, 143...146
Magnetkraft 44, 80
Mantelfläche 83, 83, 184
Mantelkraft 80, 84
Mantelmoment 98
Masse 5, 6, 76, 192, 199
Masse, punktförmige 93
Massenbelegung 56
Massenbilanz 32, 55
Massendifferenz 55
Massenelement 41, 42, 78, 93, 158, 159, 162
Massenerhaltung 22, 31, 35
Massenerhaltungssatz 164
Massenkraft 17
Massenstrom 59, 77, 81, 82, 88, 90, 96, 99, 197, 199, 224
Massenstrom, Konstanterhaltung 139, 140, 141
Massenstromverlust 197
Materialverschleiß 62
Materialzerstörung 62, 63
MAUPERTIUS, J. 5
Meerwasser 5
Meßzeitspanne 205
Metazentrum 20
Meteorologie 105
Methan 152
Micro-jets 62, 63
Mikrostrahldurchmesser 64
Mikrostrahlen 62, 63, 64
Mittelwert, stationärer zeitlicher 203
Mittelwert, volumetrischer 90, 201, 208, 209, 216, 219
Mittelwert, zeitlicher 110
Modellähnlichkeit 113
Modellausführung 113
Moleküle 147
Molekülquerbewegung 147, 148
Molekül-Weglänge 133
Molekülzahl 148
Moment 95
Moment, aufrichtendes 20
Moment, äußeres 95, 98
Momentengleichgewicht 13, 14, 161
MOODY, L.F. 218
MOODY-Diagramm 218...220
Mündungsstücke 66

Nabla 162

Nabla-Operator 5, 6, 162, 183
Natrium 152
NAVIER, C.L.M.H. 157
NAVIER-STOKES-Bewegungsgleichung 147, 158, 159, 162, 164, 166, 183, 191, 215
Nebenbewegung, turbulente 203
NEWTON, I. 77, 149
NEWTON-Fluid 1, 2, 150, 153...158, 191
NEWTON-Fluid, inkompressibles 158
NEWTON-Flüssigkeit 154
NEWTON-Gas 154
NEWTON-Schubspannungsansatz 149...153, 161, 214
NEWTON-Stoßtheorie 223, 224
Nicht-NEWTON-Fluid 1, 2, 154, 155, 158
Nicht-NEWTON-Fluid, rheopexes 157
Nicht-NEWTON-Fluid, strukturviskose 155, 156
Nicht-NEWTON-Fluid, thixotropes 157
Nicht-NEWTON-Fluide, dilatantes 155, 156
NIKURADSE, J. 194, 219
NIKURADSE-Diagramm 219, 220
Normalspannung 2, 88, 160, 162
Norm-Atmosphärendruck 4

Oberflächenintegral 17
Oberflächenkraft 6, 83
Öffnungswinkel 67
Öl 1, 96
Ortsradius 93
Ortsvektor 24

Parallelströmung 25, 49, 171, 174, 175
Particle-Image-Velocimetry 2
Partikeltransport 53
PASCALE, B. 4
PELTON, L.A. 101
PELTON-Laufradleistung 103, 104
PELTON-Turbinenlaufrad 102
PELTON-Wasserturbine 102
Peripheralkomponente 94
Periode 205
Phasengrenze 223
Phasengrenzfläche 186
Plasma 105
Platte, bewegte 147
Platte, ebene 190, 198, 217
Platte, feste 147
Platte, längs angeströmte 214
Platte, unendlich lange 193, 198
Platte, verschiebbare 1
Plattengeschwindigkeit 1
Plattenlänge 191
Platten-Reibungswiderstand 193, 194
Plattenschubkraft 1
Plattenschubspannung 1
Polymer 155, 156
Polyvinylchlorid 155, 156
Pompeji 65
Potentialfunktion 170, 174, 175
Potentialgleichung 173
Potentialstromlinie 198
Potentialströmung 166, 226
Potentialströmung inkompessibler Fluide 165, 196, 199
Potentialströmung, eben stationäre 167...173, 197
Potentialströmung, räumlich instationäre 170, 172
Potentialströmung, räumlich stationäre 171
Potentialwirbel 178, 179
Potentialwirbelströmung 171
Potenzgesetzverhalten 155
PRANDTL, L. 165, 193
PRANDTL-Grenzschichtgleichungen 191...193
PRANDTL-Kugelwiderstandsversuch 221...223
Preßkorkvolumen 19
Produktregel 33, 36
Profilseite, konkave 194
Profilseite, konvexe 194
Pulsader 58
Pumpenlaufrad 100
Pumpensaugmund 97

Quecksilber 5, 152

Quellpunkt 188
Quellströmung 171
Queraustausch, turbulenter 195
Querdiffusion, molekulare 148, 150

radial 96
Radialdruckgleichung 47, 48, 49, 50, 51
Radscheibe 98
Raketenschubdüse 139, 140
Randkurve 168...170
RANKINE, W. 177
RANKINE-Wirbel 177, 179
Rauhigkeitserhebung 217
Raumflugkörper 129
Raumkrümmer 210
Raumkurve 181, 185
Rautiefe 217, 218
Rautiefe, gemittelte 217, 218
Reaktionskraft 82, 83, 84, 101
Reaktionsmantelkraft 85, 86, 88, 89
Reaktionswandkraft 86, 87, 88, 89, 90, 91
Rechteckquerschittkrümmer 210
Rechte-Hand-Regel 94
Rechtssystem 94
Reentry-Flugkörper 137
Referenzenthalpie 106
Referenztemperatur 106
Reibleistung 118
Reibung 166
Reibungsverluste 64
Reibungswiderstand 224...227
Relativbewegung 113
Relativgeschwindigkeit 96, 101
Relativstromlinie 97
Relativströmung 100
Relativsystem 28, 29, 30
REYNOLDS, O. 201
REYNOLDS-Farbfadenversuch 201, 203
REYNOLDS-Zahl 65, 191, 193, 197, 214, 217...224, 228
REYNOLDS-Zahl, kritische 195, 202, 223
Rheologie 154
Richtungsfeld 26
richtungsstationär 30, 31, 88
Richtungswinkel 2
RIEMANN, B. 172
Rohrabstützung 90, 91, 92, 93
Rohrabzweigung 211
Rohrbiegemoment 88
Rohrbogenströmung 52
Rohreinlauf, düsenartige 212
Rohreinlauf, scharfkantige 212
Rohrerweiterung, plötzliche 213
Rohrleitung 207
Rohrleitungskraft 88
Rohrleitungsplan 207
Rohrreibungsdruckverlust 208, 214
Rohrreibungskoeffizient 215...217
Rohrstrecke, gerade 207
Rohrströmung, laminare 202, 214, 215, 218...220
Rohrströmung, turbulente 202, 215, 218...220
Rohrströmungsgeschwindigkeit, mittlere 201
Rohrströmung 201, 202
Rohrvereinigung 211, 212
Rohrverengung, plötzliche 204, 213
Rohrverzweigung 211
Rohrwandgewichtskraft 88, 90
Rotationssymmetrie 98
Rückströmung 194, 195
Ruhedicke 135
Ruhedruck 123, 135, 143...146
Ruhegleichgewicht 7
Ruhegröße 118, 119, 122
Ruheschallgeschwindigkeit 123
Ruhetemperatur 135
Ruhezustand 2, 119, 121, 122, 130

SAINT-VENANT 125
Sand 1, 2, 88
Sauerstoff 152
Saugseite 194, 195
Säure 96
SAVART, F. 187
Schadstoffeinleitung 204
Schadstoffmassenstrom 203
Schallausbreitung 109, 111, 112

Schallentstehung 204
Schallgeschwindigkeit 110
Schallgeschwindigkeit in Stahl 110
Schallgeschwindigkeit in Wasser 110
Schallmauer 113
Schallwelle 109
Schaufel 102
Schaufel, unendlich dünne 96
Schaufelzahl 96
Scherströmung 147
Scherwinkel 1
Scherwinkelgeschwindigkeit 1
Schichtenströmung 215
Schiffspropeller 62, 83
Schiffspropeller, singende 61
Schiffspropelle-Strahltheorie 82, 83
Schiffsumströmung 28
Schmelze, hochpolymere 156
Schornsteinabgasfahne 26
Schraubenregel 94
Schub 82, 83
Schubspannung 1, 2, 147, 150, 153...156, 160
Schutzkachel 129
Schwankungsgröße 110
schweben 18, 23
Schwerefeld 105
Schwerkraft 17, 46, 48
schwimmen 20
Schwingungsanregung, akustische 62
Schwingungsanregung, mechanische 62
Schwankungswert, im Detail instationärer 203
Segmentkrümmer 210
Sekundärströmung 53
Senkenströmung 171
Sieb 207
Silikon 155, 156
sinken 18 ,23
spezifisch 101, 105
Spiegelungsprinzip 186
Spinnlösung 155
Spitze des Eisbergs 19
Stabilität eines Schiffes 20
Starrkörperwirbel 177,179
stationär 26, 32, 33, 44, 47, 57, 62, 77, 82, 86, 89, 90, 92, 95, 118, 123, 126, 133, 138, 141
stationär, im Mittel 202
Staupunkt 118, 119, 129, 176, 194, 195
Staupunktströmung 26, 175, 176, 226
Steilabfall 222
Steine 1,2
STEINER, J. 14
Stelle, ablösungsgefährdete 52
Steuerbetrug 65
Stickstoff 152
Stickstoffdioxid 152
stochastisch 202
Stoffgesetz 162
STOKES, G.G. 158, 168
STOKES-Hypothese 162
STOKES-Integralsatz 168, 169
STOKES-Satz 36
Störfronten 111
Störquelle 112
Störung 112
Stoß, elastischer 76
Stoß, unelastischer 223
Stoßbeziehung 133
Stoßfront 137
Stoßverengung 135
Stoßwinkel 136, 137
Strahlfläche 101
Strahlgeschwindigkeit 101, 104
Strahlkreis 102
Strahlkreisradius 101
Streichlinie 26, 31, 40, 180
Streichlinie, zentrale 40, 56, 77, 78, 84, 93, 94, 115
Stromstärke 188
Stromfaden 40, 41, 42, 46, 55, 56, 57, 77, 78, 80, 84, 86, 87, 90, 93, 94, 95, 114, 115, 137, 181, 207
Stromfaden, verzweigter 85
Stromfadengewichtskraft 88
Stromfadentheorie 70, 118, 133, 138, 141,207
Stromfunktion 173...175
Stromleiter 188

Stromlinie 26, 28, 29, 30, 31, 53, 168, 174...176, 180
Stromlinie, absolut 97
Stromliniengleichung 27
Stromröhre 40,181
Strömung mit Expansion 140
Strömung, abgelöste 226
Strömung, adiabat reversible 108
Strömung, beschleunigte 226
Strömung, drehungsbehaftete 177
Strömung, drehungsfreie 166, 169, 173
Strömung, ebene 191
Strömung, fließende 136
Strömung, geschichtete 34
Strömung, homogene kavitationsfreie 96
Strömung, isentrope 108
Strömung, reibungsfreie 113
Strömung, schallnahe 112, 113
Strömung, schaufelkongruente 96
Strömung, schießende 136
Strömung, schwache 110
Strömung, stationäre 59, 64, 65, 70, 96, 101, 108, 191, 192, 207, 223, 224
Strömung, turbulente 201, 217
Strömung, verzögerte 226
Strömungsenergie, spezifisch mechanische 207
Strömungsfälle der Gasdynamik 111
Strömungsgeschwindigkeit 46, 77, 94
Strömungsgeschwindigkeit, absolute 96
Strömungslehre 1
Strömungsmaschinen, hydraulische 62
Strömungsquerschnitt 77
Strömungswiderstand 224
strukturviskos 155
subsonisch 111, 112, 120, 121
Suspension 155

Taille 50
Tangentialkomponente 94
Tauchfahrzeug 23
Tauchtiefe 22
Teelicht, schwimmendes 26
Teer 1, 2
Teerblock 157
Teetassenströmung 52, 53
Teilchengeschwindigkeit 25
Teilchen, schichtenwechselnde 148
Teilchenbahn 97
Temperatur 5, 8, 40, 150...152
Temperatur, absolute 106,110
Temperatursprung 134

Thermoöl 152
THOMSON, W. 182
THOMSON-Wirbelsatz 182...184
Tiefdruck 4
Titanic 14
TORRICELLI 60
TORRICELLI-Gleichung 60, 68, 104
Totaldruck 47
Totwasser 194, 195, 204, 221, 225, 228
Tracking 24
Tragflügelprofil 167, 168, 194, 195, 226
Trägheitskraft 42, 159, 160, 223
Transformatorenöl 5
transsonisch 111, 112, 120, 121
Turbinenlaufräder 99,100
Turbulenz, isotrope 207
Turbulenzballen 202, 203
Turbulenzfaktor 223
Turbulenzgrad 205, 207, 215

Überdruck 11,23,49,89
Überdruck, hydrostatischer 10, 13
Überschallknall 113
Überschallströmung 112, 130, 134, 135, 136, 137, 139, 140
Überschallwindkanal 139
Umfangsgeschwindigkeit 96, 99, 100, 104
Umfangsgeschwindigkeit, optimale 101, 104
Umfangskomponente 94, 96, 97
Umgebungsdruck 3, 7, 10, 23, 49, 59, 70, 88, 89, 90, 123, 139
Umlaufrichtung, mathematisch positive 168, 169
Umlenkung in einem Kanal 136, 137
Umlenkwinkel 136, 137
Umschlagpunkt 194...197
Umströmung, Keil- 136, 137

Umströmung, überkritische 222
Umströmung, unterkritische 222
Unterdruckgebiet 227
Unterschall-Grenzschichtströmung 142
Unterschallströmung 111, 112, 113
Unterschallströmung, isentrope 139, 141
Unterschall-Velozimetrie 111
Unterschicht, zähe 194, 195, 217

Vakuum 122,126
Vektorprodukt 94, 95, 98
Ventil 213
Ventilator 95
Ventilatorströmung 113
VENTURI, G. B. 129
VENTURI-Rohr 129, 141
VENTURI-Rohr, klassisches 213
Verdampfungsdruck 61
Verdichtungsstoß 132, 134, 135
Verdichtungsstoß, schiefer 136, 137, 141, 142
Verdichtungsstoß, senkrechte 132, 135, 136, 139, 140
Verdrängungsdicke 197...200
Verdrängungsschwerpunkt 20
Verformungskraft, scherende 147
Verhalten, hydraulisch glattes 217...219
Vermischungsvorgang 202...204
Verspannung, thermische 88
Verstärkungsfaktor 128...131
Vertikalkraft 10, 11, 18
Verzweigungsstromlinie 226
Viskosität 40, 147...151, 158, 184
Viskosität, dynamische 148...154
Viskosität, kinematische 149, 153, 158, 159, 191
Viskosität, molekulartheoretische Erklärung 147
Volumen, verdrängtes 19
Volumenabnahme, implosionsartige 62
Volumenelement 16, 31, 41, 42, 78, 93
Volumenintegral 17
Volumenkraft 6, 116
Volumenschwerpunkt 10, 11, 18
Volumenstrom 58, 81, 181, 202
Volumenzunahme 62
Vorzeichen des Dralls 94

Waage und Finger 12
Wand, konvex gekrümmte 51
Wandschubspannung 193, 224, 225
WANTZEL 125
Wärmeaustausch 117
Wärmeinhalt, spezifischer 106
Wärmekapazität, isobar-spezifische 106, 107
Wärmequelle 116
Wärmestrom 115, 116
Wärmestrom, zugeführter 114
Wärmeübertragung 215
Wasser 1, 5, 96, 151, 156
Wasserdampf 152
Wasserdampfdruck 70
Wasserhahn, singender 62
Wassersprung 136
Wasserstand 70
Wasserstoff 152
Wassertemperatur 70
Wassertiefe 136
Wasserturbinen 62, 95
Weglänge, mittlere freie 148
WEISSENBERG, K. 156
WEISSENBERG-Quelleffekt 156, 157
Wellenwiderstand 223
Wetterkarte 4
Widerstand 221
Widerstandskoeffizient 212...225, 227, 228
Windkanal 207
Windturbinenströmungen 113
Winkelgeschwindigkeit 99, 101, 177, 178
Wirbel, molekularer 202
Wirbel, makroskopischer 202, 203
Wirbelchaos 184
Wirbeldiffusion 183
Wirbelelement 186...189
Wirbelerhaltung 183, 186
Wirbelfaden 181, 184...186, 188
Wirbelfluß 181
Wirbelinduktion 188, 189
Wirbellinie 180

Wirbelpunkt 170
Wirbelring 186
Wirbelröhre 180, 181
Wirbelstärkevektor 166, 168, 177...180, 186
Wirbelströmung 171, 176
Wirbelzone 177
Wirbelquelle 186
Wirkungsgrad 62

Zähigkeit 147
Zähigkeit, kinematische 67
Zähigkeitskraft 160
Zahnpasta 155, 156
Zeitglied 31
Zentrifugalkraft 42, 80
Zirkulation 167...170, 181...184, 188, 189, 203
Zündholz 166, 178
Zustandsgleichung, kalorische 106
Zustandsgleichung, thermische 8, 106, 129, 133
Zustandsgrößen 118
Zuströmung, drallfreie 98
Zweiphasenströmung 62
Zweipunktegleichung 71, 73, 74
Zylinder 65, 66, 68, 227
Zylinder, endlich langer 228
Zylinder, unendlich langer 228
Zylinder, querangeströmter 227
Zylinder-Koordinaten 39, 55, 164

Druck: Saladruck, Berlin
Verarbeitung: H. Stürtz AG, Würzburg